U0571960

“十四五”职业教育国家规划教材

汽车空调系统检修

（第2版）

主　编　张　鹏　孟范辉

副主编　李　奇　夏志东

北京理工大学出版社

BEIJING INSTITUTE OF TECHNOLOGY PRESS

内容简介

本书根据汽车类专业教学标准及从事汽车职业的在岗人员对基础知识、基本技能和基本素质的需求，结合汽车专业人才培养的目的，重点介绍汽车空调系统概述，汽车空调制冷系统，汽车空调暖风、通风与配气系统，汽车空调控制系统，汽车空调系统常用工具与基本操作，汽车空调故障诊断与排除等内容。

全书讲解清晰、简练，配有大量的图片，明了直观。本书按照汽车维修作业项目的实际工艺过程，结合目前职业院校流行的模块化教学的实际需求，理论联系实际，重视理论，突出实操。

本书适合作为职业院校汽车专业教材，也可作为汽车售后服务站专业技术人员的培训教材。

版权专有　侵权必究

图书在版编目(CIP)数据

汽车空调系统检修 / 张鹏，孟范辉主编. -- 2版. -- 北京：北京理工大学出版社，2019.10（2024.1重印）

ISBN 978-7-5682-7748-8

Ⅰ. ①汽… Ⅱ. ①张… ②孟… Ⅲ. ①汽车空调-检修-岗位培训-教材 Ⅳ. ①U472.41

中国版本图书馆CIP数据核字（2019）第239862号

责任编辑：陆世立　　**文案编辑**：陆世立
责任校对：周瑞红　　**责任印制**：边心超

出版发行 / 北京理工大学出版社有限责任公司
社　　址 / 北京市丰台区四合庄路6号
邮　　编 / 100070
电　　话 / （010）68914026（教材售后服务热线）
（010）68944437（课件资源服务热线）
网　　址 / http://www.bitpress.com.cn

版 印 次 / 2024年1月第2版第8次印刷
印　　刷 / 河北佳创奇点彩色印刷有限公司
开　　本 / 787 mm × 1092 mm　1/16
印　　张 / 14.5
字　　数 / 330千字
定　　价 / 44.90元

图书出现印装质量问题，请拨打售后服务热线，负责调换

前言 PREFACE

党的二十大报告提出："坚持把发展经济的着力点放在实体经济上，推进新型工业化，加快建设制造强国、质量强国、航天强国、交通强国、网络强国、数字中国。"加强校企合作，推进产教深度融合、科教融汇，优化职业教育类型定位。积极推进课程改革和教材建设，开展校企"双元"合作开发教材，为职业教育教学提供更加丰富、多样的实用教材，适应经济发展、产业升级和技术进步，满足交通运输业科学发展的需要，推动汽车制造业高端化、智能化、绿色化发展进程，全面提高人才培养质量。

本教材针对职业教育的特点和规律，紧紧围绕高素质技能型人才的培养目标，以立德树人为根本、以能力为本位、以工作过程为导向，以职业活动为主线，以任务为驱动，引入全新的任务驱动式教学模式。本教材结构合理、层次清晰，将汽车空调系统的构造原理与其检修知识和技能进行了有机结合，并且在介绍汽车空调各个系统构造时插入大量结构图与实物图，更加有利于学生认知和学习，同时，空调各系统检修与诊断采用"实物检修流程"图，将知识与技能融合进行二维转化，便于学生理解，降低故障诊断与检修知识与技能点的传授难度。

本书的课题一和课题二从汽车空调制冷的热力学原理入手，系统介绍了汽车空调系统的组成，以及各个组成部分的结构和工作原理。课题三和课题四对汽车空调的通风及控制系统和空调的电控系统进行了详细介绍。课题五和课题六主要是针对汽车空调的维护维修进行了阐述，包括空调常用检测设备的使用，汽车空调常见故障的诊断和排除等。课题一至课题四以汽车空调的结构、原理等理论知识为主，课题五、六则是以工作实践为主。全书理论与实践相结合，能有效帮助学习者尽快掌握汽车空调技术。

本教材基于国家技能大赛设备进行编写，在拍摄过程中利用本校学生进行标准操作，使得该教材对于学校、对行业有指导作用，易于推广。

本教材在内容编写上具有以下特点：

1. 教材设计符合职业教育理念。本教材以就业为导向，强化文化基础教育和技术技能培养，符合高素质中、初级汽车专业使用人才培养需求。

2. 任务目标清晰明确。每一个课题开始，设置学习任务，使学生在学习前能明确目标，从而在后面的学习中做到有的放矢。在课题中设置“思考与练习”“课题小结”等内容，便于学生对课题设计知识内容的理解和记忆。

3. 设置案例任务引领。每一个任务都有来源于岗位实际工作案例导入，学习任务贴近生产实际，便于学生产生学习共鸣，激发学习兴趣，学习目标明确，从而在学习时做到心中有数，有的放矢。

4. 教材组织架构循序渐进。根据中职学生身心发展规律及在日常学习中对于接受知识和理解知识的思维习惯，对汽车空调各大系统的任务实例进行系统化的讲解和演示。

5. 教材内容实用简练。内容与生产标准对接，介绍大量企业的典型故障的维修案例，文字简练、脉络清晰、版式新颖，理论阐述言简意赅，遵循“必需”“够用”原则，在保证知识体系相对完整的同时，做到知识技能传授实用和生动。

6. 线上线下资源一体化。由上海景格科技股份有限公司和长沙市博信教育科技有限公司匹配大量的视频教学资源，教材内容与线上教学资源（教案、教学课件、视频）一体化。通过以上要素有机结合，优化教学效果，打造高效课堂。

在编写过程中，参考和借鉴了大量的相关书籍。但因作者水平有限，编写时间仓促，书中难免存在错误和不足之处，敬请各位读者批评指正。

编　者

目录 CONTENTS

课题一

汽车空调系统概述

[学习任务]

1. 了解汽车空调热力学基础知识。
2. 掌握空调系统的组成与分类。
3. 掌握制冷剂与冷冻机油的分类与特点。
4. 培养学生求真务实的科学精神。

[技能要求]

1. 简单讲述汽车空调的分类及组成。
2. 能够描述空调系统制冷循环的工作过程。
3. 能够选择合理的制冷剂与冷冻机油。

任务一 汽车空调热力学基础知识

一、热传递的基本形式

热量是热传导过程中物体内能变化的量度。热是能量的一种基本形式，它不能消失，只能从一个物体传递到另一个物体或从同一物体的一部分传递到另外一部分。根据科学定律，热量只能从高温表面传递到低温表面，直至温度相同为止。热传递的速度取决于高温表面与低温表面之间的温差。热量的法定计量单位是“焦耳”，单位符号为“J”。

汽车空调系统概述

空调的工作过程实际就是热量的传递和转移的过程，热量都是通过以下 3 个途径传递的。

1. 传导

在受热不均匀的物体中，通过分子运动，将热能由较热的一端传到较冷的一端的过程称为传导。这种交换方式将一直进行到整个物体的温度相等时为止，如图 1–1 所示。

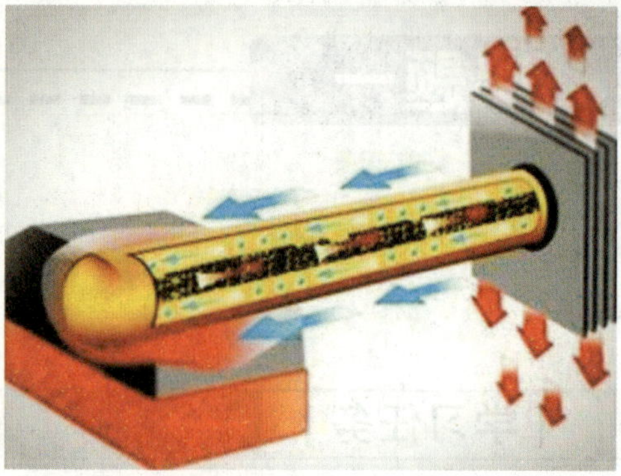

图 1–1 传导

2. 对流

当液体或气体的温度发生变化后，其密度也随之发生变化。温度低的密度大，因重力作用而向下流动；温度高的密度小，向上升，从而形成对流（图 1–2）。由于液体或气体本身的密度变化而形成的对流，称为“自然对流”；由于外力作用，使气体或液体的流速加快而形成的对流。则称为“强制对流”。

3. 辐射

物体之间在不接触的情况下，高温物体将热量直接向外传给低温物体的传递方式，叫做热的辐射，如图 1–3 所示。

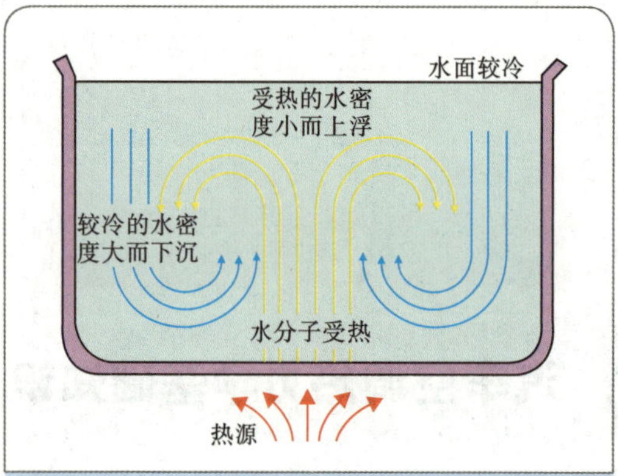

图 1–2 对流

图 1–3 辐射

二、汽车空调物理学基本概念

1. 气体的冷凝

物质由液态转变为气态是一种可逆现象。如果吸收气态物质中的热量，气态物质就会转变成液态。这种物质由气态变成液态的过程叫做冷凝（图 1–4）。空调制冷系统中的制冷剂就是在冷器中由高温高压气体变成液态的。

在如图 1–5 所示的例子中，在 *A* 点和 *B* 点之间，在 100℃恒温下，水蒸气向空气中释放出热量，便由气态转变成液态；从 *B* 点到 *C* 点，物质从 100℃“冷却”到 80℃（液态）。发生这一变化的设备称为冷凝器。

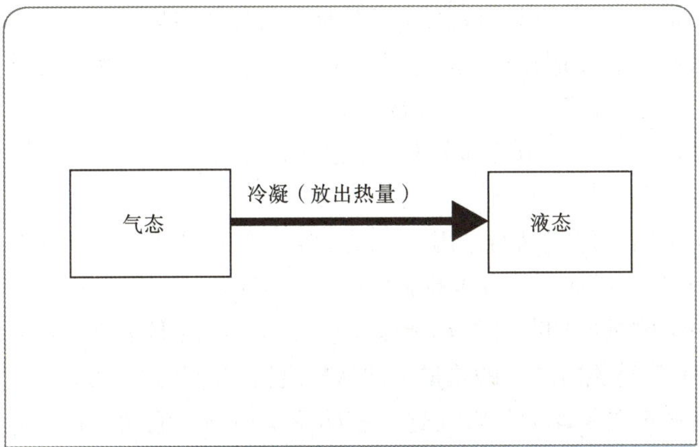

图 1-4　冷凝

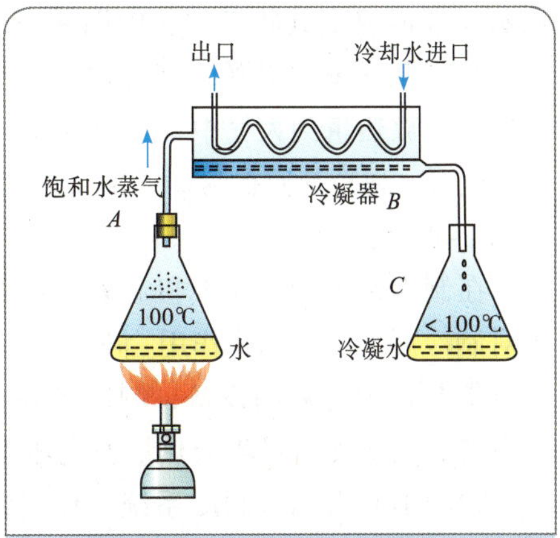

图 1-5　冷凝器工作原理

2. 液体的蒸发

制冷剂吸收一定的热量后能够蒸发。下面以具体示例说明这一变化过程，如图 1-6 所示。

①瓶子中，制冷剂在 700kPa 的压力下处于液体状态。

②打开开关 R。

③制冷剂在 100kPa 的压力（大气压力）下以 -29.8℃的温度流进蛇形管。制冷剂吸收周围空气的热量，周围的空气温度便从 27℃冷却至 10℃，制冷剂从液态转变为气态。发生这一变化的设备称为蒸发器。

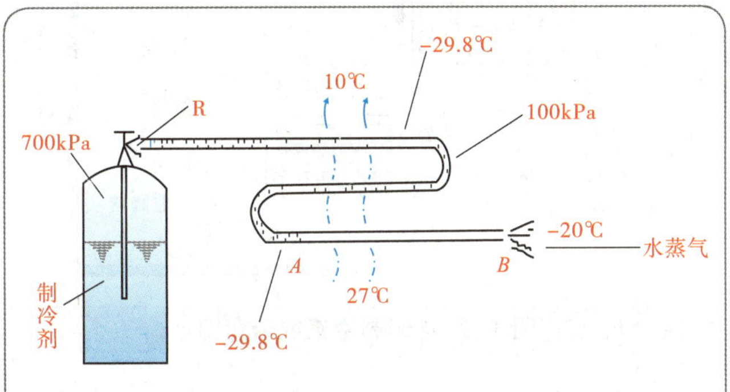

图 1-6　蒸发

3. 制冷循环

制冷系统将车辆内部的热量传递到外部大气中，以提供除湿的凉爽空气给暖风机总成。该系统由空调压缩机、冷凝器、膨胀阀、空调管路和蒸发器等组成，如图 1-7 所示。该系统是一个填充 R134a 制冷剂作为传热介质的封闭回路。制冷剂中添加空调润滑油，以润滑压缩机的内部组件。

汽车空调的内循环和外循环介绍

为完成热量的传递，制冷剂环绕系统循环。在系统内，制冷剂经历两种压力和温度模式。在每一种压力和温度模式下，制冷剂改变其状态，在改变状态的过程中，吸收与释放最大限度的热量。低压和低温模式从膨胀阀开始，经蒸发器到压缩机，在膨胀阀内，制冷剂降低压力及温度，然后在蒸发器内改变其状态，从中温液态变为低温蒸气，以吸收经过蒸发器周围空气的热量。高压和高温模式从压缩机开始，经冷凝器到膨胀阀，制冷剂在通过压缩机时增加压力及温度，然后在冷凝器内释放热量到大气中，并改变其状态，从高温蒸气变为中高温液态。

这样，制冷剂便在封闭的系统内经过压缩、冷凝、节流和蒸发4个过程，完成了一个制冷循环，如图1-8所示。

在制冷系统中，压缩机起着压缩和输送制冷剂蒸气的作用，它是整个系统的“心脏”。膨胀阀对制冷剂起节流降压作用，同时调节进入蒸发器制冷剂液体的流量，它是系统高、低压的分界线。蒸发器是输出冷量的设备，制冷剂在其中吸收被冷却空气的热量以实现降温。冷凝器是放出热量的设备，从蒸发器吸收的热量连同压缩机消耗功能所转化的热量一起从冷凝器将冷却空气带走。

如图1-9所示，制冷系统工作时，制冷剂以不同的状态在这个密闭系统内循环流动，每个循环又分4个基本过程：

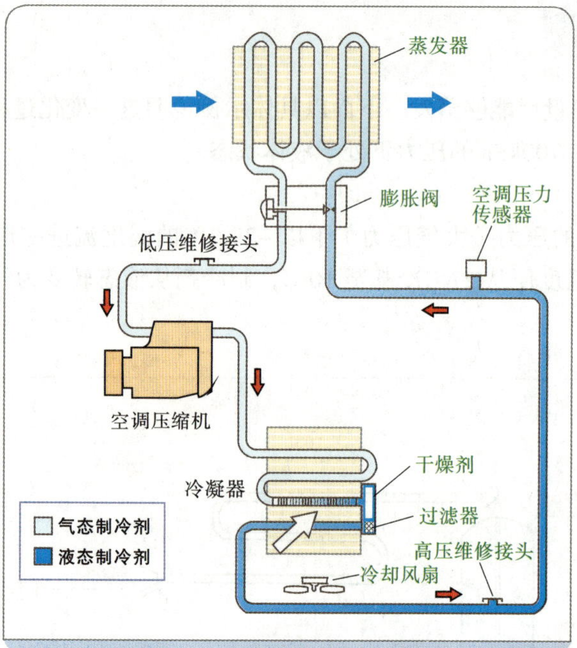

图1-7 空调制冷系统示意图

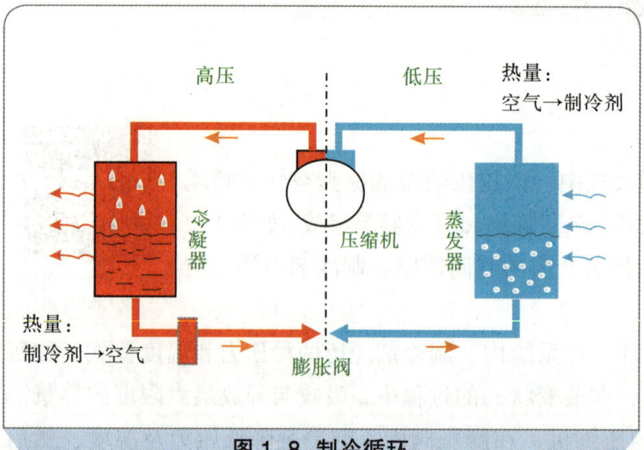

图1-8 制冷循环

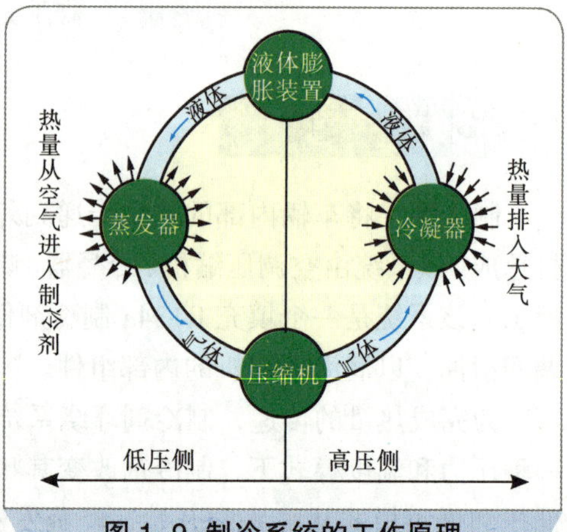

图1-9 制冷系统的工作原理

（1）压缩过程

压缩机吸入蒸发器出口处的低温低压制冷剂气体，把它压缩成高温高压的气体排出压缩机。

（2）放热过程

高温高压的过热制冷剂气体进入冷凝器，由于压力及温度的降低，制冷剂气体冷凝成液体，并放出大量的热量。

（3）节流过程

温度和压力较高的制冷剂液体通过液体膨胀装置后体积变大，压力和温度急剧下降，以雾状（细小液滴）排出液体膨胀装置。

（4）吸热过程

雾状制冷剂液体进入蒸发器，因此时制冷剂沸点远低于蒸发器内的温度，故制冷剂液体蒸发成气体。在蒸发过程中，大量吸收周围的热量，而后低温低压的制冷剂蒸气又进入压缩机。

上述过程周而复始地进行下去，便可达到降低蒸发器周围空气温度的目的。

三、汽车空调基本物理量

1．温度

温度是用来衡量物体冷热程度的物理量，用温标来表示。温度只反映物体冷热的程度，并不表示物体具有热量的多少。物体温度的高低可用温度计来测量，温度计是利用某些物质的体积随温度的变化而改变的特性制成的。常用的温度计有水银温度计和酒精温度计。

（1）温标

温度计上的标尺称为温标，工程上常用的温标有：①摄氏温标，用℃表示；②热力学温标，用 K 表示；③华氏温标，用℉表示。用这 3 种温标测得的温度分别为摄氏温度、热力学温度和华氏温度，如图 1-10 所示。

① 摄氏温标

它将标准大气压下水的冰点（海平面）定为0℃，水的沸腾点定为100℃，间隔100份，每份为1℃。用摄氏温标标定的温度称为摄氏温度，用符号 t 表示，单位为℃。

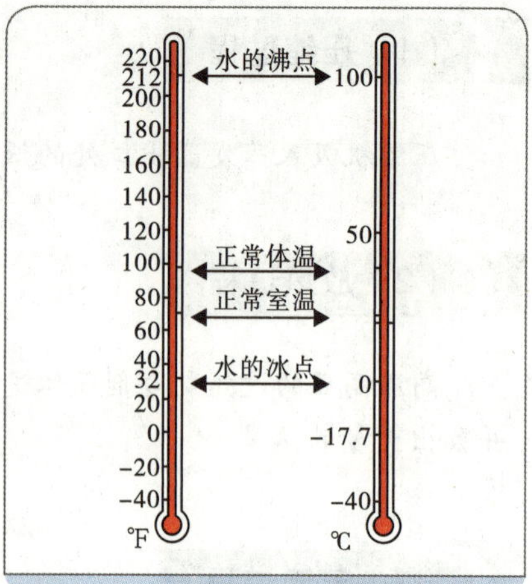

图 1-10 华氏温度计与摄氏温度计

② 热力学温标

在热力学温标中，将分子完全不运动的温度定为0K，是可能存在的最低温度，用摄氏温标表示为 −273.15℃，华氏温标为 −459.67 ℉，热力学温标与摄氏温标的间隔相同。

③ 华氏温标

它将标准大气压下水的冰点定为32 ℉，沸点为212 ℉，间隔180份，每单位分度为1华氏度，表示为1 ℉。用华氏温标标定的温度称为华氏温度。

在我国，表示温度通常使用摄氏温标；在欧美国家，华氏温标使用比较普遍。3种温标的比较换算关系见表1-1。温标对照如图1-11所示。

表 1-1 3种温标的比较换算关系

温标名称	代号	单位	换算方法
摄氏温度	t	℃	t=5/9（θ −32）
热力学温度	T	K	T（K）=t+273.15
华氏温度	θ	℉	θ =9/5t+32

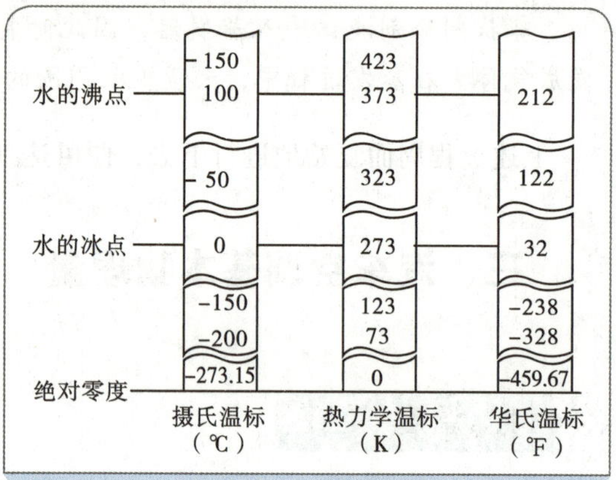

图 1-11 温标对照

（2）温度的类型

① 冷凝温度

在空调系统中，冷凝器中的制冷剂在一定高压下由气态变为液态时的温度称为冷凝温度。

② 蒸发温度

在空调系统中，蒸发器中的制冷剂低压汽化时的温度称为蒸发温度。

2. 压力（压强）与真空

（1）压力的单位

压力（压强）是指单位面积上所承受的均匀分布且垂直于该表面的力。压力的法定计量单位是“帕斯卡”，单位符号为“Pa”。其物理意义是 $1m^2$ 的面积上作用 1N（牛顿）的力。由于此单位较小，常用的单位是 kPa（千帕）和 MPa（兆帕），它们之间的换算关系如下。

$$1MPa=1000kPa=10^6Pa$$

在实际使用中还有几个常用的压力单位，如 kgf/cm^2（工程大气压）、mmHg（毫米汞柱）、atm（大气压）及 psi（磅/平方英寸）等。它们之间的换算关系见表 1–2。

表 1–2 常用压力单位之间的换算关系

kPa	kgf/cm^2	mmHg	psi	atm
1	1.02	7.50	0.145	9.87×10^{-3}
9.81	1	7.36×10^2	14.2	0.98
0.133	1.36×10^{-3}	1	1.93×10^{-2}	1.32×10^{-3}
6.89	7.03×10^{-2}	51.72	1	6.80×10^{-2}
101.325	1.033	760	15.97	1

此外，还有些地方采用 bar（巴）作为压力单位，它与工程大气压的换算关系如下：

$$1bar\approx1kgf/cm^2$$

（2）标准大气压

纬度 45° 的海平面上常年平均气压称为标准大气压（atm）。

（3）真空与真空度

真空是指低于标准大气压的气体状态与标准大气压下的气体状态相比较，单位体积中气体的分子数目减少了的一种现象，因此其是一个相对概念。绝对真空是不存在的。真空度用来表示实现真空的程度。由于真空程度越大，意味着单位体积中气体分子数减少得越多，也就是说压力随之减小得也越多，所以真空度是以气体压力大小来表示的。压力越低，表示真空度越高；反之，压力越高，表示真空度越低。若以汞柱高度来表示，当压力高到 760mmHg 时，则意味着真空“消失”了，若压力继续升高，即超过了标准大气压时，则用“正压”表示；相反，低于标准大气压时，即真空状态的压强，则用“负压”表示。

（4）压力的表示方法

实际运用中，压力的表示方法有3种，分别是绝对压力、表压力和真空度。绝对压力表示作用于单位面积上压力的绝对值，指完全真空状态下测出的压力；表压力是指用压力表测出的压力，表示比标准大气压高出的压力数值，即

绝对压力 = 表压力 +1 个标准大气压

为了与绝对压力相区别，常在表压力的具体数字后面加字母G，如10 kPa（G）。

真空度表示比标准大气压低多少的具体数量。它们的关系如图1-12所示。

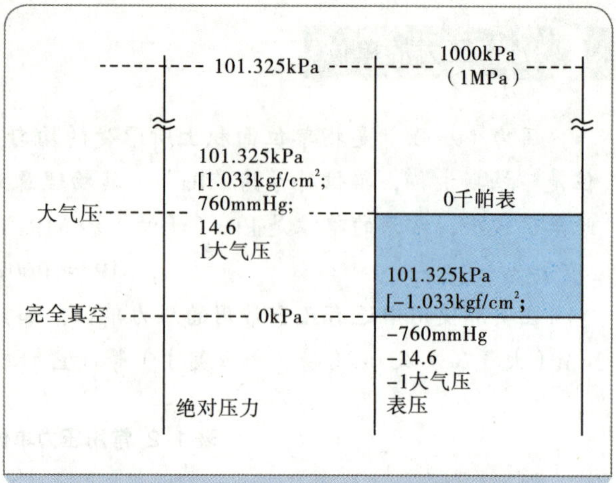

图1-12 绝对压力、表压力和真空度的关系

3. 湿度

湿度用来表示空气中水蒸气的含量。湿度过高时，人就会感到不舒适。空气中常因含有一定数量的水蒸气而呈现为湿空气。

（1）饱和空气和未饱和空气

在一定温度下，空气所含的水蒸气量（即水蒸气分压力）有一个最大限度，这个最大限度就是空气湿度所对应的水蒸气饱和压力，超过这一限度，多余的水蒸气就会从湿空气中凝结出来。

凡水蒸气含量未达到该温度下的最大限度的空气均称为未饱和空气。未饱和空气具有吸收和容纳水蒸气的能力，如湿衣服挂在空气中能够被晾干，就是这个道理。

（2）露点

对于未饱和空气，如在含湿量不变的条件下，使其温度下降，当降到相应于该含湿量的饱和空气温度时，它就变成饱和空气。如果温度再下降，空气中的一部分水蒸气就会凝结成露珠而被析离出来，这一临界温度称为露点。

露点是指空气中所含水蒸气由当时温度下降而达到饱和（开始结露）时的温度。显然，相对湿度越高，露点温度和当时温度之差就越小。例如，当气温为30℃时，相对湿度为60%，露点温度为20.9℃；而当相对湿度为90%时，露点温度则上升到28.1℃。

（3）相对湿度和绝对湿度

通常空气中水蒸气的最大含量随温度不同而异。空气温度较高时，水蒸气的最大含量要比温度较低时大。湿度大小有两种表示方法，一种是相对湿度，另一种是绝对湿度。

相对湿度：在某一温度下，空气中实际含水蒸气量（以重量计）与空气在该温度下所能含水蒸气量（重量）之比。通常随着温度的升高，空气中所能含的水蒸气量会增加，如果空气的实际含水蒸气量不变，温度升高，则空气的相对湿度下降，如图 1–13 所示。它常用百分比表示，100％称为饱和空气，0％称为干空气。

空气的相对湿度是衡量制冷系统工作性能的一个重要因素，实验表明，在 26℃相对湿度为 30％和在 22℃相对湿度为 90％这两个环境里，人体的感觉是一样的。

绝对湿度：空气中所含水蒸气量（重量）与干燥空气量之比。

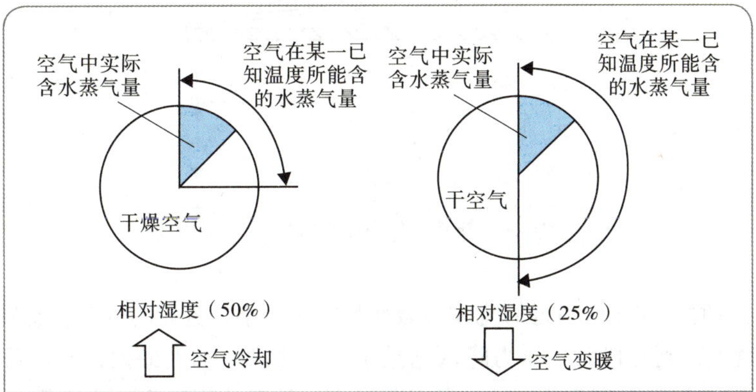

图 1–13　空气的相对湿度

（4）湿度的测量

湿度通常用干、湿球温度计测量。干球温度计就是普通的温度计。湿球温度计是将干球温度计的玻璃球处包上纱布，再将纱布浸在水中，如图 1–14 所示，水便在毛细管的作用下湿润温度计，由于在湿球处的水分蒸发带走一部分热量，使湿球处的温度降低，这样就形成了湿球温度，通过计算干球温度和湿球温度的差值，就可以算出空气的湿度。干、湿球温差越大，表明空气越干燥，反之，空气越潮湿。标准湿球温度应在感温球周围有 3 ~ 5m/s 的风速。

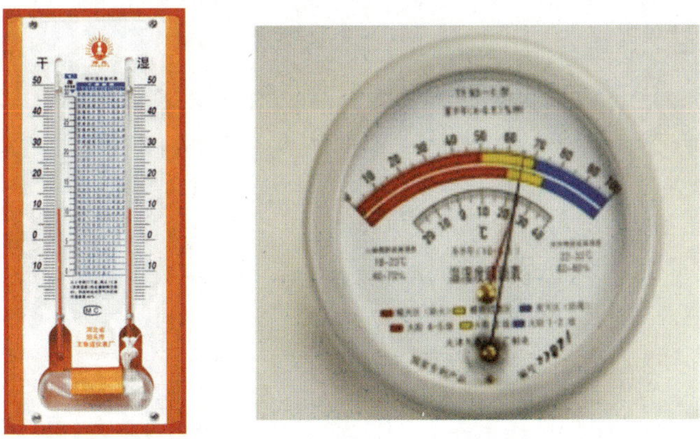

图 1–14　干湿球温度计（干湿计）

4. 节流

由于遇到突然缩小的狭窄通道，而使流体压力显著下降的现象，称为节流。气体或蒸气在管道中流动时，通道截面积突然缩小，如遇到阀门、孔板等，流体压力便下降。如图 1-15 所示。

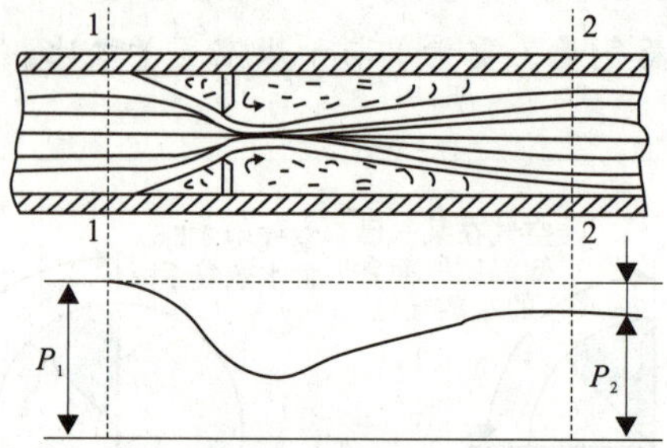

图 1-15 节流示意

当流体流向孔口时，在孔口附近的流体因截面积突然变小，流体的流动形态发生突变，流体的压力降低，速度增大；到孔口时，压力降低到最小，而速度增加到最大；流体流过孔口后，其截面积突然增大，流体的压力逐渐回升，速度逐渐减小，最后达到稳定。由于孔口前后发生强烈的扰动和涡流，造成压力的不可逆损失，因此流体恢复稳定后，压力比以前小很多，但速度（流速）基本保持不变。

在汽车空调制冷系统中，制冷剂在膨胀阀中的状态变化就是节流过程。制冷剂被膨胀阀节流后，如果压力下降得比饱和压力还低，部分液体将变成饱和蒸气，体积急剧增大。这时蒸气吸热量都是液体本身供给的，所以液体温度下降较大。

任务二　汽车空调系统的组成与分类

一、汽车空调系统的组成

一般的汽车空调系统是由制冷系统、暖风系统和通风系统组成的，除此之外，还有空气净化系统和控制系统。

国产轿车空调系统的组成与主要部件的工作原理

1. 制冷系统

如图 1-16 所示，制冷系统主要由压缩机、冷凝器、储液干燥器、膨胀阀、蒸发器、高低压管路等组成。制冷系统的作用是对车室内的空气或由外部进入车室内的新鲜空气进行冷却或除湿，使车室内的空气变得凉爽舒适。

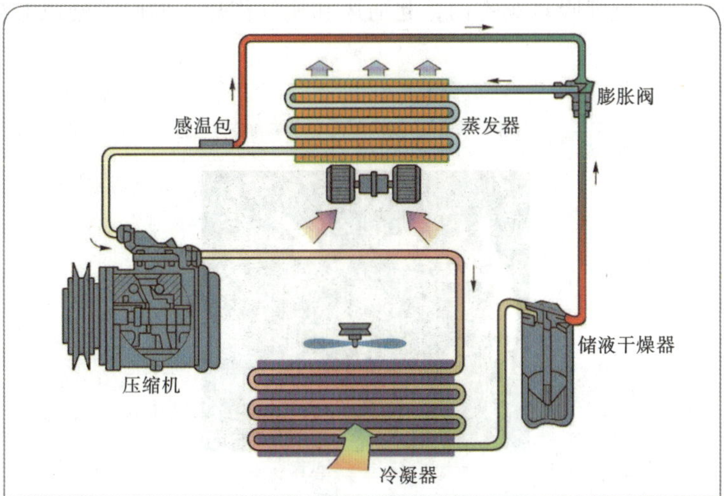

图 1-16　空调制冷系统

空调制冷装置的工作原理与控制原理

汽车空调制冷装置的维修

2. 暖风系统

如图 1-17 所示，暖风系统由暖风散热器和导风管等部分组成。暖风系统主要用于取暖，对车室内的空气或由外部进入车室内的新鲜空气进行加热，达到取暖、除湿的目的。

空调系统采暖装置的维修

汽车空调的供暖工作过程是：水泵使发动机冷却水经暖风散热器循环流动，流经暖风散热器的冷却水将热量传递给暖风散热器附近的空气，通过鼓风机的作用将暖风送入车内取暖或用于风窗除霜。对于新能源汽车来说，暖风系统分为多种形式，一种形式是采用 PTC 直接加热空气，另一种形式是类似于传统汽车的暖风系统，用 PTC 加热热水箱来取暖。

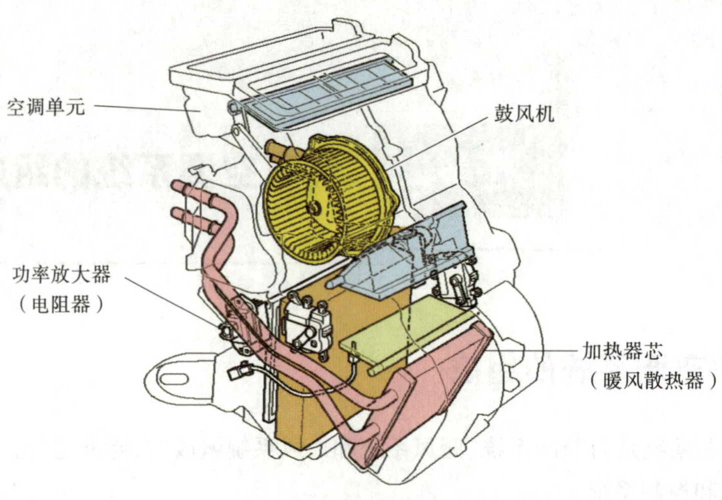

图 1-17 空调暖风系统

3. 通风系统

空调通风系统如图 1-18 所示，该系统主要是由鼓风机、空气进气口、配气出风口、送风管道等组成的。

通风系统将外部新鲜空气吸进车室内，起通风和换气作用。同时，通风对防止风窗玻璃起雾也起着良好作用。

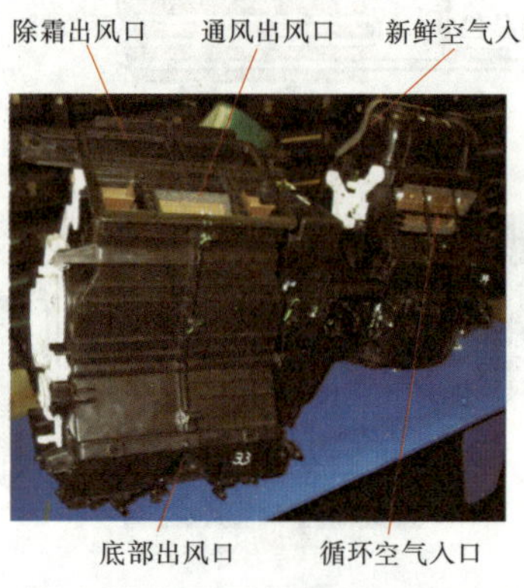

图 1-18 空调通风系统

4. 空气净化系统

汽车空调空气净化系统通常有空气过滤式和静电除尘式两种。空气过滤式空气净化系统在空调系统的进风和回风口处设置空气滤清装置。它仅能滤除空气中的灰尘和杂物，结构简单，工作可靠，只需定期清理过滤网上的灰尘和杂物即可，故广泛用于各种汽车空调系统中。静电除尘式空气净化系统则是在空气进口的过滤器后再设置一套静电除尘装置或单独安装一套用于净化车内空气的静电除尘装置。

静电除尘式空气净化装置如图 1-19 所示。

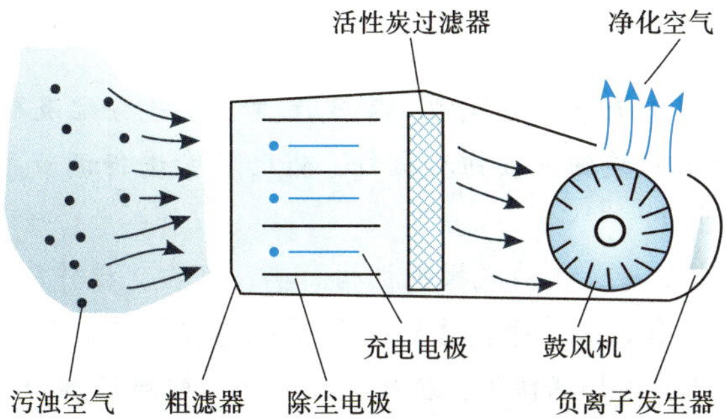

图 1-19　静电除尘式空气净化装置

5. 控制系统

控制系统是由温度传感器、控制单元、进气执行器、电磁离合器等组成的。

其作用是对制冷系统和暖风系统的温度、压力进行控制，同时对车室内空气的温度、风量、流向进行控制，完善了空调系统的正常工作。

图 1-20 所示为汽车空调控制系统示意图。

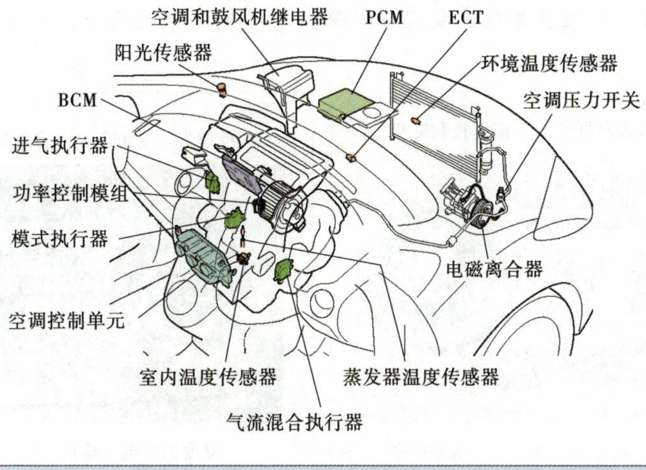

图 1-20　汽车空调控制系统示意图

汽车空调的控制装置

二、汽车空调系统的分类

1.　按控制程度分类

汽车空调按控制程度可分为手动空调、半自动空调和自动空调三种。

（1）手动空调

在电子控制的手动空调系统中，进气源、空气温度、空气分配及鼓风机速度等功能都是驾驶员通过操纵手动控制面板的旋钮、按钮和拨杆，借助拉索进行调节手动选择的。典型的手动空调控制面板如图 1-21 所示。

手动空调的优点：成本低廉，机械式操纵机构简单、可靠，操作简单。

手动空调的缺点：操纵负载大，手感差；乘员主观感受空调效果，对环境变化无响应，无法精确、恒温控制；与高档车内饰不协调；机械故障率高，塑料控制盘容易变形导致控制错位、卡死，风门漏风严重。

（2）半自动空调

所谓半自动空调，就是乘员操纵电动控制面板的旋钮和按钮，再将操纵指令转换成电信号通过线束输送至 HVAC 总成各风门的微型电动执行器，控制风门动作，完成进气、送风温度、空气分配的调节这样一个半自动控制系统。

图 1-22 所示是一汽大众半自动空调控制面板。

半自动空调的优点：操纵负载小，手感佳；外形简洁、美观，操作简单；独立式电动执行器控制可靠、到位，风门漏风大为改善；成本适中。

半自动空调的缺点：乘员主观感受空调效果，对环境变化无响应，无法精确、恒温控制。

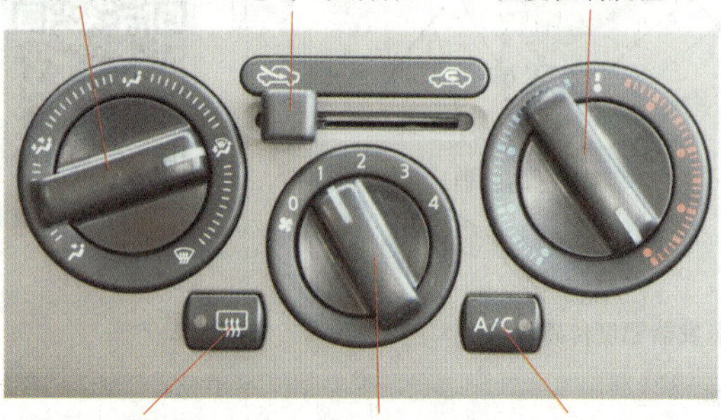

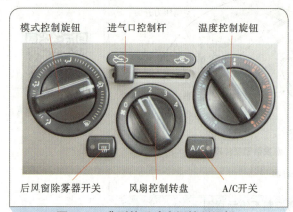

图 1-21 典型的手动空调控制面板

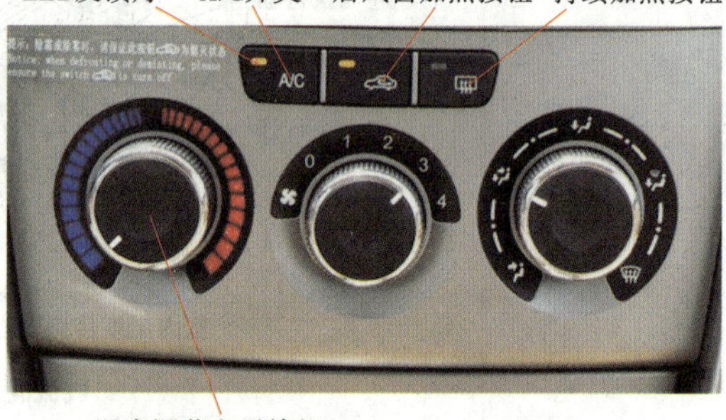

图 1-22 半自动空调控制面板

（3）自动空调

自动空调就是乘员操作自动控制面板的旋钮或按钮，设定所需的空调温度，由自动空调系统自动监控并调节温度、鼓风机速度和空气分配。自动模式提供了最适宜的系统控制，并且不需要手动干预。手动模式允许忽略单个功能的自动运行，以适应个人偏好。典型的自动空调控制面板如图 1-23 所示。

自动空调的优点：智能化恒温控制，空调舒适性极佳；人性化交互界面，操作和运行可视化；

与中控台融合一体，协调美观；操纵负载小，手感佳。

自动空调的缺点：成本高；可维修性差，即维修难度增大。

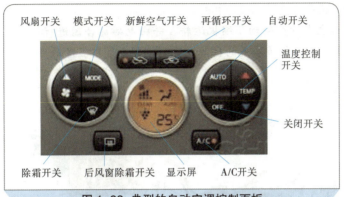

图 1-23　典型的自动空调控制面板

2. 按动力源分类

汽车空调根据压缩机驱动力来源的不同分为独立式空调和非独立式空调两种。

独立式汽车空调的组成

空调控制面板

空调控制面板的组成

(1) 独立式空调

独立式空调有专门的动力源（如第二台内燃机）驱动整个空调系统的运行，一般用于长途载货汽车、高地板大中型客车等。独立式空调由于需要两台发动机，燃油消耗量大，同时造成较高的成本，并且其维修及维护十分困难，需要十分熟练的发动机维修人员，而且发动机配件不易获得，尤其是进口发动机；另外设计和安装更容易导致系统质量问题的发生，而额外的驱动发动机更增加了发生故障的概率。

独立式汽车空调系统如图 1-24 所示。

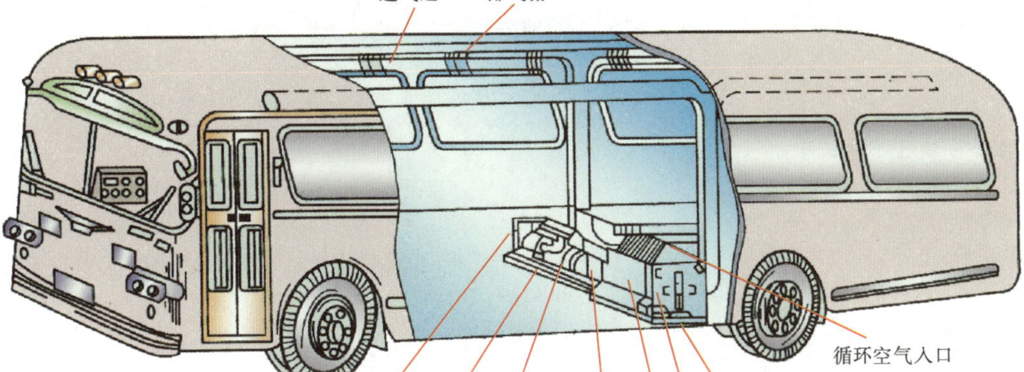

图 1-24　独立式汽车空调系统

（2）非独立式空调

非独立式空调是直接利用汽车的行驶动力（发动机）来运转的空调系统。

非独立式汽车空调系统如图 1–25 所示。

非独立式空调由主发动机带动压缩机运转，并由电磁离合器进行控制。接通电源时，离合器断开，压缩机停机，从而调节冷气的供给，达到控制车厢内温度的目的。

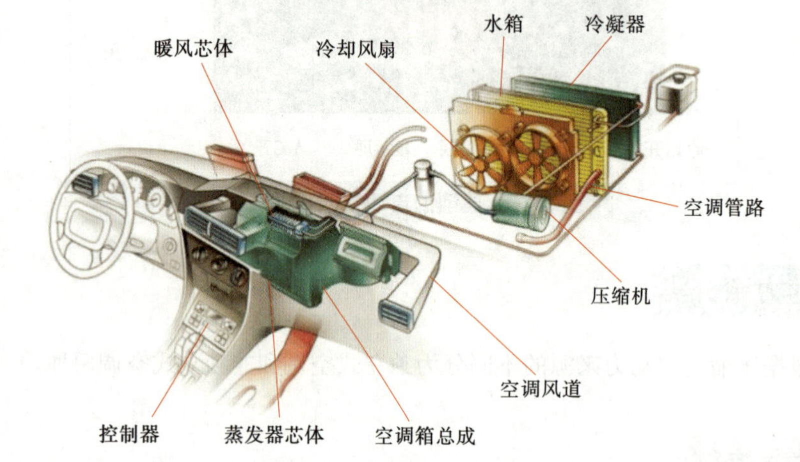

图 1–25 非独立式汽车空调系统

非独立式空调的优点：结构简单，便于安装布置，噪音小。

非独立式空调的缺点：由于需要消耗主发动机的动力，直接影响汽车的加速性能和爬坡能力。同时其制冷量受汽车行驶速度影响，如果汽车停止运行，其空调系统也停止运行。

尽管如此，非独立式空调由于相对独立式空调具有较低的成本、可靠的质量，已逐渐成为市场的主导产品。目前，轿车、面包车、小型客车都在使用这种空调。

任务三　制冷剂与冷冻机油

制冷剂（Refrigerant）是制冷装置完成制冷循环的媒介，又称为制冷介质，还有冷媒、雪种等俗称。汽车空调是在制冷循环中通过制冷剂的状态变化，进行能量转换，实现制冷的。

制冷循环的性能指标除了与工作温度、压力有关外，还与制冷剂的性质密切相关。因此，了解制冷剂的性质对车用空调制冷系统的设计、使用和维修十分重要。

汽车空调系统制冷剂的认知

一、对制冷剂的性能要求

1. 热力性能要求

①要求制冷剂的临界温度要高。这样有利于使用一般的冷却液和空气进行冷凝，同时可以使节流损失小，制冷系数高。

②要求制冷剂的单位容积制冷量要大。制冷剂单位容积制冷量大可以使相同产冷量时所需的压缩机尺寸较小。但对于离心式制冷机或某些小型制冷机，单位容积制冷量小些会使压缩机制造更容易。

③要求制冷剂的蒸发压力和冷凝压力适中。制冷剂冷凝压力不要太高，且蒸发压力不要太低，尤其不应低于大气压力。

④要求制冷剂的绝热指数要小。这样有利于降低压缩机的排气温度，提高压缩机的效率。

2. 物理化学性能要求

对车用空调制冷剂物理化学性质的要求如下：

①黏度、密度小，以减少制冷剂在制冷系统中的流动阻力损失。

②热导率高，以提高热交换设备的传热系数，减少换热面积，降低材料消耗。

③使用安全。车用空调制冷剂应无毒、不燃烧、不爆炸。

④具有较好的化学稳定性和热稳定性。车用空调制冷剂与润滑油无亲和作用，对金属材料不腐蚀，在高温下不分解，可与冷冻机油以任意比例相溶。

⑤易于改变吸热与散热的状态，有很强的重复改变状态的能力。

3. 环保性能要求

以前广泛使用的汽车空调制冷剂氟利昂（如 R11、R12）对大气中的臭氧层有破坏作用，因此其生产和使用受到限制，已被禁止使用。目前，汽车空调均使用对大气臭氧层无破坏、温室效应小的制冷剂。

（1）制冷剂对臭氧层的破坏作用

大气中的臭氧层是同温层的一部分，其高度为距离海平面 20 ~ 50km 处。臭氧层可以吸收太阳光中的大部分紫外线（Ultraviolet，UV），从而保护地球表面的生物，使之不受到过于强烈的紫外线辐射。

紫外线可将臭氧（O_3）分解成氧分子（O_2）和氧原子（O）。而在复杂的大气物理化学反应中，氧原子和氧分子又会合成、还原为臭氧。臭氧的分解与还原过程在臭氧层中进行，并借此实现臭氧层对大部分紫外线的吸收。

传统制冷剂（如 R12）的组成成分中有氯（Cl）。在操作不当时，R12 分子就会进入臭氧层，紫外线辐射会使得 R12 分子释放出一个氯原子。

在 R12 分子中游离出来的氯原子会与臭氧发生反应。于是，臭氧被分解，生成氧分子（O_2）和一氧化氯（ClO），随后 ClO 又与氧发生反应而释放出氯原子。再次游离出来的氯原子又继续与臭氧发生反应，如此周而复始（这个循环过程可能重复 100 000 次），不断地消耗大气中的臭氧，使得臭氧层日益稀薄，甚至形成空洞。

氟利昂（如 R11、R12）对大气中臭氧的破坏作用可用相对臭氧破坏能力作用系数（Relative Ozone Depletion Potential）表征，简称 RODP 或 ODP，并规定 R11 的 ODP 为 1.0，从而用 ODP 表示相对 R11 对大气臭氧破坏能力的大小。

（2）制冷剂的温室效应

温室效应（Greenhouse Effect）又称花房效应，是大气保温效应的俗称。大气能使太阳光的短波辐射到达地面，但地表向外放出的长波热辐射线能被大气吸收，这样就使得地表与低层大气温度增高。因其作用类似于栽培农作物的温室，故名温室效应。

自工业革命以来，人类向大气中排放的二氧化碳等吸热性强的气体逐年增加，大气的温室效应也随之增强，已引发全球气候变暖等一系列严重问题，引起了全世界的广泛关注。

温室效应主要是由于现代工业社会过多燃烧煤炭、石油和天然气，这些燃料燃烧后放出大量的二氧化碳进入大气层造成的。二氧化碳具有吸热和隔热的功能，它在大气中增多的结果是形成一种无形的“玻璃罩”，使太阳光辐射到地球上的热量无法向外层空间散发，其结果是地球表面变得越来越热。因此，二氧化碳也被称为温室气体。

氟利昂类含氯氟烃产生的温室效应用温室效应能力系数（Global Warming Potential）表征，简称 GWP 值，并规定 R11 的 GWP 值为 1.0，用 GWP 表示相对于 R11 对温室效应的作用。

由于二氧化碳（CO_2）是造成全球温室效应的主要因素之一，因此也常以 CO_2 作为比较基础。

二、制冷剂的命名、分类和性能特征

1. 制冷剂的命名

制冷剂是用 R 后跟一组编号的方法来命名的，其中 R 是制冷剂（Refrigerant）的第一个字母，如 R12、R134a、R22 等。R 后的数字或字母是根据制冷剂分子的原子构成按一定规则书写的。

也常采用 CFC、HCFC 或 HFC 来代替 R 以表示制冷剂分子的原子组成。CFC 表示制冷剂由氯原子、氟原子和碳原子组成。HCFC 表示制冷剂由氢原子、氯原子、氟原子和碳原子组成。HFC 表示制冷剂由氢原子、氟原子和碳原子组成。

2. 制冷剂的分类

空调制冷剂的种类较多，可从不同角度进行分类。按组成成分不同，制冷剂可分为 3 类。

（1）无机化合物制冷剂

属于无机化合物制冷剂的有 R717（NH_3）、R744（CO_2）、R764（SO_2）等。

（2）氟利昂

R11（$CFCl_3$）、R12（CF_2Cl_2）、R22（CHF_2Cl）、R134a 等均属于氟利昂制冷剂。氟利昂（Freon）是饱和碳氢化合物的氟、氯和溴的衍生物的总称，是 20 世纪 30 年代发现的制冷剂，氟利昂类制冷剂种类多，相互间热力学性质差别大，可适用于不同的场合。

氟利昂（Freon）类制冷剂的商品名以 Freon 的第一个字母 F 开头，例如，R12 的商品名为 F12，即 R12 和 F12 是同一种制冷剂。

（3）混合工质制冷剂

混合工质制冷剂是由两种或两种以上单一工质混合而成的。混合工质有共沸混合工质和非共沸混合工质之分。

① 共沸混合工质

共沸混合工质是由两种或两种以上的单纯工质在常温下按一定比例混合而成的，具有与单一工质相同的性质，即气液相组分相同，在恒定压力下有恒定的蒸发温度，如 R502（由 R22 和 R115 以 48.8/51.2 的质量分数混合）等。

② 非共沸混合工质

非共沸混合工质是由两种或两种以上不形成共沸溶液的单一工质混合而成的。由于非共沸混合工质不存在共同沸点，因此在定压下冷凝或蒸发时，其组分温度不同，气液相成分也不同。

3. 制冷剂的性能特征

按沸点温度 t_S 不同，制冷剂可分为高温低压制冷剂、中温中压制冷剂和低温高压制冷剂 3 类，见表 1-3。

表 1-3 制冷剂按沸点温度 t_S 分类

类别	沸点温度 t_S/℃	制冷剂举例	应用举例
高温低压制冷剂	> 0	R11、R113、R114 等	空调热泵
中温中压制冷剂	-60 ~ 0	R717、R12、R134a 等	空调热泵
低温高压制冷剂	< -60	R13、R14 等	复叠机的低温级

早期在汽车空调上广泛使用的制冷剂 R12 和目前广泛使用的制冷剂 R134a 均属于中温（中压）制冷剂范畴。

汽车空调制冷剂最早广泛使用的是 R12（CF_2Cl_2），即二氟二氯甲烷，后来出现了 R12 的替代产品 R134a（HFCl34a），即四氟乙烷。当前，R744（CO_2）和 R1234yf（四氟丙烯）又成为热门的制冷剂。R12、R134a、R744 及 R1234yf 制冷剂的物理化学特性见表 1-4。

表 1-4 R12、R134a、R744 及 R1234yf 制冷剂的物理化学特性

项目	R12	R134a	R744	R1234yf
学名	二氟二氯甲烷	四氯甲烷	二氧化碳	四氟丙烯
分子式	CF_2Cl_2	CCl_4	CO_2	$CF_3CF=CH_2$
相对分子质量	120.91	102.30	44.00	100.00
沸点（1 个大气压）/℃	-29.79	-26.19	-78.52	-29.00
凝固点 /℃	-157.8	-101	—	—
临界温度 /℃	111.80	101.14	31.10	95.00
临界压力 /MPa	4.125	4.065	7.380	0.673
临界密度 /（kg/m^3）	558	1207	—	1094
0℃蒸发潜热 /（kJ/kg）	151.4	197.5	—	—
水中溶解度（1 个大气压）（质量分数，%）	0.28	0.15	—	—
燃烧性	不燃烧	不燃烧	不燃烧	弱可燃性
臭氧破坏力作用系数（ODP）	1.0	0	0	0
温室效应能力系数（GWP）	3.05	1300	0	4

（1）汽车空调制冷剂 R12

汽车空调制冷剂 R12（图 1-26）是一种中温制冷剂，无色，具有轻微芳香味，毒性小，只在 400℃时才会分解出有毒的光气。R12 不燃烧、不爆炸，是一种安全的制冷剂，只有在体积分

数达 80% 时才会使人窒息。

另外，R12 还具有制冷能力强、压力适中、化学性质稳定、与冷冻机油相容性好和安全性好等优点。

但是，R12 的组成元素中含有氯，会破坏臭氧层，导致太阳光紫外线大量辐射到地面，使得人患皮肤癌、白内障和呼吸道疾病的概率大大增加，给人类和生物的生存环境带来很大危害。R12 的 ODP 为 1，GWP 为 3.05。

因此，国际社会于 1987 年 9 月在加拿大缔结了《关于消耗臭氧层物质的蒙特利尔议定书》，明确规定禁用 R12 的期限为 2000 年。我国于 1992 年也制定了《中国逐步淘汰消耗臭氧层物质国家方案》，该方案规定，国内各汽车制造商从 1996 年起在汽车空调中逐步用新制冷剂 R134a 替代 R12，2000 年以后生产的新车不得再使用 R12 作为汽车空调制冷剂。

（2）汽车空调制冷剂 R134a

为了适应环境保护的需要，特别是为了适应保护臭氧层的需要，有必要采用不破坏臭氧层的制冷剂来替代 R12。目前，被广泛认可和使用的 R12 替代制冷剂是 R134a（图 1-27）。

图 1-26　罐装汽车空调制冷剂 R12

图 1-27　罐装汽车空调制冷剂 R134a

R134a 具有与 R12 相近的热力性质，所以制冷系统的改型比较容易。R134a 具有较好的制冷性能，与金属和非金属相容，化学和热稳定性好，具有良好的安全性能（不易燃、不爆炸、无毒、无刺激性和无腐蚀性）。

同时，R134a 中不含氯原子，ODP 低，同时 GWP 也较低。但在蒸发温度低于 −21℃时，由于将产生高的压缩比，制冷量受到限制，其使用将受到影响。

此外，R134a 制冷系统的能效、工作可靠性等与 R12 相比还有一定的差距。

（3）碳氢化合物制冷剂

碳氢化合物制冷剂具有以下优点：

①与日常使用的R12、R134a制冷剂润滑油具有兼容性，替代原汽车上使用的氟利昂制冷剂，无须更换空调设备及附件，操作简单，灌装方便。

②比普通制冷剂节能10%～20%，用量仅是R12、R134a的1/3，对酷热气候具有独到的适应性，制冷效果优良，是解决汽车空调氟利昂排放导致大气污染的理想替代品之一。

（4）CO_2制冷剂

制冷剂的种类很多，理论上只要能进行气液两相转换的物质，均可作为蒸发制冷系统的制冷剂。但寻找制冷效率高，且对环境没有污染的制冷剂很困难，目前广泛使用的R134a只是R12的替代品，其排放物产生的温室效应仍然对环境有较大的危害。

在此背景下，在食品冷冻和房间空调领域已有100多年应用历史的CO_2制冷剂又重新得到重视，极有可能成为汽车空调系统下一代绿色环保制冷剂。

CO_2制冷剂（代号R744）具有无毒、无味、不可燃、不爆炸、ODP为0、GWP约为0、成本低廉、无须回收、制冷能力强、制冷部件结构尺寸紧凑等一系列优点。

CO_2本身是有温室效应的，但作为制冷剂，CO_2可以从工业废气中提取获得。与大量的工业废气产生的温室效应相比较，CO_2作为制冷剂产生的温室效应是微乎其微的。因而，可以认为CO_2制冷剂的GWP约为0。

但是，CO_2制冷剂也存在临界温度低、临界压力高、制冷循环热力损失大、容易引起窒息等缺点。因而，采用CO_2作为制冷剂时，制冷系统无法实现通常的压缩→冷凝→蒸发这样的蒸气压缩式制冷循环。在常温下，无法实现冷凝，CO_2制冷系统实质上是超临界循环制冷系统。

由于临界温度太低，使制冷系数过低，尤其是在环境温度较高时，制冷循环的单位质量制冷量明显减小，制冷能力显著下降，而功耗显著增大。

（5）R1234yf制冷剂

由于分子中不含氯原子，R1234yf的ODP为0，GWP为4，在大气中的寿命只有11天，且大气分解产物与R134a相同，因此，R1234yf对气候环境的影响几乎可以忽略，远小于R134a。

根据欧洲联盟（简称欧盟）的F-GAS法规，自2011年1月1日起，在欧盟境内生产和销售的所有新设计的车型，禁止使用GWP大于150的制冷剂；自2017年1月1日起，在欧盟境内生产和销售的所有新车，禁止使用GWP大于150的制冷剂。

不难看出，目前广泛使用的汽车空调制冷剂R134a（GWP为1300）的逐步淘汰将成为必然趋势。美国杜邦（DUPONT）公司与霍尼韦尔（Honeywell）公司联合研发的R1234yf被认为是替代R134a的新一代汽车空调环保制冷剂。

R1234yf制冷剂的环保性能虽然非常理想，但仍然不尽如人意。R1234yf制冷剂无闪点，自燃点为405%，属于具有弱可燃性的制冷剂。尽管在正常行驶条件下，车上的高温部件（如排气管等）可以得到妥善的保护，但一旦发生撞车事故，制冷系统遭到破坏，泄漏出来的R1234yf制冷剂遇到温度超过405℃的高温部件，就有发生R1234yf制冷剂起火燃烧、引燃肇事车辆的危险。

正是基于对R1234yf制冷剂安全性的顾虑，一些汽车制造商极力抵制使用R1234yf制冷剂，而以杜邦和霍尼韦尔为代表的制冷剂制造商则在极力推广这一产品。如何在保持其优秀的制冷能力和环保性能的同时，彻底消除其安全隐患，是目前急需解决的问题。对于在汽车空调系统中是否采用R1234yf制冷剂的争论，仍会继续进行下去，短期内很难达成共识。

三、制冷剂的使用

空调系统冷冻油的认知

1. 使用R12时的注意事项

①制冷剂容器应避免阳光直接照射或炉火烘烤，以防意外。

②避免与人的皮肤直接接触，以防冻伤。尤其要避免误入眼睛，以防造成失明。

③对制冷系统进行拆卸、充注作业时，最好戴胶皮手套，不要戴线纺手套。

④尽管R12是无毒或低毒制冷剂，但在与火焰接触时会产生毒气。

⑤操作现场应通风良好。

2. 使用R134a时的注意事项

尽管制冷剂种类繁多，但从目前我国汽车空调制冷剂领域来看，常用的制冷剂只有R134a一种，因此这里重点对R134a的使用注意事项加以说明。

一定要防止制冷剂的混用。R12和R134a这两种制冷剂是不能混用的，原因在于它们对空调系统结构的要求不同。首先，对压缩机要求不同；其次，对润滑油要求也不同；再次，对储液干燥器和连接软管的要求也不同。

因此，R134a只能在专门与其配套的系统中工作，凡是车用的R134a空调系统，制造商都会在压缩机、冷凝器、蒸发器、橡胶软管和充注设备上注明“只适用于R134a”标志，以防误用。

四、冷冻机油

1. 冷冻机油的作用

冷冻机油（Refrigerant Oil）是制冷压缩机的专用润滑油，俗称冷冻油。

冷冻机油用于保证压缩机正常运转、可靠工作和延长使用寿命。在空调制冷系统中，冷冻机油的具体作用如下：

（1）润滑作用

压缩机是高速运转的机器，轴承、活塞、活塞环、曲轴、连杆等零件表面需要润滑，以减少阻力和磨损，延长使用寿命，降低功耗，提高制冷系数。

（2）密封作用

汽车使用的压缩机传动轴需要油封来密封，防止制冷剂泄漏。有润滑油，油封才能起密封作用。同时，活塞环上的润滑油不仅起减摩作用，而且起密封压缩机蒸气的作用。

（3）冷却作用

运动的摩擦表面会产生高温，需要用冷冻机油来冷却。冷冻机油冷却不足，会引起压缩机过热，排气压力过高，制冷系数降低，甚至烧坏压缩机。

（4）降低压缩机的工作噪声

油膜可以缓冲查件之间的碰撞，减少噪声并阻碍声音的传递。

2. 对冷冻机油的性能要求

在选择冷冻机油时，必须注意空调压缩机内部冷冻机油所处的状态，如排气温度、排气压力、吸气温度等。

①不同的制冷剂要求使用不同黏度的润滑油。例如，R12 与润滑油能互溶，使油变稀，所以应选用黏度较大的润滑油。压缩机中润滑油的黏度应适当，黏度过大会使压缩机的摩擦损失功率增大，起动阻力矩增大；黏度过小会使摩擦表面不能建立起所需要的油膜。由于冷冻机油长期在高温和低温的环境中工作，因此要求其性能稳定，并能保持一定的黏度。

②应与制冷剂、有机材料和金属等在高温和低温条件下接触时不起反应，要求其热力学性能及化学性能十分稳定。

③在制冷循环的最低温度部位也不应有结晶状的石蜡分离、析出或凝固，从而保持优良的低温流动性能。

④含水量极少。冷冻机油中的含水量与制冷装置的制冷效果及使用寿命有十分密切的关系。水在制冷系统中会引起“冰堵”现象和“镀铜”现象。为避免上述情况发生，对润滑油的含水量必须按要求严格控制。

⑤在压缩机排气门附近高温部位不应产生积炭、氧化现象，应具有较高的热稳定性。

3. 冷冻机油的分类

常用的汽车空调冷冻机油如图 1-28 所示。

R12 与 R134a 制冷系统的冷冻机油不能混用。

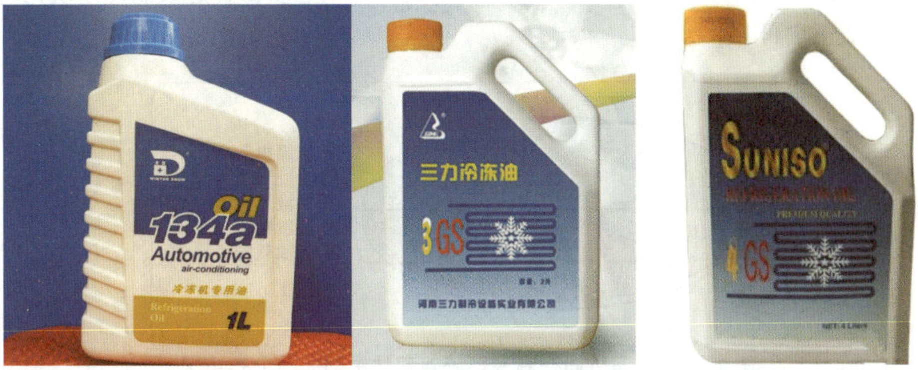

图 1-28　常用的汽车空调冷冻机油

R12 制冷系统用的冷冻机油属于矿物油，矿物油能与 R12 互溶。R12 制冷系统一般用国产的 18 号、25 号冷冻机油或日本产的 SUNISO 3GS、SUNISO 4GS、SUNISO 5GS 冷冻机油。

采用 R134a 作为制冷工质后，原系统使用的矿物油与新的 R134a 制冷工质不相容，所以需要同时更换冷冻机油。欧美各国绝大多数采用醇类润滑油，而日本等国则主张采用酯类润滑油。

醇类润滑油吸水性很强，与 R12 系统中的矿物油不兼容，系统残余的矿物油中的氯化物与醇类润滑油（PAG 油）起反应后，会导致其润滑性能下降。

酯类润滑油与醇类润滑油(PAG 油)相比，吸水性要低一些，对 R12 系统中的矿物油也较不敏感。但酯类润滑油（POE 油）在低温下黏度变化较大，低温润滑性能不好，回油也不太好。而醇类润滑油（PAG 油）的黏度随温度变化不大，低温下润滑性能良好。

因此，近年来 R134a 制冷系统使用的润滑油逐渐转向了醇类润滑油（PAG 油）。对于已使用过 R12 的空调制冷系统改用 R134a 后，换用酯类润滑油（POE 油）比较合适，而新的 R134a 空调制冷系统则采用醇类润滑油（PAG 油）为宜。

4. 冷冻机油的使用及性能检查

①必须严格使用原车空调压缩机所规定的冷冻机油牌号，或换用具有同等性能的冷冻机油，不得使用其他油品来代替，否则会损坏压缩机。

②冷冻机油吸收潮气的能力极强。因此，在加注或更换冷冻机油时，操作必须迅速，如准备工作尚未做好，不能立刻加油时，则不得打开油罐。在加注完毕后应立即将油罐的盖子封紧储存，不得有渗透现象。

③不能使用变质的冷冻机油。冷冻机油变质的原因是多方面的，归纳起来有如下几点。

混入水分后，冷冻机油在氧的作用下会生成一种絮状的酸性物质，腐蚀金属零部件；高温氧化，当压缩温度过高时，冷冻机油被氧化分解而炭化变黑；不同牌号的冷冻机油混合使用时，由于冷冻机油所加的氧化剂不同而产生化学反应，引起变质，破坏了各自的性能，从而引起冷冻机油变质。

④冷冻机油只是起润滑油的作用，本身没有制冷能力。同时，冷冻机油还会降低热交换器的换热效率。因此，只允许加到规定的用量，绝不允许过量使用，以免降低制冷能力。

冷冻机油的加注量随车型不同而异，可参看汽车使用维修手册。冷冻机油在制冷系统各部件中的大致分布情况如图 1-29 所示。

⑤在排放制冷剂时应缓缓进行，以免冷冻机油和制冷剂一起喷出，造成制冷系统内部冷冻机油缺失，无法保证正常润滑。

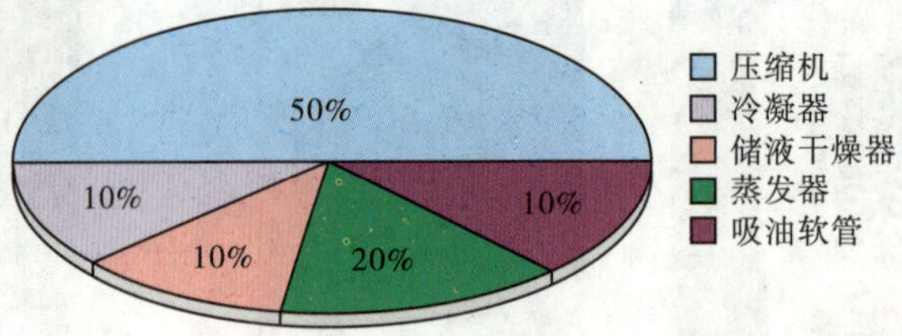

图 1-29 冷冻机油在制冷系统各部件中的大致分布情况

思考与练习

一、填空题

1. 热量的传播途径有 __________、__________、__________。

2. 物体之间在 __________ 的情况下，__________ 物体将热量直接向外传给 __________ 物体的传递方式，叫做热的 __________。

3. 一般的汽车空调系统由 __________、__________ 和 __________ 系统组成，除此之外，还有 __________ 和 __________。

4. __________ 是制冷装置完成 __________ 的媒介，又称为 __________，还有冷媒、__________ 等俗称。

5. __________ 是制冷压缩机的专用润滑油，俗称 __________，其作用有 __________、__________、__________、__________ 等。

二、选择题

1. 汽车空调设备的制冷剂主要是（　　）。

A. R12　　B. R22　　C. R134a　　D. R134

2. 下例说法正确的是（　　）。

A. 从气体变成液体时放出的热叫做液化吸热

B. 从液体变成气体时所需的热叫做蒸发吸热

C. 从固体变成液体时吸收的热叫做溶解放热

D. 从固体直接变成气体时吸收的热叫做升华放热

三、判断题

1. 在制冷技术中，“过冷”是对于气体而言的，“过热”是对于液体而言的。（　　）

2. 液化是液态转变成气态，是吸热过程。（　　）

3. 汽化是液态转变成气态，是吸热过程。（　　）

4. 桑塔纳汽车空调是冷暖一体化空调系统。（　　）

四、问答题

1. 汽车空调制冷循环是怎样的？

2. 汽车空调由哪几部分组成，各部分的作用是什么？

3. 如何选用冷冻机油和制冷剂？

课题二

汽车空调制冷系统

[学习任务]

1. 掌握空调压缩机的分类、工作过程。
2. 掌握冷凝器与蒸发器的结构特点。
3. 掌握节流装置的种类、构造及工作原理。
4. 培养工作过程中的安全意识、团队合作意识。

[技能要求]

1. 能够对压缩机进行拆装、检测。
2. 能够对冷凝器及蒸发器的故障现象进行诊断、排除。
3. 能够对节流装置进行诊断及故障排除。

任务一 压缩机

一、压缩机的作用、性能要求与分类

汽车空调为什么能制冷

压缩机的组成与原理

1. 压缩机的作用

作为汽车空调制冷系统的核心部件，压缩机（Compressor，俗称空调泵）具有两个重要功能：

①压缩机吸气时相当于一个真空泵，使系统内部产生低压，吸入蒸发器中低温低压的气态制冷剂。

②在压缩过程中将气态制冷剂压缩成高温高压状态并输入冷凝器，维持制冷剂在制冷系统管路中循环流动。

压缩机是蒸气压缩制冷系统中低压和高压、低温和高温的转换装置，其正常工作是实现热交换的必要条件。

2. 压缩机的性能要求

与一般家用房间空调制冷压缩机相比，非独立式汽车空调制冷系统的压缩机在结构和性能上有下列特殊的要求：

①制冷能力强，尤其要求有良好的低速性能，以确保汽车在低速行驶和怠速时也有足够的制冷能力。

②能耗低，尤其是汽车在高速行驶时动力消耗不能过大，否则不仅使经济性降低，而且会影响汽车的动力性。

③对于乘用车和轻型汽车来说，压缩机必须在发动机舱有限的空间内安装固定，因此要求压缩机的体积和质量都要尽可能小。

④汽车在高温怠速情况下，发动机舱里的压缩机温度可达120℃；汽车行驶时颠簸振动也很大，要求压缩机在高温和颠簸、振动的情况下能正常工作。

⑤要求压缩机本身起动、运转平稳，振动小，噪声低，工作可靠。

3. 压缩机的分类

汽车空调压缩机一般采用开启式、容积式结构，具体种类繁多，结构各异，可以从不同角度进行分类。

空调压缩机的认识

①按照驱动方式不同分类如下：

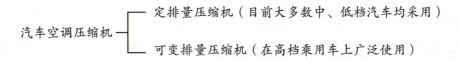

- 汽车空调压缩机
  - 非独立驱动式：由汽车发动机驱动（广泛应用于各种乘用车、轻型商用车）
  - 非独立驱动：由副发动机驱动（适用于大中型客车）、由专用电动机直接驱动（适用于混合动力汽车、电动汽车）

②按照压缩机的排量能否变化分类如下：

- 汽车空调压缩机
  - 定排量压缩机（目前大多数中、低档汽车均采用）
  - 可变排量压缩机（在高档乘用车上广泛使用）

③按运动形式和主要零件形状不同，可分为活塞式和回转式两大类。常用的轴向活塞式压缩机有摇板式和斜盘式（斜板式）两种。

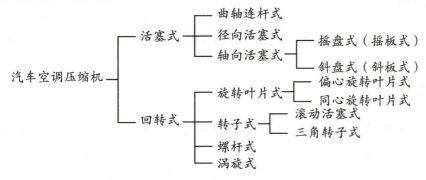

- 汽车空调压缩机
  - 活塞式
    - 曲轴连杆式
    - 径向活塞式
    - 轴向活塞式
      - 摇盘式（摇板式）
      - 斜盘式（斜板式）
  - 回转式
    - 旋转叶片式
      - 偏心旋转叶片式
      - 同心旋转叶片式
    - 转子式
      - 滚动活塞式
      - 三角转子式
    - 螺杆式
    - 涡旋式

二、常见的压缩机

1. 曲轴连杆式压缩机

曲轴连杆式压缩机的结构如图 2-1 所示。曲轴连杆式压缩机可以分压缩、排气、膨胀、吸气 4 个工作过程，如图 2-2 所示。曲轴旋转时，通过连杆带动活塞往复运动，由气缸内壁、气缸盖和活塞顶面构成的工作容积便会发生周期性变化，从而在制冷系统中起到压缩和输送制冷剂的作用。

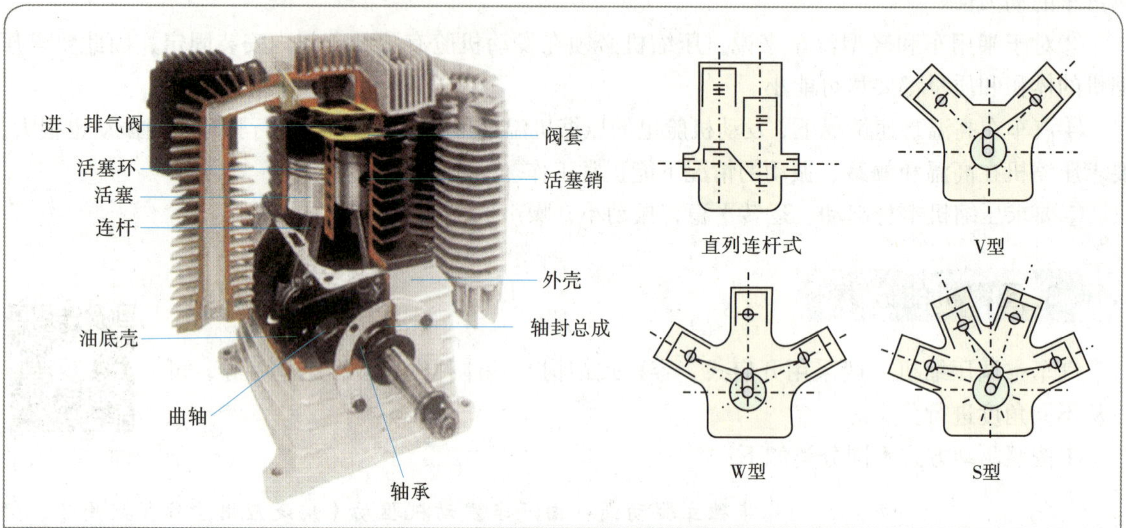

图 2-1 曲轴连杆式压缩机的结构

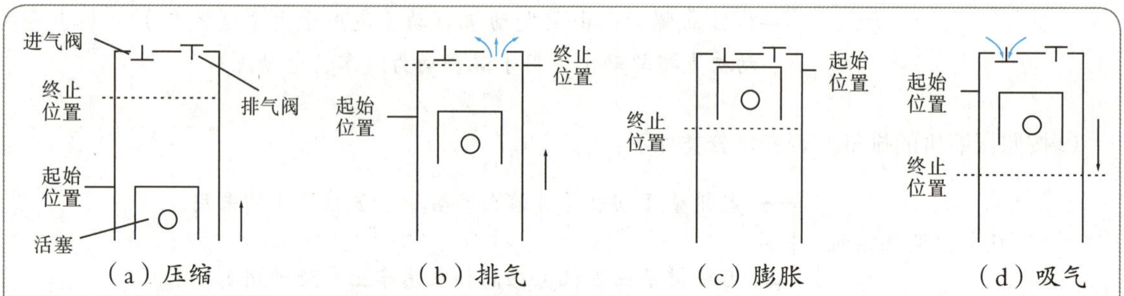

图 2-2 曲轴连杆式压缩机的工作原理

（1）压缩过程

活塞由下止点向上止点运行到中部位置的过程中，进气阀、排气阀关闭，制冷剂气体被压缩。

（2）排气过程

活塞继续向上运行，排气阀打开，进气阀关闭，压缩气体排除，活塞到达上止点，排气阀关闭。

(3) 膨胀过程

活塞由上止点向下止点运行，进气阀、排气阀关闭，气缸容积扩大产生真空度，到达中部位置。

(4) 吸气过程

活塞继续向下运行，进气阀打开，排气阀关闭，低温低压制冷剂气体吸入气缸，到达下止点结束。

曲轴连杆式压缩机是第一代压缩机，它应用比较广泛，制造技术成熟，结构简单，而且对加工材料和加工工艺要求较低，造价比较低；它适应性强，能适应较广的压力范围和制冷量要求，易于维修。

曲轴连杆式压缩机也存在一些明显的缺点，例如，无法实现较高转速，机器笨重，不容易实现轻量化；排气不连续，气流容易出现波动，工作时有较大的振动。

由于曲轴连杆式压缩机的上述特点，已经很少有小排量的压缩机采用这种结构形式。曲轴连杆式压缩机目前大多应用在客车和载货汽车的大排量空调系统上。

2. 轴向活塞压缩机

轴向活塞式压缩机常见的有摇板式压缩机和斜盘式压缩机两种。

(1) 摇板式压缩机

摇板式压缩机是往复单向活塞结构，又称为单向斜盘式或摇摆斜盘式。摇板式压缩机是将5个（或7个）气缸均匀地分布在压缩机缸体内。摇板式压缩机分解图如图2-3所示。

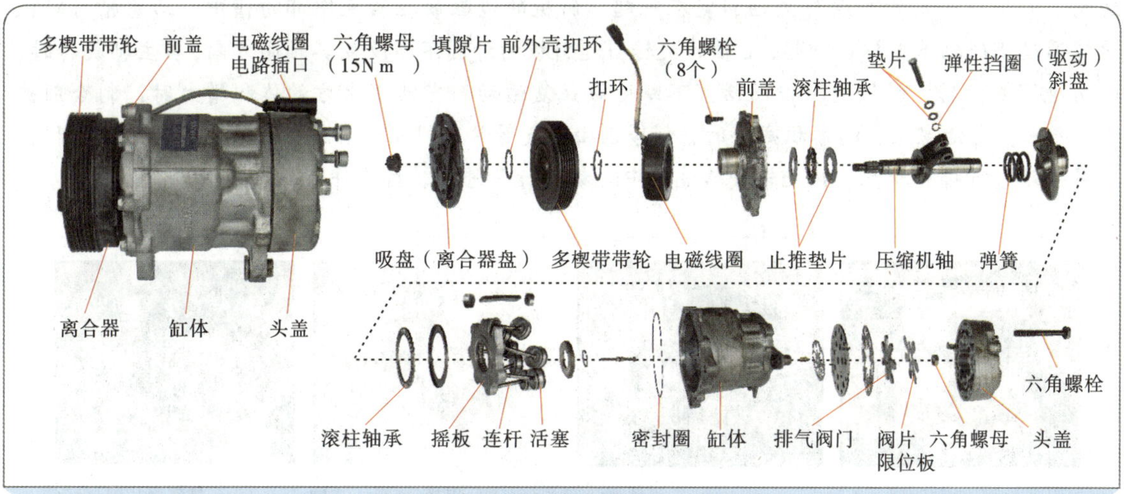

图2-3　摇板式压缩机分解图（捷达）

摇板式压缩机的工作原理：主轴旋转时，带动楔形块随之旋转，摇板受楔块旋转作用而摆动，摇板的摆动牵连活塞做往复运动，完成吸气、压缩、排气的工作过程，如图 2-4 所示。

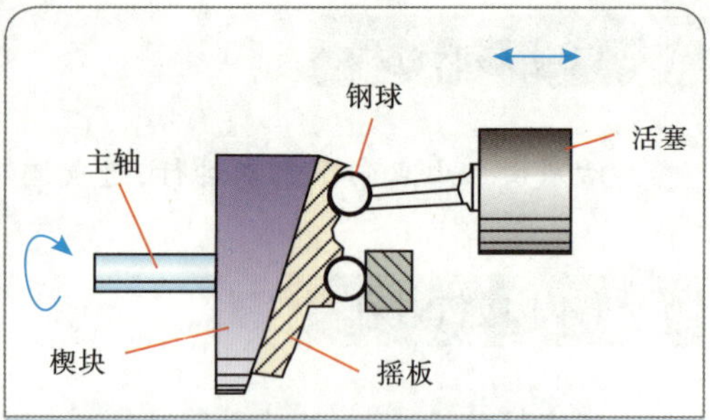

图 2-4 摇板式压缩机的工作原理

由于摇板式压缩机像曲轴连杆式一样，装有吸、排气阀片，其工作循环也具有压缩、排气、膨胀、吸气 4 个过程。当活塞向左运动时，该气缸处在膨胀、吸气状态；而摇板另一端的活塞向反方向的右端移动，该气缸处在压缩、排气状态。主轴转动一周，一个气缸就要完成膨胀、吸气、压缩、排气一个循环。若一个摇板上装有 5 个活塞，对应的 5 个气缸在主轴转动一周就有 5 次吸气、排气过程。图 2-5 为摇板式压缩机的工作过程。

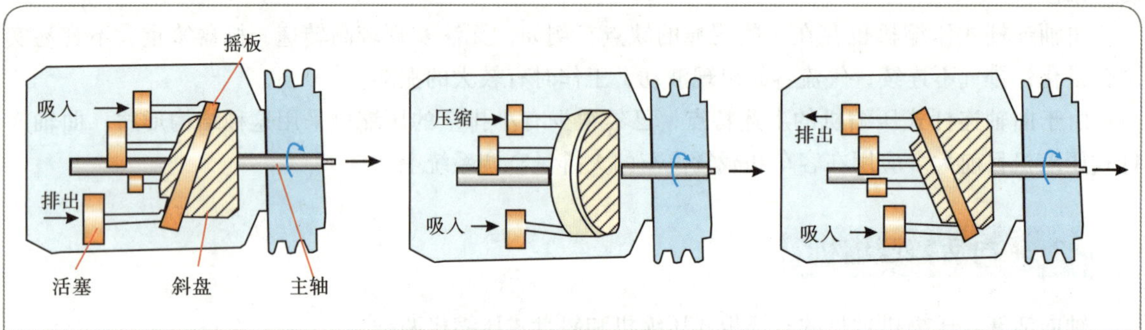

图 2-5 摇板式压缩机的工作过程

（2）斜盘式压缩机

斜盘式压缩机的主要零件是主轴和斜板，如图 2-6 所示。

各气缸以压缩机主轴为中心布置，活塞活动方向与压缩机的主轴平行，以便活塞在气缸体运动。斜板以一定的角度与主轴固定在一起。斜板的边缘装在活塞中部的槽中，活塞槽与斜板边缘通过钢球轴承支撑在一起，主轴的旋转引起斜板的外圆不断改变其轴向方向，当主轴旋转时，斜板也随着旋转，斜板边缘推动活塞不断地做往复运动。当活塞上方的体积增大时，制冷剂被吸入气缸；当活塞上方的体积减小时，制冷剂由排气簧片阀排出。当气缸的一端进行进气冲程，则另一端进行排气冲程。在主轴旋转过程中，都进行了进气、排气冲程双重出吸动作。

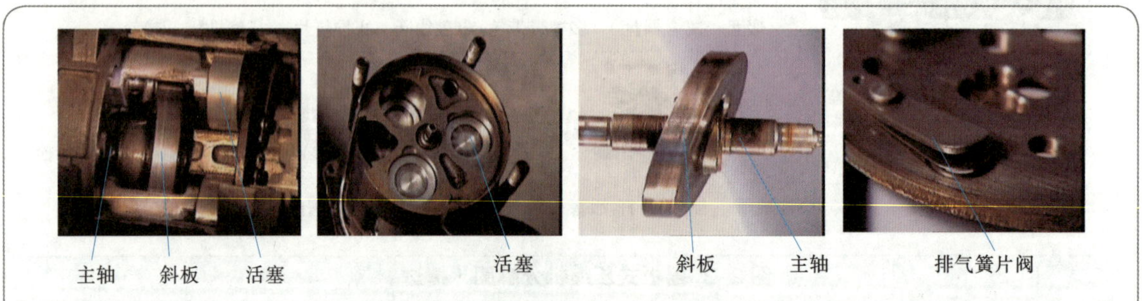

图 2-6 斜盘式压缩机内部结构图

斜盘式压缩机的工作过程：处于图 2-7（a）所示位置时，活塞向右移动至极限位置，前缸内压力降低，低压腔 内的制冷剂从吸气口被吸入到前缸；当斜盘转至图 2-7（b）所示位置时，活塞向左移动，前缸内压力升高，缸内气体被压缩；当斜盘转至图 2-7（c）所示位置时，制冷剂被压缩成高温高压的气体从排气口排出。至此，完成一个循环。由于此活塞为双向活塞，因此后缸的工作原理与前缸相同。

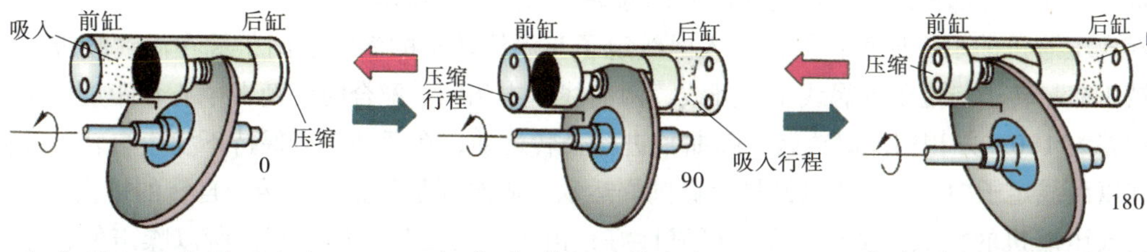

（a）前缸吸气到下止点　（b）前缸压缩行程　（c）前缸压缩至上止点

图 2-7　斜板式压缩机的工作过程

3. 旋转叶片式压缩机

旋转叶片式压缩机的气缸形状有圆形和椭圆形两种，如图 2-8 所示。在圆形气缸中，转子的主轴与气缸的圆心有一个偏心距，使转子紧贴在气缸内表面的吸、排气孔之间。在椭圆形气缸中，转子的主轴和椭圆中心重合。

转子上的叶片将气缸分成几个空间，当主轴带动转子旋转一周时，这些空间的容积不断发生变化，制冷剂蒸气在这些空间内也发生体积和温度上的变化。旋转叶片式压缩机没有吸气阀，因为叶片能完成吸入和压缩制冷剂的任务。如果有 2 个叶片，则主轴旋转一周有 2 次排气过程。叶片越多，压缩机的排气波动就越小。

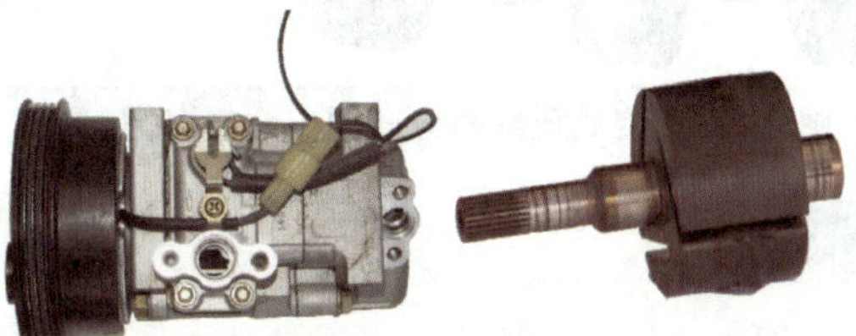
（a）三叶片气缸旋转叶片式压缩机实物图

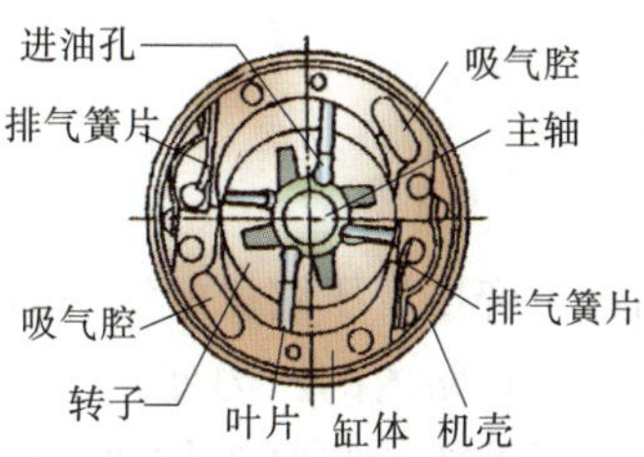

（b）四叶片椭圆形气缸旋转叶片式压缩机

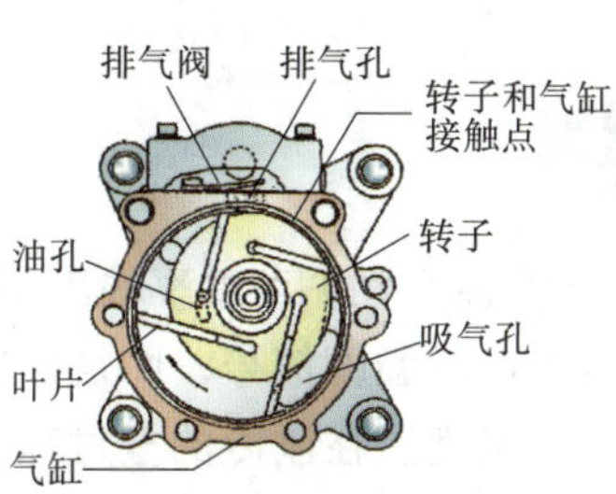

（c）四叶片圆形气缸旋转叶片式压缩机

（d）十一叶片气缸旋转叶片式压缩机

图 2-8　旋转叶片式压缩机

旋转叶片式压缩机的特点：由于旋转叶片式压缩机的体积和重量可以做到很小，易于在狭小的发动机舱内进行布置，加之噪声和振动小、容积效率高等优点，在汽车空调系统中得到了一定的应用。但是旋转叶片式压缩机对加工精度要求很高，制造成本也较高。

4. 涡旋式压缩机

涡旋式压缩机是一种用于汽车空调的比较新颖的旋转式空调压缩机，由涡线定子、涡线转子、防自转机构、曲轴等部件组成。涡旋式压缩机分解图如图 2-9 所示。

涡旋式压缩机的工作原理：气体进入涡线定子与涡线转子的涡线之间，就在涡线端板形成的空间中被压缩。转子与定子的涡线呈渐开线，两曲线基本相同。配合时使两者中心相距旋转半径，保证相位差为 180° 并相切。涡线转子随曲轴进行公转运动，在运动中应保持不发生自转，并使它的中心在以涡线定子中心为圆心的圆周上做圆周运动。固定环是防止涡线转子自转的机构。

涡旋式压缩机的特点：结构简单，可靠性好；由于不需要吸、排气阀，所以噪声低；在大的速度范围内均可保持高的容积效率，而且允许气态制冷剂中带有液体；尺寸小，重量轻，较适合小型汽车空调系统使用。

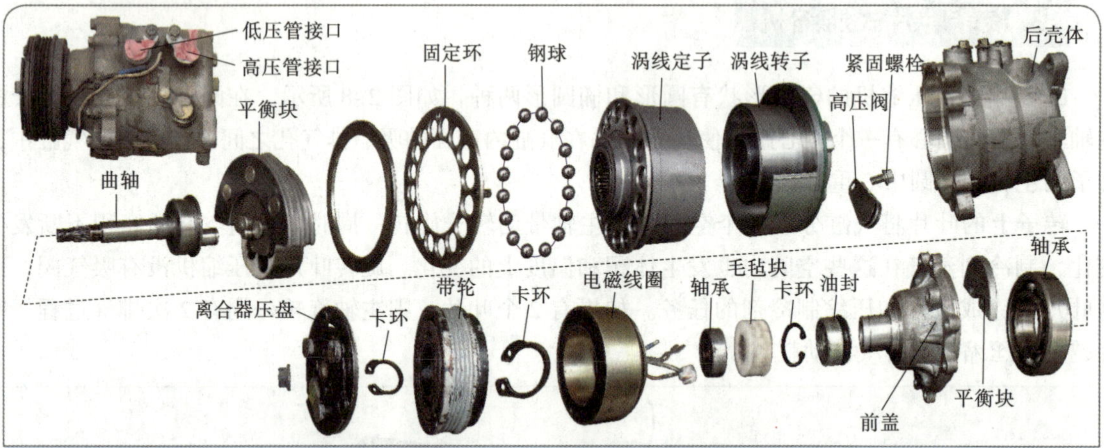

图 2-9 涡旋式压缩机分解图（金杯海狮）

5. 电动压缩机

纯电动汽车采用高压电驱动的压缩机，内部结构也分为斜盘式、旋转叶片式和旋涡式。唯一不同的是动力来源和控制方式。随着汽车电气化程度越来越高，某些传统车型也逐步开始采用电动压缩机。

6. 斜盘可变排量压缩机

可变排量压缩机可以根据设定的温度自动调节功率输出。斜盘可变排量压缩机的结构如图 2-10 所示。空调控制系统不采集蒸发器风口的温度信号，而是根据空调管路内的压力变化信号来控制压缩机的压缩比，从而自动调节风口温度。在制冷的全过程中，压缩机始终是工作的，制冷强度的调节完全依赖于装在压缩机内部的压力调节阀来控制。当空调管路内高压端压力过高时，压力调节阀将缩短压缩机内活塞行程，以减小压缩比，这样就会降低制冷强度；当高压端压力下降到一定程度、低压端压力上升到一定程度时，压力调节阀则增大活塞行程，以提高制冷强度。

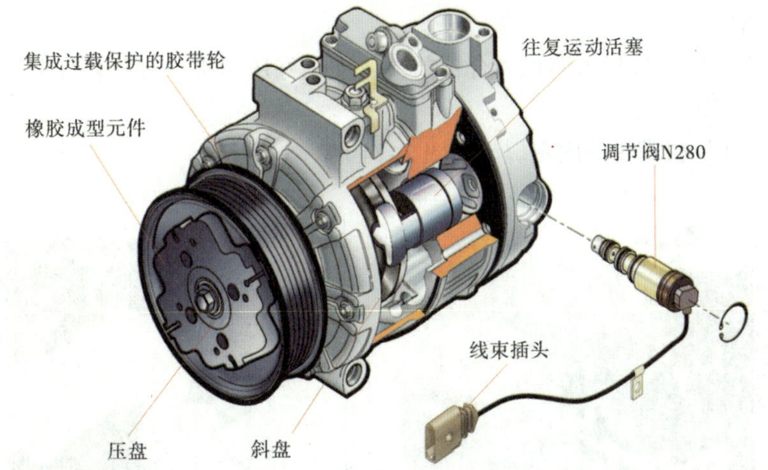

图 2-10　斜盘可变排量压缩机的结构

三、压缩机的拆解

1. 空调压缩机的分解部件

空调压缩机的分解部件如图 2-11 所示。

汽车空调压缩机的更换

2. 空调压缩机的拆解

①拆下空调压缩机传动带和传动带张紧轮（图 2-12）。

②从配线上拆开压缩机离合器导线。

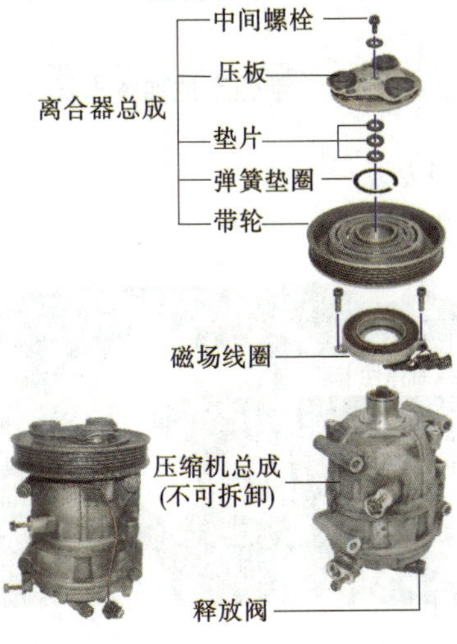

图 2-11　空调压缩机的分解部件

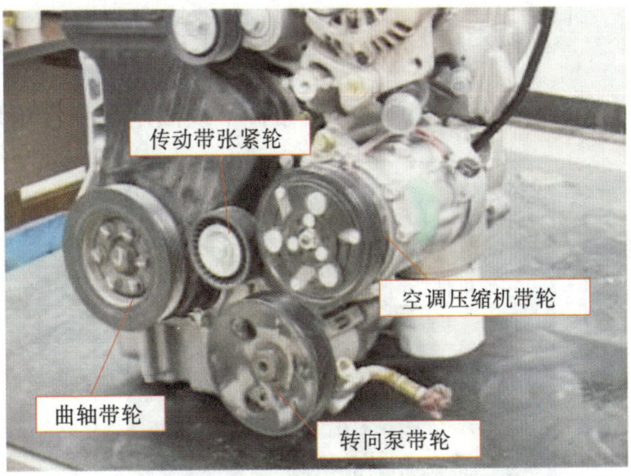

图 2-12　拆下空调压缩机传动带和传动带张紧轮

③拆下压缩机装配螺栓（图 2–13），然后从装配支架上取下压缩机，并用干净的抹布将压缩机高、低压管接头堵住。

④转动压缩机总成，找到压缩机离合器前端，支承好压缩机，避免软管承受压缩机质量，绝对不能用软管来悬挂压缩机。

⑤用工具拧下压缩机带轮的固定螺母（图 2–14）。

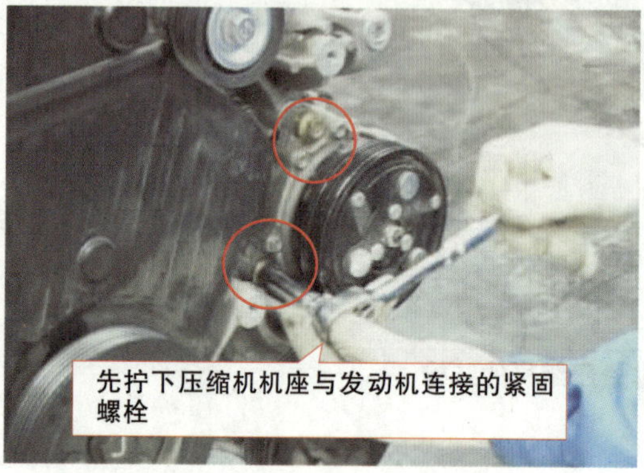

先拧下压缩机机座与发动机连接的紧固螺栓

图 2–13 拆下压缩机装配螺栓

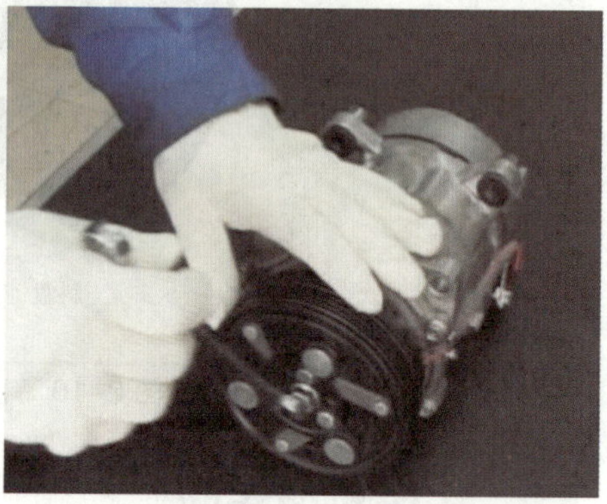

图 2–14 拧下压缩机带轮的固定螺母

⑥取出压缩机离合器压板（图 2–15）。

⑦用合适的弹性卡钳拆下带轮定位弹性卡环，将带轮滑出压缩机（图 2–16 和图 2–17）。

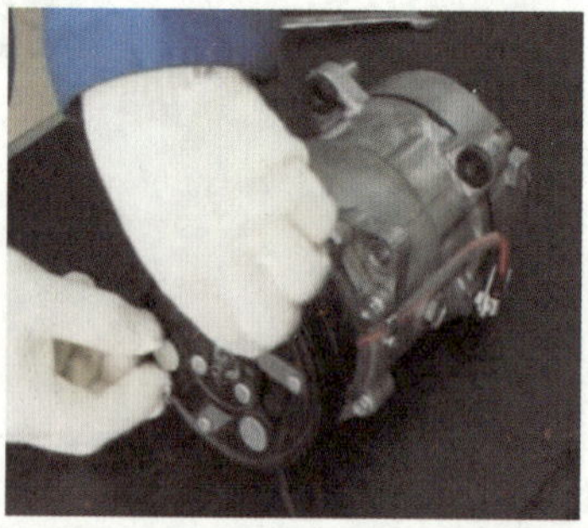

图 2–15 取出压缩机离合器压板

图 2–16 拆下带轮定位弹性卡环

⑧使用合适的弹性卡环钳拆下线圈定位弹性卡环（图 2–18）。

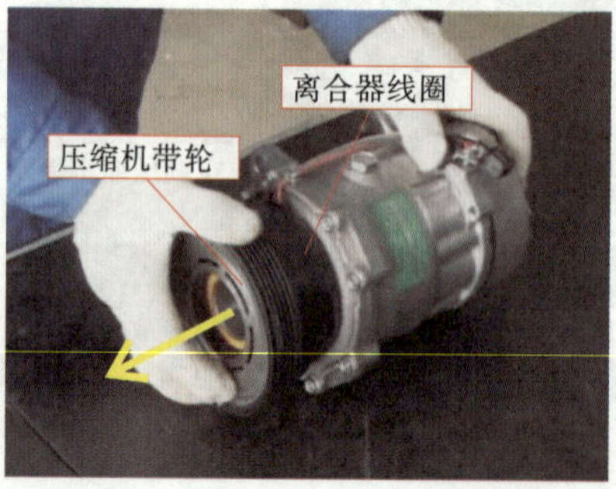

图 2–17 将带轮滑出压缩机

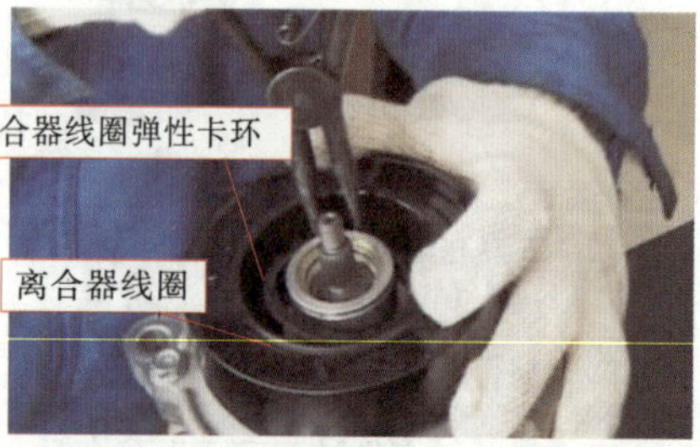

图 2–18 拆下线圈定位弹性卡环

⑨先拆下压缩机壳内线圈的定位螺钉，然后从压缩机的端盖上拆下线圈（图 2–19）。
⑩用内六角扳手松开后端盖上的所有螺栓（图 2–20）。

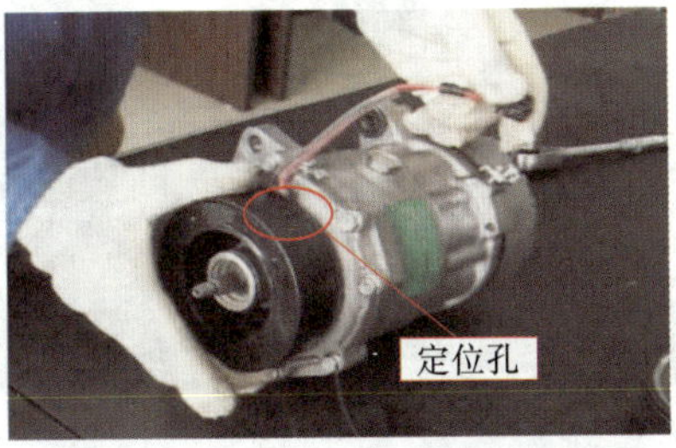

图 2–19　拆下线圈

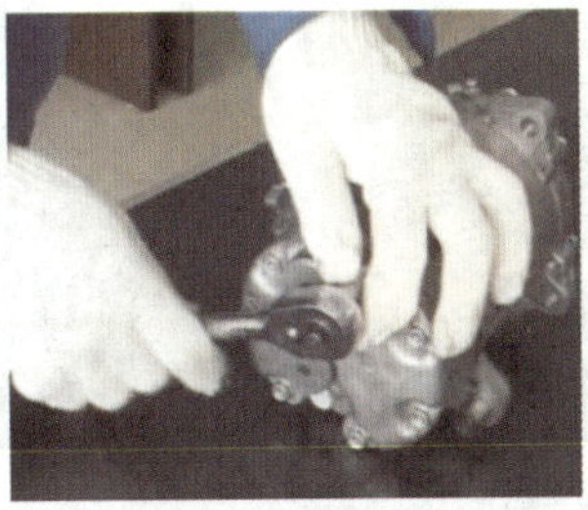
图 2–20　松开后端盖螺栓

⑪ 拧下压缩机的后端盖与压缩机缸体的各固定螺栓，然后取下后端盖（图 2–21）。
⑫ 取出排气阀垫（图 2–22）。

图 2–21　取下后端盖

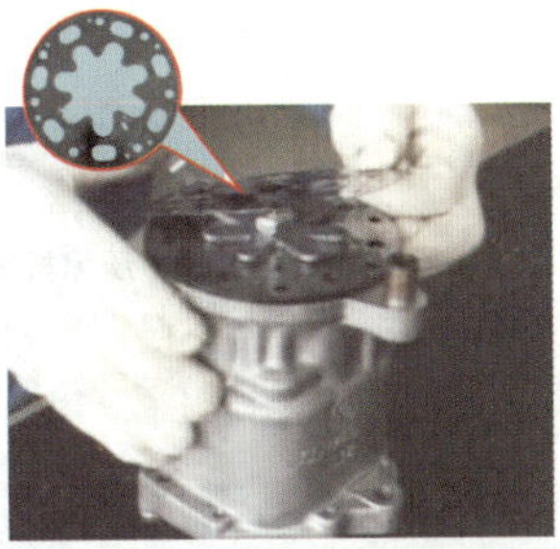
图 2–22　取出排气阀垫

⑬ 拧下排气阀的固定螺栓，然后取出排气阀，取出阀片限位板（图 2–23）。
⑭ 取出排气阀阀板（图 2–24）。

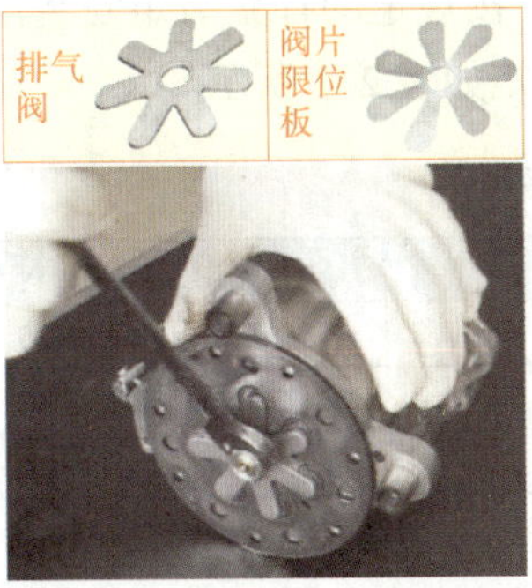

图 2–23　取出排气阀和阀片限位板

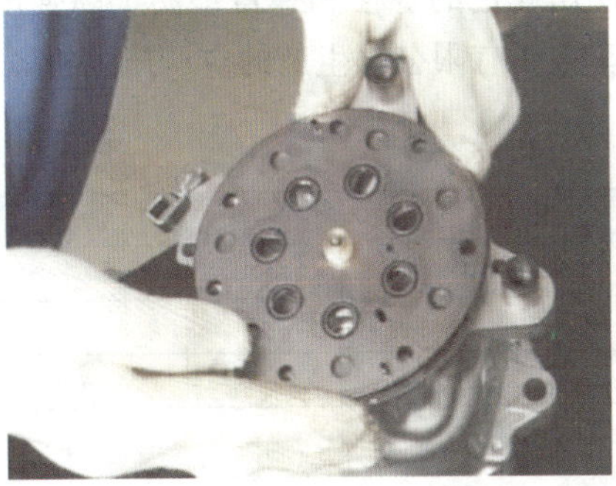
图 2–24　取出排气阀阀板

⑮ 当压缩机的前后端盖被打开后，就可容易地取出活塞等部件（图 2–25）。
⑯ 取出内部的活塞组件和轴承等（图 2–26）。活塞总成如图 2–27 所示。

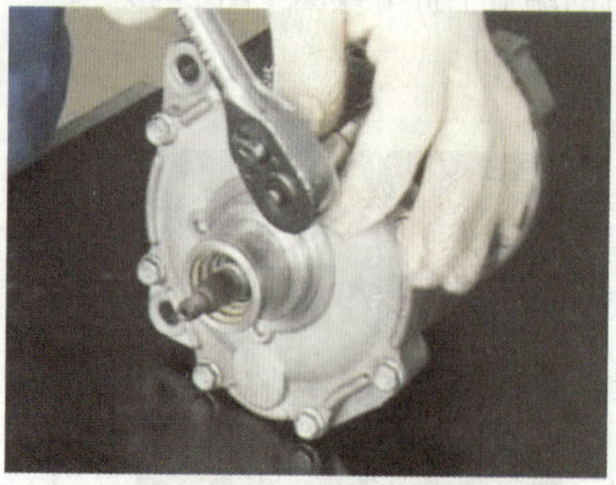

图 2-25 打开压缩机前后端盖

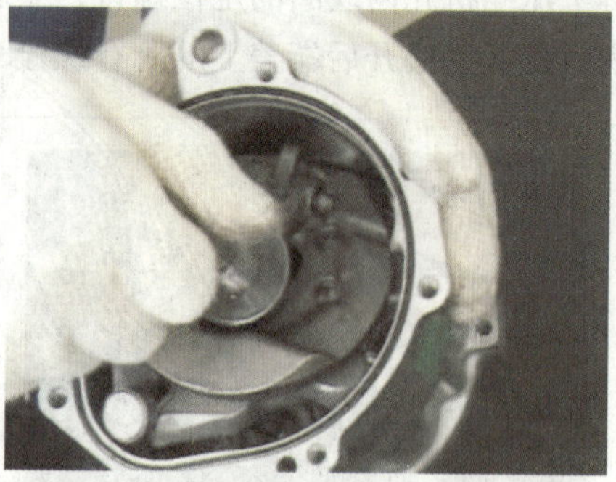

图 2-26 取出活塞组件和轴承等

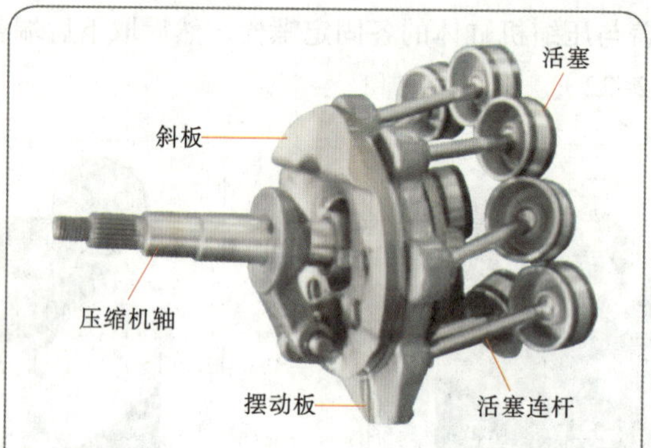

图 2-27 活塞总成

3. 空调压缩机的安装

①按照与拆卸时相反的顺序安装。

②使用规定的螺栓和弹簧垫圈（高强度螺栓和垫圈），按规定的拧紧力矩安装压缩机。上海三电汽车空调有限公司生产的空调压缩机紧固螺栓的拧紧力矩如表 2-1 所示。

表 2-1 紧固螺栓的拧紧力矩

螺栓直径 /mm	节距 /mm	拧紧力矩 /（N·m）
M8	1.0	20 ~ 25
M8	1.25	20 ~ 30
M19	1.25	40 ~ 50

四、压缩机的检修与故障诊断

1. 电磁离合器的检修

①检查压板是否变色、剥落或损伤。如果有损坏，则更换离合器装置。

②用手转动带轮，检查带轮轴承的间隙和阻力，如图 2-28 所示。如果出现噪声或发现间隙过大、

阻力过大，则更换离合器。

③检查离合器从动盘的摩擦表面，看是否由于过热和打滑而产生刮痕，以及是否有翘曲变形（图 2-29），若从动盘有刮痕损伤或变形，就要更换带轮总成。另外，摩擦表面上的油污和脏物应清洁干净。

图 2-28 检查带轮轴承的间隙和阻力

图 2-29 检查离合器从动盘的摩擦表面

④用百分表测量带轮与压板之间的间隙，如图 2-30（a）所示。将百分表归零，然后给压缩机离合器施加 12V 电压。在施加电压时，测量压板的位移。如果间隙不在规定的范围内（间隙为 0.35 ~ 0.6mm），则需要使用调整垫片进行调整。调整垫片有多种厚度可供选择，如 0.1 mm、0.3 mm 和 0.5mm 等。另外，还可以用塞尺来测量间隙［图 2-30（b）］。

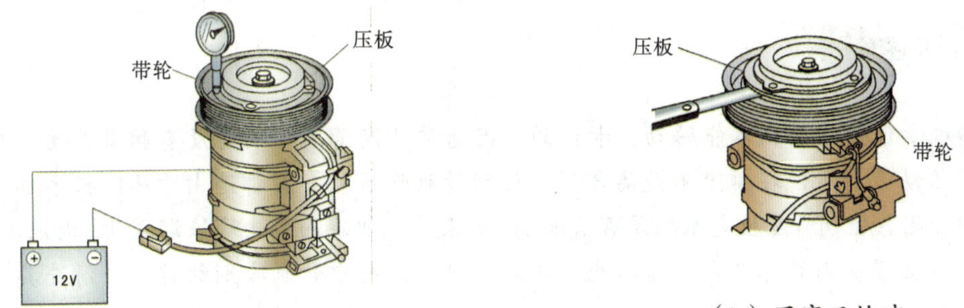

（a）用百分表检查　（b）用塞尺检查

图 2-30 测量带轮与压板之间的间隙

⑤测量电磁线圈的电阻（图 2-31），如果电阻不符合技术要求（正常电阻为 4 ~ 5Ω，20℃时），则更换电磁线圈。

⑥用导线将蓄电池正、负极与端子连接，检查电磁离合器是否工作（图 5-32），若电磁离合器不工作，则应更换线圈。

2. 压缩机内部的检查

①检查压缩机活塞和气缸，若活塞和气缸有拉毛现象，则必须更换压缩机。

②检查压缩机轴承，若有损坏则必须更换。

③检查压缩机阀片和阀板。阀板可以用油石打磨平整，阀片、缸垫和 O 形圈则必须更换。

④装配时所有零部件都要清洗干净，以保证油路畅通，并在各摩擦部位涂上冷冻润滑油。

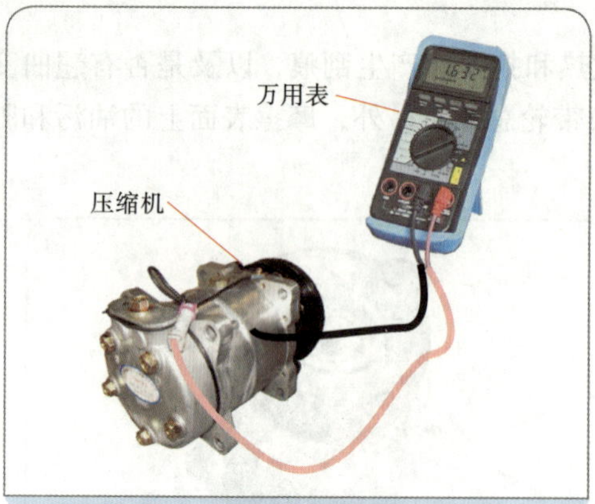

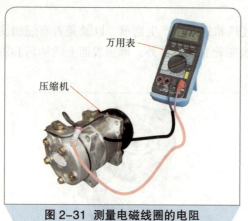

图 2-31 测量电磁线圈的电阻

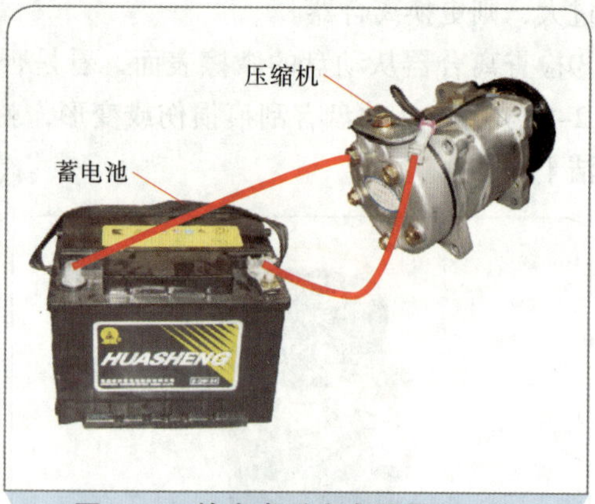

图 2-32 检查电磁离合器是否工作

⑤所有接合面必须清洁干净，并在垫上涂上冷冻润滑油，均匀地压紧螺栓，装上前后盖板。

⑥用手转动压缩机以检查其运转是否顺利。

3. 压缩机的常见故障

汽车空调系统的大多数运动件都在压缩机上，因此压缩机的检修量最大，压缩机常见故障有卡住、泄漏、压缩机制冷不良、有异响等故障。

（1）卡住

压缩机卡住使输出轴不能转动，卡住的原因通常是润滑不良或者没有润滑产生。如果发现离合器或传动带打滑，在排除不是离合器和传动带故障后，一般都是由于压缩机卡住所致，这时应立即关闭A/C开关，检查系统是否有泄漏。如果系统泄漏而带走冷冻润滑油，则应进行检测。如果系统不泄漏，则故障是系统有堵塞造成的。应将系统中的制冷剂放掉，并清洗其管道和各个阀体，之后重新装回系统。

（2）泄漏

压缩机泄漏有漏油和漏气两种情况。制冷剂泄漏是空调系统中最常见的问题。压缩机泄漏的部位通常在压缩机与高、低压管的接合处，此处通常因为安装位置的原因，检查起来比较麻烦。空调系统内部压力很高，当制冷剂泄漏时，压缩机润滑油会随之流失，这会导致空调系统不工作或压缩机润滑不良。空调压缩机上都有泄压保护阀，泄压保护阀通常是一次性使用的，在系统压力过高进行泄压后，应该及时更换泄压保护阀。

（3）压缩机制冷不良

压缩机制冷不良，可用歧管压力表检测压缩机的吸气压力和排气压力。如果两者几乎相同，用手触摸压缩机，发现其温度异常的高，其原因是压缩机缸垫窜气。从排气阀出来的高压气体通过气缸垫的缺口窜回到吸气室，再次压缩，产生温度更高的蒸气，这样来回循环，会把冷冻润滑油烧焦造成压缩机报废。如果进、排气弹簧片破坏或者变软，也会造成压缩机的制冷不良，这种故障表现为吸气压力或者排气压力相同或相差不大，而压缩机是不会发热的。

（4）电磁离合器自身异响

压缩机电磁离合器是出现异响的常见部位。压缩机经常在高负荷下从低速到高速变速运转，所以对电磁离合器的要求很高，而且电磁离合器的安装位置一般离地面较近，经常会接触到雨水和泥土，当电磁离合器内的轴承损坏时就会产生异响。

除了电磁离合器自身的问题，压缩机传动胶带的松紧也直接影响着电磁离合器的寿命。传动胶带过松，电磁离合器就容易出现打滑现象；传动胶带过紧，电磁离合器上的负荷就会增加。传动胶带松紧度不当时，轻则会引起压缩机不工作，重则会引起压缩机的损坏。当传动胶带工作时，如果压缩机带轮以及发电机带轮不在同一个平面内，就会降低传动胶带或压缩机寿命。

电磁离合器的反复吸合也会造成压缩机出现异响。例如，发电机的发电量不足，空调系统的压力过高，或者发动机负荷过大，这些都会造成电磁离合器的反复吸合。

（5）离合器安装间隙不合适

电磁离合器与压缩机安装面之间有一定的间隙。如果间隙过大，那么冲击也会增大；如果间隙过小，电磁离合器工作时就会与压缩机安装面之间产生运动干涉，这也是产生异响的一个常见原因。

压缩机工作时需要可靠的润滑。当压缩机缺少润滑油，或者润滑油使用不当时，压缩机内部就会产生严重异响，甚至造成压缩机磨损报废。

（6）离合器烧坏

表现现象：离合器烧坏。

原因及判断：线圈温度过高烧毁，或压缩机咬死。

解决措施：判断压缩机内部是否失效，若无则需更换离合器部件并且要求压缩机厂家分析离合器的设计是否存在问题。

（7）压缩机不通电

表现现象：压缩机不工作。

原因及判断：应用万用表首先检查电磁离合器的线圈，看是否能够导通；若能导通，再拔下高、低压切断开关的电源插头，先测压力开关插头，看高、低压两组触点是否导通，若能导通，再测量电源插头是否有电。最后检查系统电源的起始点有无电压，接触是否可靠等。通过电路检查，压缩机不转的故障一般都可解决。

（8）压缩机失效

表现现象：压缩机内部咬死。

原因及判断：用成分分析仪检测制冷剂成分，判断是否是假冒制冷剂或制冷剂成分不纯；通过对冷冻机油的颜色、气味判断是否是假冒冷冻机油或冷冻机油失效；通过观察空调系统零部件内表面冷冻机油的颜色，判断系统的洁净度。

解决措施：必须用汽车专用空调清洗机对空调系统进行清洗并解决其他导致压缩机失效故障后，更换储液干燥器，然后才能更换压缩机。

4. 压缩机的就车诊断

压缩机发生故障时，虽然大多数都能修复，但由于压缩机零配件不多，而且装配精度要求高，需要专用装配工具和夹具。所以许多汽车修理厂以检测判断故障为主，只对压缩机轴封泄漏和异响进行维修。

起动发动机，保持1250 ~ 1500r/min，把歧管压力表接入制冷系统中，打开空调开关，风扇开到最大位置，触摸压缩机的进气口和排气口，正常情况应是进气口凉、排气口烫，二者之间的温差较大。如果两者温差小，再看歧管压力表，表上显示高、低压相差不大，则说明压缩机的工作不良，应拆下修理；如果压缩机较热，再看歧管压力表，表上显示低压侧压力太高，高压侧压力太低，则说明压缩机内部密封不良，应更换压缩机；如果制冷系统的高、低压侧压力都过低，则说明系统内部的制冷剂过少，应进行检漏；如果压缩机出现泄漏，则应更换或修理。压缩机正常运转，发出清脆均匀的阀片跳动声，如果出现异响，判断异响的来源，进行修理。

五、维修案例

1. 案例一

空调系统压缩机有时工作、有时断开故障

（1）故障现象

现有一辆行驶里程约13万km，搭载BPL发动机和09G型手自一体变速器的大众途安1.8T自动挡车。用户反映：该车空调在一周前刚补充过R134a，现在又感到制冷不足了。该车配置手动空调。

（2）故障原因

压缩机工作效率低下。

(3) 故障诊断与排除

维修人员试车，发现仪表显示的环境温度为35.5℃，冷却风扇以较高速度转动，中央出风口吹出的气流只是略显凉意。使用红外线测温计测出气流温度为19℃。测量空调运行时系统管路中的制冷剂压强，低压为0.25 MPa，高压为1.8 MPa，均偏高。

查询空调控制单元J301故障存储器，诊断仪屏幕显示无故障记忆。读取相关的数据流。1组1区的数据为0，表明空调压缩机处于运行状态。2组1区流量控制电磁阀N280的工作电流为0.825 A，与2区的目标值0.825 A相同；3区压缩机转速900 r/min；4区压缩机输出转矩12 N·m。3组1区空调管路内的制冷剂高压1.8 MPa；2区冷却风扇控制信号的占空比88%；5组1区中央出风口温度19℃；6组1区蒸发器温度16℃。

从数据上看，压缩机输出转矩已达到12 N·m，N280的工作电流已达到0.825 A，说明整个制冷系统处于峰值工作状态。在这种情况下，虽然制冷剂的压差已经很高，但由于膨胀阀的开度较小，制冷剂的实际流量不够，因此制冷量无法满足要求。由于制冷量不足，蒸发器温度较高，所以制冷剂的高、低压均偏高。接下来需要找出这一问题的原因。

拆下前保险杠，用高压水枪给冷凝器降温。此时观察N280的工作电流仍然为0.825 A，但压缩机转矩骤降为4N·m，制冷剂压强降为0.9MPa，这说明此前制冷剂的流量的确很小。待膨胀阀将上述数据调节到8N·m和1.4 MPa后，蒸发器温度才降了下来。这说明造成上述问题的原因是压缩机的工作效率下降。

更换压缩机，故障排除。

2. 案例二

(1) 故障现象

现有一辆行驶里程约11.6万km的通用别克凯越轿车。用户反映：该车空调压缩机不工作。经过了解得知，该车在去年冬天发生过交通事故，导致车辆损坏，维修后，当时因为天气较冷就没有充注R134a制冷剂。现在充注过制冷剂后，却出现空调压缩机不工作的故障。

(2) 故障原因

熔丝接触不良。

(3) 故障诊断与排除

连接诊断电脑进行检测，在相关控制单元内没有调到故障码。查阅维修资料得知该车空调压缩机的工作条件如下：蓄电池电压为9～18V；发动机冷却液温度低于124℃（255°F）；发动机转速高于600 r/min，低于5 500 r/min；空调高压侧压力为269～2 929 kPa；节气门开度小于100%；发动机控制模块没有检测到转矩负荷过大；发动机控制模块没有检测到怠速不良；

环境温度高于1℃（34 ℉）。

连接故障检测仪对该车进行检查，发现其冷却液温度为92℃，空调高压侧的压力为700 kPa，节气门开度为0，空调压缩机继电器为“接合”。由以上可知空调压缩机开启条件均已满足。用测试灯检查空调压缩机供电端子，发现试灯不亮，说明故障出在空调压缩机电源控制电路上。利用万用表测量空调压缩机继电器熔丝，完好；测量其上的电压，为12.14V，正常；拔掉空调压缩机继电器，测量继电器30端子上的电压，为12.10V；测量继电器87端子与搭铁间的电阻，为∞，不正常，正常应为3Ω左右，说明从空调压缩机继电器87端子到空调压缩机间的线路断路，拆掉熔丝盒检查，发现熔丝盒上的插接器C106内有几个针脚弯曲，导致插接不上。

处理好熔丝盒上插接器C106内弯曲的针脚。打开A/C开关，空调运转正常。故障排除。

3. 案例三

（1）故障现象

现有一辆行驶里程约3.6万km，配置F22型电控发动机和手动变速器的本田雅阁轿车。用户反映：该车起动发动机，按下空调控制面板的制冷开关，空调压缩机电磁离合器吸合一会儿后断开，反复动作，发动机怠速忽高忽低，车辆难以行驶。

（2）故障原因

系统压力过高。

（3）故障诊断与排除

检查传动带传动机构、空调压缩机电磁离合器及线路，没有发现异常现象。起动发动机，启用空调制冷模式，空调压缩机电磁离合器吸合，空调系统开始制冷。发动机运行一会儿，检查空调管路温度，感觉蒸发器低压管路温度较高，管壁没有露水。用手触摸冷凝器与蒸发器之间的高压管路，感觉烫手，而正常应是温热的，说明系统散热不良。检查散热风扇，确认已高速运转。怀疑冷凝器散热不良，于是清洗冷凝器外表，但空调管路温度还偏高。

连接空调压力表，测量制冷剂压力，发现高、低压侧压力都严重偏高，说明制冷剂过量。回收制冷剂，重新抽真空，然后定量加注制冷剂，试车，故障症状消失，怠速工况恢复正常，空调系统制冷良好，检修工作结束。

本例故障是制冷剂加注过多造成的。过多的制冷剂使空调压缩机负荷过大，电磁离合器带不动空调压缩机而断开。另外，过多的制冷剂造成管路压力过高，系统散热不良，制冷剂无法实现气、液相互转化，制冷效果差。当制冷剂压力超过极限值时，空调压缩机电磁离合器也会断电而分离。

任务二　冷凝器与蒸发器

汽车空调中的冷凝器和蒸发器统称为热交换器。热交换器的性能直接影响汽车空调的制冷性能。其金属材料消耗大，体积大，质量占整个汽车空调装置总质量的 50% ~ 70%，它所占据的空间直接影响汽车的有效容积，布置起来很困难，因此使用高效热交换器是极为重要的。

汽车空调装置中的冷凝器和蒸发器要与压缩机相匹配，还应和节流膨胀机构相适应。冷凝器和蒸发器的工作状态直接影响制冷系统的能力（制冷量）、压缩机的功耗及整个空调装置的经济性。因此，对冷凝器和蒸发器性能进行评价，首先应考虑它们对制冷系统性能的影响。

一、冷凝器的结构

冷凝器的组成与作用

冷凝器散热风扇电机的控制原理

1. 冷凝器的作用

冷凝器（图 2-33）的作用是对压缩机排出的高温高压制冷剂蒸气进行散热降温，使其凝结为液态高压制冷剂。气体状态的制冷剂在冷凝器中得到液化或冷凝，制冷剂进入冷凝器时几乎为 100% 的蒸气，而当其离开冷凝器时并非为 100% 的液体，因为仅有一定量的热能在给定时间内由冷凝器排出。因此，少量的制冷剂以气态方式离开冷凝器，但由于下一步经过储液干燥器，故制冷剂的这一状态并不影响系统的运行。与发动机的冷却液散热器相比较，冷凝器承受的压力比发动机的冷却液散热器高。安装冷凝器时，注意从压缩机排出的制冷剂必须由冷凝器的上端入口进入，其出口必须在下方，否则会引起制冷系统压力升高，有冷凝器胀裂的危险。

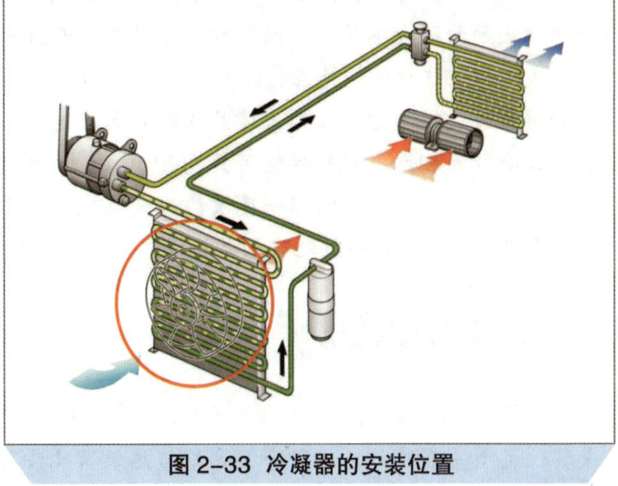

图 2-33　冷凝器的安装位置

多数情况下，由于车祸等原因损坏的冷凝器是不能修理的，需换新品。但是出现冷凝效率降低、散热器温度升高的故障必须及时排除。由于制冷剂泄漏、发动机机油冷却器泄漏、液力传动工作液冷却器泄漏等，会使尘埃、沙子、小昆虫等附着在翅片间，日积月累，越积越多而形成积垢，使气流不能顺利通过冷凝器，导致冷凝效率下降。因此，要对冷凝器及时维护，用刷子沾上溶液，清理掉翅片间的污垢。

2. 冷凝器中制冷剂的放热过程

冷凝器中制冷剂的放热过程有 3 个阶段，即降低过热、冷凝、过冷。

进入冷凝器的制冷剂是高压过热气体，首先降温至冷凝压力下的饱和温度，制冷剂仍为气态。然后，在冷凝压力下，因放出热量而逐渐冷凝成液体，此过程中温度保持不变。最后，继续放出热量，液态制冷剂温度下降，成为过冷液体。

汽车空调冷凝器属于风冷式冷凝器，一般布置在车头部的散热器前面，冷凝温度较高，所以必须保证较好的通风效果以增强冷凝器的散热能力，汽车空调除了有正常行驶时的迎面风冷却以外，一般还配备有电子风扇，同时还应使冷凝器本身的结构和材料有助于其散热。

3. 冷凝器的结构形式

汽车空调冷凝器有管片式、鳍片式、管带式以及平行流式 4 种。

（1）管片式冷凝器

管片式冷凝器由安装在一系列薄散热片上的制冷剂螺旋管组成，如图 2-34 所示。在发动机舱有限的空间内，这种设计结构可以提供最大的散热面积。冷凝器接收来自压缩机的高温高压制冷剂蒸气，制冷剂蒸气从冷凝器顶部流入并流过螺旋管。按热的自然趋向从热制冷剂顶部流入并流过螺旋管，热制冷剂蒸气中的热量经散热片向大气中散发热量。当制冷剂蒸气冷却并经过冷凝器向下流动时，就会达到发生冷凝的温度。气态制冷剂即变为液态制冷剂。在冷疑点时，制冷剂释放出更多的热量。冷凝器底部的制冷剂是温的高压液体。在以平均热负荷运行的汽车空调系统中，冷凝器螺旋管上部 2/3 为热的制冷剂蒸气，而下部 1/3 部分为液态制冷剂。这种高压液态制冷剂从冷凝器排出并向前流入蒸发器。

（2）鳍片式冷凝器

一般换热器的管子和散热片是两个独立构件，需用镶嵌、胀管、焊接等办法将它们连接在一起。若两者接触面贴合不紧，不仅影响传热效果，而且整体强度和耐振性能也要降低，为此，出现了鳍片式结构。这种结构是在特殊形状铝型材的散热管表面直接铣削出鳍片状散热片（图 2-35），然后再弯曲成蛇形管，故称为鳍片式冷凝器。这种形式由于片、管是一体的，抗振性特别好，同管带式冷凝器相比，散热性能可提高 5%，省材 25%，管片之间无须焊接，可在常温下加工，所需加工的能耗少，所以它曾一度被认为是最先进的车用冷凝器。但由于需要专用的铣削设备，弯管也需专用夹具，故一时还难以大量推广。国产标致轿车的空调冷凝器即采用这种结构。

（3）管带式冷凝器

管带式冷凝器如图 2-36（a）所示，其一般是将小扁管弯成蛇管形，其中放置三角形的翅片或其他类型的散热片。这种冷凝器的传热效率比管片式冷凝器提高 15% ~ 20%。

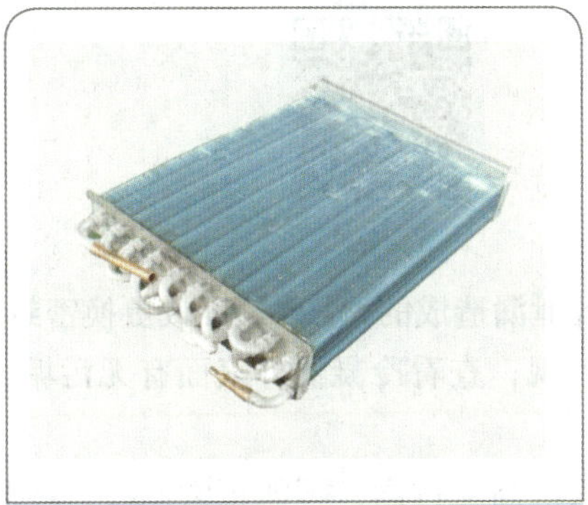

图 2-34 管片式冷凝器

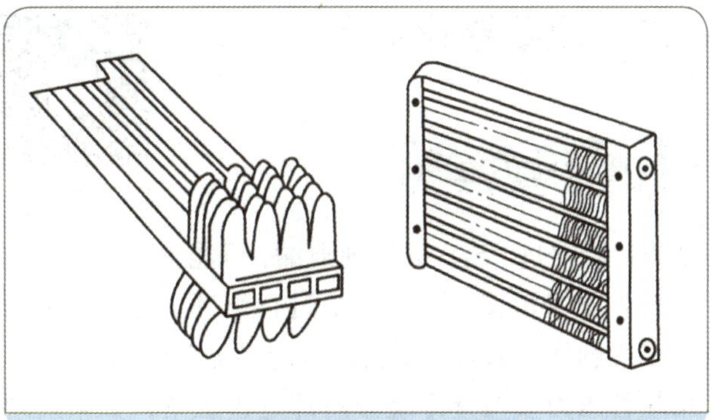

图 2-35 鳍片式冷凝器

（4）平行流式冷凝器

平行流式冷凝器也是一种管带式结构，如图 2-36（b）所示，其由圆筒集流管、铝制内肋管、波形散热翅片以及连接管组成，是专为 R134a 提供的新型冷凝器。平行流式冷凝器与管带式冷凝器的最大区别是：管带式冷凝器只有一条扁管自始至终地呈蛇形弯曲，制冷剂只是在这一条通道中流动而进行热交换。由于其流程长，管带式冷凝器的管道压力损失大。又由于进入冷凝器时制冷剂是气态的，比体积大，需要的通径大；出冷凝器时已完全变成液态，比体积小，只需要较小的通径。而普通管带式冷凝器的管径从头至尾是相同的，这对充分进行热交换是不利的，管道内空间未被充分利用；而且增加了排气压力及压缩机功耗。平行流式冷凝器则是在两条集流管间用多条扁管相连，将几条扁管隔成一组，进入处管道多，逐渐减少每组管道数，实现了冷凝器内制冷剂温度及流量的均匀分配，提高了换热效率，降低了制冷剂在冷凝中的压力损耗，这样就可减少压缩机功耗。由于管道内换热面积得到充分利用，对于同样的迎风面积，平行流式冷凝器的换热量得到了提高。

这种结构的散热性能较比带式冷凝器提高了 30%～40%，通路阻力降低了 25%～33%，内容积减少了约 20%，大幅度地提高了它的热交换性能。

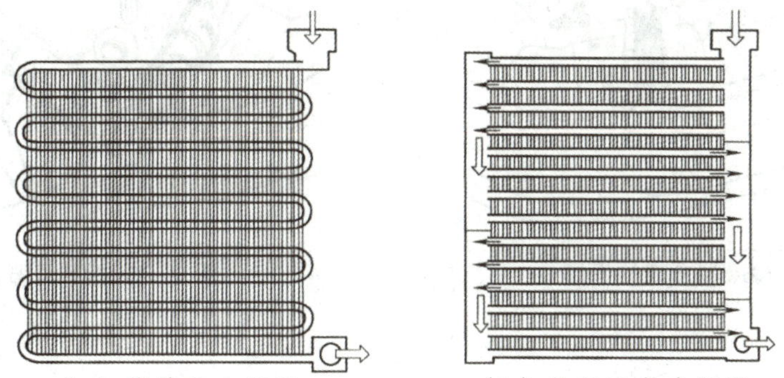

（a）管带式冷凝器　（b）平行流式冷凝器

图 2-36 冷凝器的形式

二、冷凝器的检修

汽车空调冷凝器的检查与更换

冷凝器的拆装

1. 冷凝器的检查

如果冷凝器进、出口处出现泄漏，可能是密封圈老化出现泄漏造成的，需要紧固或更换密封圈；如果冷凝器本身泄漏，则应拆下进行修理。检查冷凝器的外观，查看冷凝器外表面有无污垢、残渣翅片是否倒伏，如果有则会造成冷凝器散热不良。

用歧管压力表检查冷凝器内部是否脏堵，如果发现压缩机高压过高，不能正常制冷，冷凝器导管外部有结霜或下部不烫的现象，则说明导管内脏堵或因外部压瘪而堵塞。

2. 冷凝器的拆卸步骤

冷凝器总成的拆卸如图 2-37 所示。

①使用专用制冷剂回收加注设备将制冷剂抽空。

②拆下蓄电池负极接头。

③拆下散热风扇电源插头，然后拆下散热风扇组。

④拆下散热器进水管和出水管，将端口用干净的棉纱塞住，以免冷却液流出；也可以先用容器收集冷却液，等散热器安装完毕后再倒入膨胀罐中进行使用。

⑤拆下散热器，拆下后要注意妥善放置，勿在散热管带上放重物或磕碰。

⑥拆下 C 管（冷凝器至储液干燥器管路），如图 2-38 中箭头所示，拆下后封闭管口，防止异物进入。

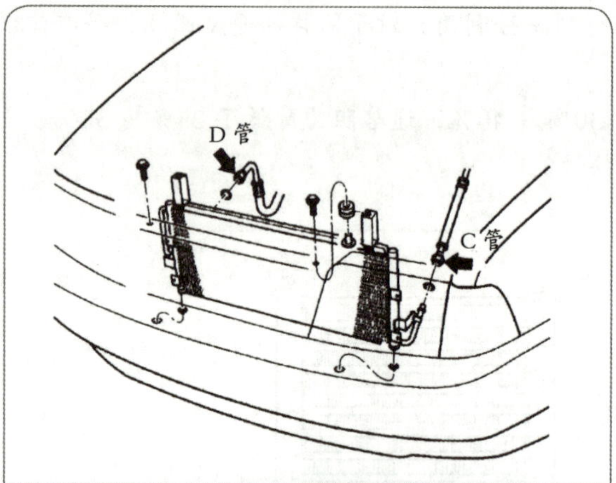

图 2-37 冷凝器总成的拆卸

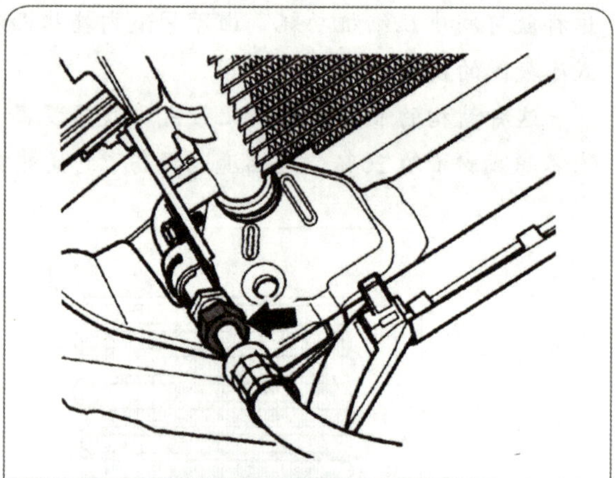

图 2-38 拆卸冷凝器管路

⑦拆下 D 管（压缩机至冷凝器管路），拆下后封闭管口，防止异物进入。

⑧拆下前保险杠托架。

⑨旋出 4 个螺栓（如图 2-39 中箭头所示），拆下导向件。

⑩旋出固定螺栓，从车身上拆下冷凝器。

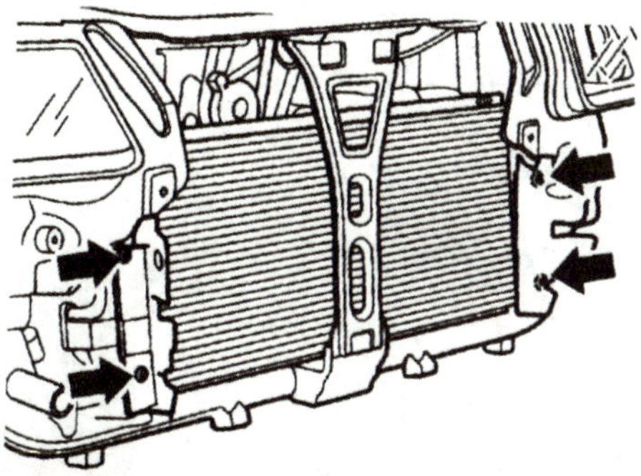

图 2-39　旋出 4 个螺栓

3. 冷凝器的检修方法

①如仅仅是因为外表脏污而造成冷凝器的散热片被堵塞，则可用水直接清洗，或用压缩空气吹。但注意不要损伤冷凝器散热片，如发现散热片弯曲，可使用旋具或手钳加以矫正，不必拆卸冷凝器。

②如果冷凝器散热风扇有问题，也不必拆卸冷凝器，可直接修理风扇。

③如果冷凝器泄漏，可在泄漏处进行焊补。

④如果冷凝器导管脏堵，或导管外部折瘪，可将该处剖开修理，然后进行焊补或更换总成。

⑤修理完毕装配时，注意出口和入口，切勿接错，并且要加入一定量的冷冻机油。

4. 冷凝器的安装注意事项

冷凝器的安装顺序与拆卸相反。

冷凝器安装在压缩机出口与储液干燥器入口之间。轿车的冷凝器一般装在发动机散热器的前边，利用发动机冷却风扇吸入的新鲜空气和汽车行驶时产生的通风进行冷却。在某些大型客车上，冷凝器安装在车厢两侧或车厢后侧和车厢顶部。冷凝器远离发动机时，在冷凝器旁都装有辅助散热风扇强制冷却。

注意

①连接冷凝器管接头时，要区分哪里是入口，哪里是出口。入口位置应该处于上方，出口位置处于下方。因为液态制冷剂会在重力作用下自然流到底部，从出口管流出而进入储液干燥器。反之，冷凝器内会积满制冷剂，这会使冷凝器的传热性能下降，同时会引起系统压力升高，从而导致冷凝器胀裂。

②在未安装管接头时，不要长时间打开连接管口的保护盖，以免潮气进入。

三、蒸发器的结构

蒸发器和冷凝器一样，也是一种热交换器，也称冷却器，是制冷循环中获得冷气的直接器件。其外形近似冷凝器，但比冷凝器窄、小、厚。蒸发器安装在驾驶室仪表板的后面，其在制冷系统中的安装位置和结构如图 2-40 所示，其主要由管子和散热片组成，在蒸发器的下方还有接水盘和排水管。

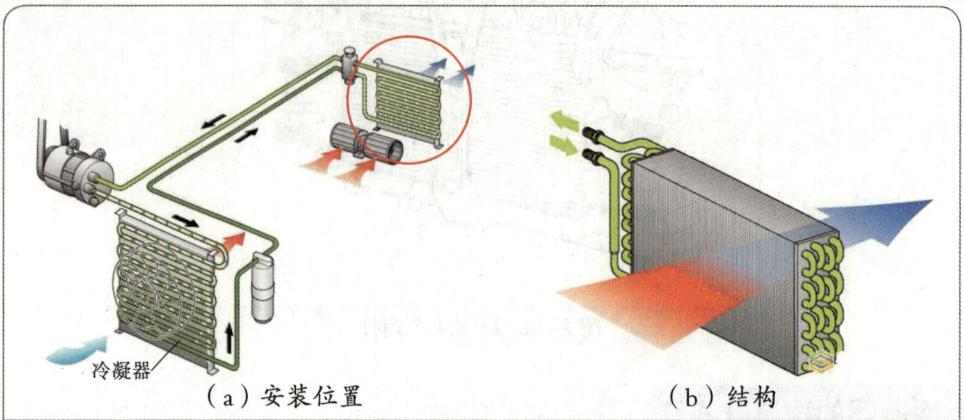

图 2-40 蒸发器的安装位置和结构

1. 蒸发器的作用

蒸发器的作用与冷凝器的作用相反，制冷剂起吸热作用，流经蒸发器的空气受到冷却，制冷系统工作时，高压液态制冷剂通过膨胀阀膨胀而压力降低，变成湿蒸气进入蒸发器芯管，吸收散热片及周围空气的热量。蒸发器通常装在仪表板后的风箱内，依靠鼓风机使车外空气或车内空气流经蒸发器，以便冷却与除湿。大型乘用车配置两个蒸发器，一个装在车前部，另一个装在车后部。

在蒸发器工作时，由于大气中的相对湿度降低，空气中多余的水分会逐渐凝结成水珠，汇集在一起通过出水管道排向车外。另外，为了节能，鼓风机的空气来源于车厢内已经经过蒸发器冷却过的低温空气，冷却后再次送入车厢（即空调系统工作时，采用内循环模式），如此反复进行循环。由此可见，汽车空调不仅对车厢起降温作用，同时还能起除湿作用。

2. 蒸发器的要求

由于车内安放蒸发器（指直接产生冷风或暖风的组件）的空间位置有限，要求蒸发器具有制冷效率高、尺寸小、质量轻等特点。

由于空调蒸发器要求尺寸紧凑，它的管片距离也就比一般空调小（即管片排列比较密），结露后容易形成“水桥”而影响热交换，因而防结露或防止形成“水桥”的问题在车用空调蒸发器中更显得重要。

注意

制冷剂在蒸发器中的工作过程分为两个阶段。第一阶段是液态制冷剂吸热后沸腾汽化，成为饱和气体，这一阶段是潜热变化，压力、温度基本不变。第二阶段是制冷剂继续吸热，温度升高，成为过热蒸气，是显热变化。蒸发器出口要有一定过热度，是为了保证压缩机吸入的一定是气态制冷剂，不会发生液击现象。

对于采用膨胀阀的系统，蒸发器出口过热度是由膨胀阀控制的。对于采用固定节流管的系统，靠蒸发器后面的气液分离器来保证压缩机吸入的一定是气体。

3. 蒸发器的类型

蒸发器有管片式、管带式和层叠式 3 种结构。

蒸发器的分类组成

（1）管片式蒸发器

它由铜质或铝质圆管或扁管套上的铝翅片组成（图 2-41），经胀管工艺使铝翅片与圆管紧密接触。其结构简单、加工方便，但其传热效率较差。

（2）管带式蒸发器

如图 2-42 所示，管带式蒸发器由多孔扁管与蛇形散热铝带焊接而成，工艺比管片式复杂，需采用双面复合铝材及多孔扁管材料。该种蒸发器的传热效率可比管片式蒸发器提高 10% 左右。

图 2-41　管片式蒸发器的结构

图 2-42　管带式蒸发器的结构

（3）层叠式蒸发器

如图 2-43 和图 2-44 所示，层叠式蒸发器由两片冲成复杂形状的铝板叠在一起组成制冷剂通道，每两片通道之间夹有蛇形散热铝带。这种蒸发器也需要双面复合铝材，且焊接要求高，因此加工难度最大，但其换热效率最高，结构也最紧凑。采用制冷 R134a 的汽车空调采用的层叠式蒸发器。

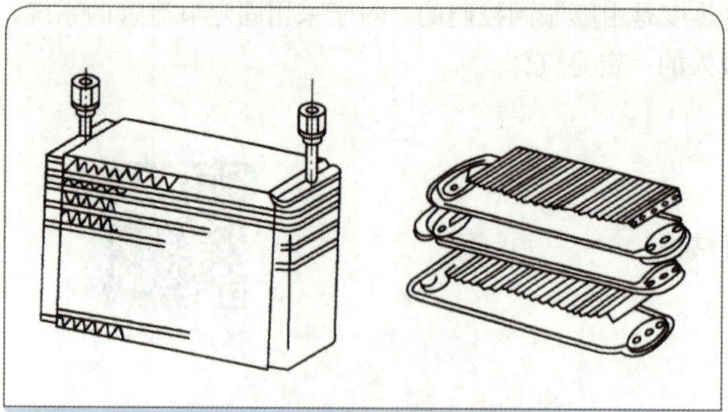

图 2-43 层叠式蒸发器的结构

图 2-44 层叠式蒸发器的外形

4. 蒸发器内制冷剂的工作过程

在采用膨胀阀的系统中，制冷剂在蒸发器中的工作过程分为两个阶段：

第一阶段是液态制冷剂吸热后沸腾汽化，成为饱和气体，这一阶段是潜热变化，压力、温度基本不变。

第二阶段是制冷剂继续吸热，温度升高，成为过热气体，是显热变化。制冷剂温度升高的程度就是过热度。蒸发器出口要有一定过热度的目的是保证压缩机吸入的一定是气态制冷剂，使压缩机内不会发生液击现象。

对于采用膨胀阀的系统，蒸发器的过热度是由膨胀阀控制的。采用节流管的系统是靠蒸发器后面的收集干燥器来保证压缩机吸入的一定是气态制冷剂。

5.RS 蒸发器

RS（新一代超薄型）蒸发器由一个箱体、管道和冷却叶片组成，如图 2-45 所示，由于臂道为挤压模塑形成的微孔管道，因此不但获得了很好的热量传递性能，也实现了蒸发器的薄壁化构造（38mm）。同时，RS 蒸发器通过缩小冷却叶片高度、管道厚度和散热片间距，促进了热量传递；芯部采用薄型材料，因而大大地实现了小型化和轻量化。此外，蒸发器上采用了清洁涂层，可以抑制因细菌繁殖而产生的异臭，并且在蒸发器表面采取了无铬处理，起到了环保的效果。

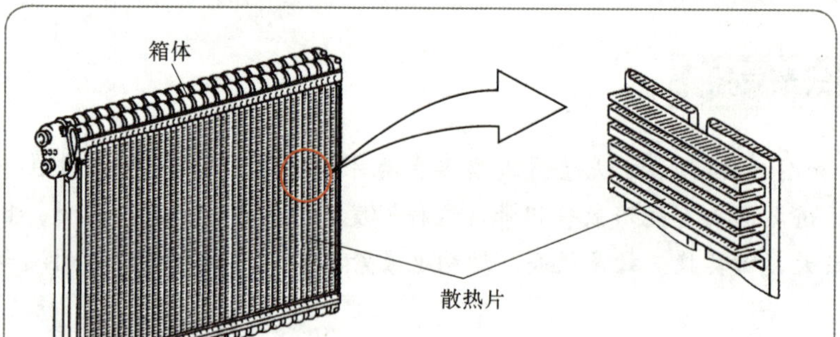

图 2-45 RS 蒸发器

四、蒸发器的检修

空调蒸发箱的使用与维护　　蒸发器的分解

1. 蒸发器的拆装

（1）蒸发器的拆卸

在拆卸或安装蒸发器前，应先将车辆的电源切断，拆除影响拆卸的导线、端子及其他附件，并对车辆的表面涂层进行保护。蒸发器的分解图如图 2-46 所示，其拆卸步骤如下：

①拆卸前排乘客侧储物箱。

②拆卸仪表板。

③拆卸进风罩。

④旋出紧固螺母（如图 2-47 中箭头 A 所示），拆下 S 管（蒸发器至压缩机管路），封住已经拆下的管子端口。

⑤旋出紧固螺母（如图 2-47 中箭头 B 所示），拆下 1 管（储液干燥器至蒸发器管路），封住已经拆下的管子端口。

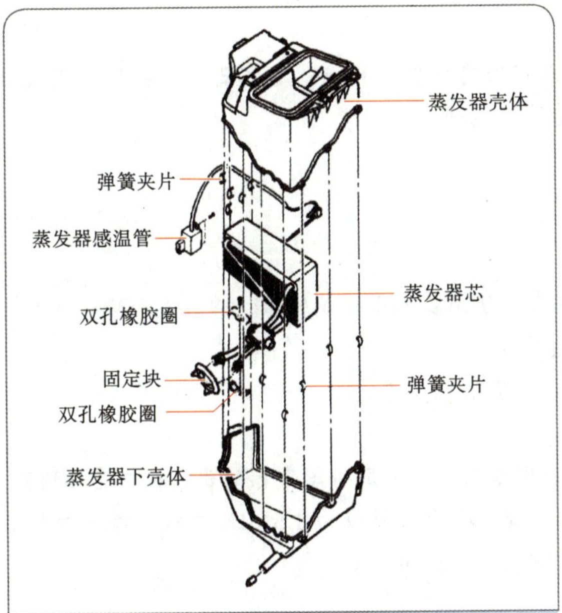

图 2-46　蒸发器的分解图

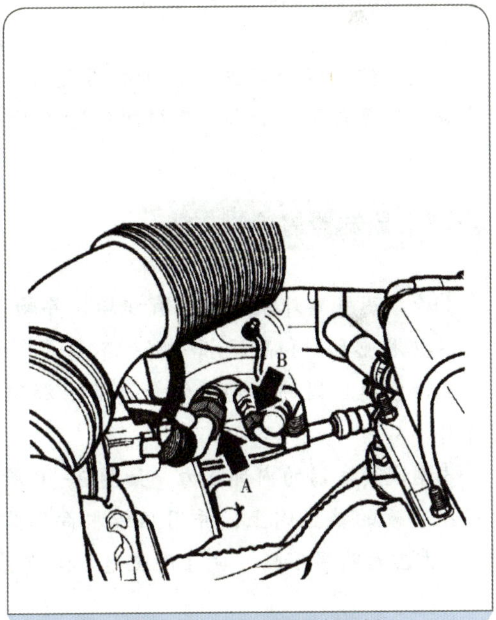

图 2-47　蒸发器管路拆卸

⑥拆下连接螺栓（如图 2-48 中箭头所示）。

⑦拔下感温管插头（图 2-49），小心取出蒸发器。

（2）蒸发器的安装

蒸发器的安装顺序与拆卸顺序相反，在安装时要注意蒸发器的入口和出口，切勿装反。温度控制元件或感温包要牢固地安装在合适的位置，膨胀阀和感温包要包好保温材料，蒸发器内要加注一定量的冷冻机油。

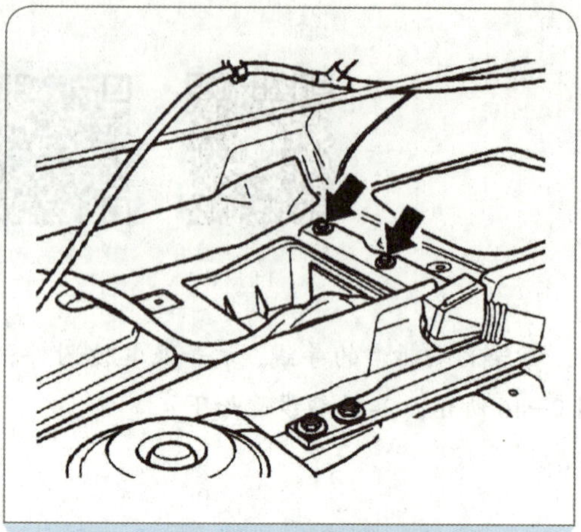

图 2-48 蒸发器连接螺栓的位置

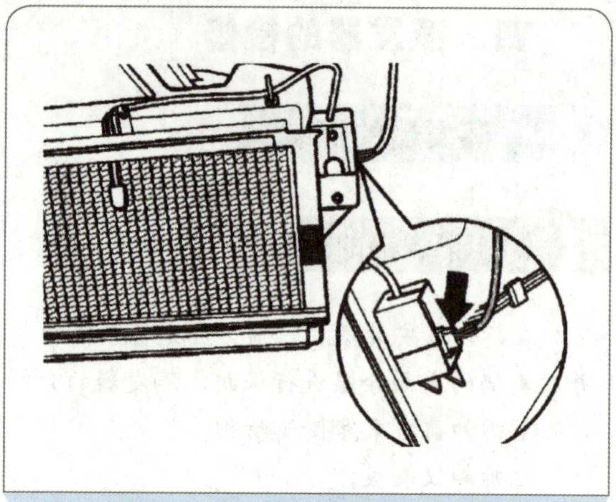

图 2-49 蒸发器感温管插头的位置

2. 蒸发器的检修

(1) 蒸发器的检修内容

蒸发器的检修内容主要包括：蒸发器外表面是否有积垢、异物；蒸发器是否损坏；用检漏仪检查蒸发器是否有泄漏；观察排气管路是否洁净、畅通。

(2) 蒸发器的检修方法

①检查蒸发器外表面是否有积垢、异物，若有应使用软毛刷（或软布、棉纱）和清水清洗。注意不要用硬毛刷和高压水冲刷，不要弄弯吸热片。

②检查蒸发器的内部盘管是否有泄漏现象。若有泄漏现象，应由专业修理人员对泄漏处进行焊补。

③测试蒸发器的内部压力，如图 2-50 所示，用专用接头分别将蒸发器的出、入口连接到高、低压组合表的截止阀上，并用压缩机向蒸发器加压，压力一般应为 1.5MPa 左右，停止加压后 24h 压力应无明显下降。也可用肥皂水涂在系统各处进行检漏。

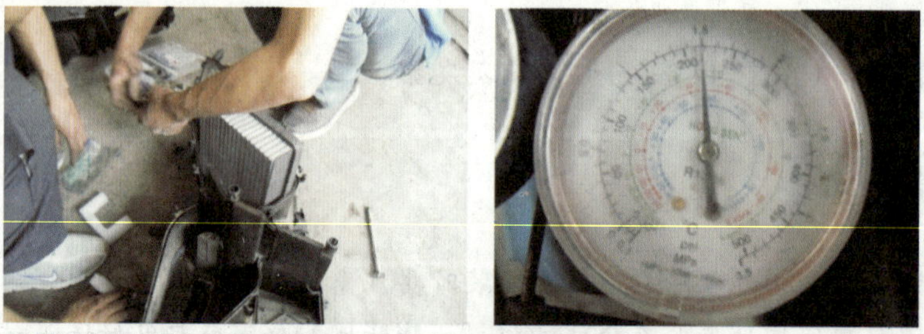

图 2-50 测试蒸发器的内部压力

五、维修案例

1. 案例一

（1）故障现象

现有一辆别克林荫大道轿车。用户反映：空调制冷效果不佳，车内最低温度只有 15℃。

（2）故障原因

冷凝器片严重脏堵。

（3）故障诊断与排除

检查时发现该车的空调压缩机能够正常运转，在空调控制系统的电路上应该不会有问题，故障很可能出在空调管路系统上，接上歧管压力表测量高、低压侧的压力。发动机运转时，将转速控制在 1500 ~ 2000r/min 之间，使空调压缩机工作，此时低压表读数为 0.26MPa，高于标准值 0.12 ~ 0.2MPa，而高压表的读数为 1.90MPa，也高于标准值 1.2 ~ 1.5MPa，检测结果表明高、低压力值均偏高。冷凝器散热不良、制冷系统有空气、制冷剂过量都会导致高、低压侧的压力高出标准值的情况。通过观察制冷液软管上的观察孔，可以知道制冷剂量是否正常或冷系统是否存在空气，该车制冷系统工作时，观察孔中没有气泡流动，看来，制冷剂量正常，制冷系统中也没有空气。检查冷凝器，发现冷凝器片已经严重堵塞，经清洗后，试车，空调运行良好，制冷效果恢复正常。

2. 案例二

（1）故障现象

现有一辆行驶里程约 3 万 km 大众新宝来轿车。用户反映：该车空调制冷不足，且随着鼓风机风速的提高，出风口的温度也会有所升高。

（2）故障原因

蒸发器故障。

（3）故障诊断与排除

用手触摸空调系统的高、低压管路，温度均正常。之后，将诊断重点集中在冷气系统的气流通道部分。如果风门拉索松弛或脱落，造成风门关闭不严，则必然会使出风口的温度升高。但经检查，排除了此种故障的可能性，看来问题在空调制冷系统。

新宝来轿车采用变排量压缩机空调制冷系统，该系统主要由空调压缩机、冷凝器、膨胀阀、蒸发器及储液干燥器等组成。首先检查压缩机，看压缩机是否因液击现象内部被击穿而不制冷。用歧管压力表组测量制冷系统压力，当发动机怠速运转、鼓风机为1挡时，低压端压力为0.17MPa，高压端压力为1.32MPa；当发动机转速为2000r/min、鼓风机为1挡时，低压端压力为0.17kPa，高压端压力为1.37MPa；当发动机转速为2000r/min、鼓风机为4挡时，低压端压力为0.15MPa，高压端压力为1.72MPa。上述检测数据表明，制冷系统压力正常，压缩机不存在液击现象。

进一步分析，如果系统过脏导致压缩机脏堵，制冷剂不足或过量，压缩机压力调节阀损坏，使压缩机不能变排量，均可能导致上述故障现象。于是，更换压缩机总成进行试验。为了检查系统管路是否堵塞，在更换压缩机之前用压缩空气进行吹冲，然后用清洁汽油进行清洗，同时将膨胀阀拆下来进行检查，并对其滤网进行清理，但故障仍未排除。

在排除了压缩机、膨胀阀及管路故障的可能性后，蒸发器便成了最可疑的对象。通常，蒸发器结霜也是导致制冷能力不足的一个重要原因。于是，拆下暖风空调调节装置面板及右侧杂物箱，将手伸进去触摸蒸发器表面，感觉只有右侧大约1/4的部分温度较低，由右至左逐渐由凉变温，且膨胀阀到蒸发箱之间的管路有结霜现象。

为了进一步判断蒸发器内是否出现堵塞，我们进行了如下试验：用一只普通家用热水袋装满开水，将其敷在膨胀阀到蒸发箱之间的管路上，用温度计检测出风口的温度。如果出风口的温度能够下降，根据能量守恒定律，说明蒸发箱是畅通的，反之则说明蒸发箱内部堵塞。经测量，在敷上热水袋后，出风口的温度未发生变化，由此可以判定故障就在蒸发箱。更换了蒸发箱后，该车故障排除。

3. 案例三

（1）故障现象

现有一辆行驶里程约6万km的雪佛兰新景程轿车。用户反映：该车起动发动机并开启空调系统，空调压缩机不运转，制冷功能失效。

（2）故障原因

蒸发器与冷凝器同时出现泄露情况。

（3）故障诊断与排除

经初步检查，确认故障是制冷剂泄漏造成的。逐一检查空调系统的各部件及管路接头，发现冷凝器的散热面有一块巴掌大的油污。进行加压测试，确认冷凝器泄漏，进行更换处理，抽真空并加注制冷剂。试车，空调压缩机运转，空调制冷效果良好，交付车辆。一周后该车的空调制冷功能再次失效，检查结果仍是制冷剂泄漏造成的。由于故障间隔的时间较短，应该存在明显的泄漏点，因此决定对空调系统进行彻底检查。加压后观察空调压力表，发现指针缓慢移动，气压逐渐降低。逐一对空调压缩机、冷凝器、储液干燥器、制冷剂压力开关及相关接头进行检查，都没有发现泄漏现象。看来泄漏点不在发动机舱处，而是在其他部位，蒸发器的故障可能性极大。将仪表台拆下，打开空气分配箱，取出蒸发器，发现散热片上粘有油污，说明已泄漏损坏。更换蒸发器，装好相关部件，重新抽真空并加注制冷剂，试车，故障彻底排除。

任务三　节流装置

一、节流装置的作用与分类

1. 节流装置的作用

对于目前汽车空调广泛采用制冷系统而言，压缩机、冷凝器、节流装置、蒸发器是实现制冷循环的 4 个基本组成部分，亦称汽车空调蒸气压缩制冷系统不可或缺的“四大件”。

作为汽车空调制冷装置的主要部件之一，节流装置（膨胀阀和孔管）安装在蒸发器入口处（图 2-51），是汽车空调制冷系统的高压与低压的分界点。

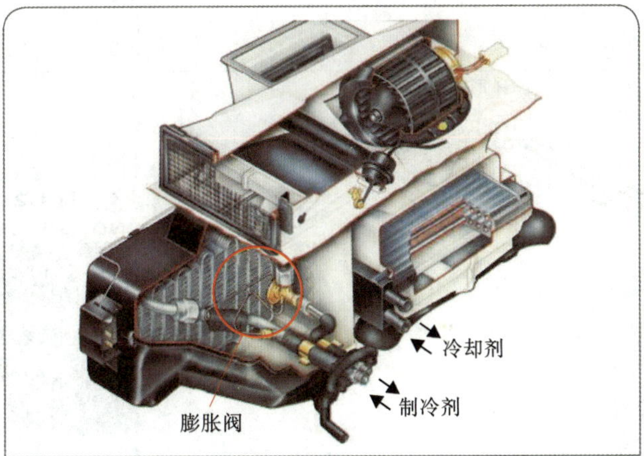

图 2-51　膨胀阀的安装位置

其作用是，把来自储液干燥器的高压液态制冷剂节流减压，调节和控制进入蒸发器中的液态制冷剂量，使之适应制冷负荷的变化，同时可防止压缩机发生液击现象（即未蒸发的液态制冷剂进入压缩机后被压缩，极易引起压缩机阀片的损坏）和蒸发器出口蒸气异常过热。

在空调运行时，要求进入蒸发器的低温低压液态制冷剂的流量不能过大或过小，进入蒸发器的液态制冷剂沸腾汽化后，只要足以吸收车厢内的热量，使车厢内的温度降低到调定温度即可。

若进入蒸发器的制冷剂流量过大，则不仅易使液态制冷剂不能完全汽化而进入压缩机气缸内，产生液击现象损坏压缩机，而且还会导致蒸发器过度冷却，造成蒸发器表面结霜、挂冰，阻止空气通过蒸发器，反而会使整个制冷系统的制冷能力下降；若进入蒸发器的制冷剂流量过小，则液态制冷剂在蒸发器管内流动途中就已蒸发成气体，而在这之后的蒸发器中就没有液态制冷剂可供蒸发，从而使车厢内得不到足够的冷却。节流装置可自动地控制进入蒸发器的制冷剂流量，保证制冷系统的正常工作。

2. 节流装置的分类

汽车空调制冷系统常用的节流装置有膨胀阀和孔管两种。膨胀阀的使用历史悠久，种类繁多，其具体分类见表 2–2。

表 2–2 膨胀阀的分类

按平衡方式分类	外平衡式、内平衡式
按感温包安装位置分类	外置式、内置式
按充注的感温介质分类	流体充注式、气体充注式、吸附充注式、混合充注式、同工质充注式
按内部通道形状分类	F 形、C 形、H 形

二、膨胀阀

膨胀阀又称为节流阀，汽车空调系统使用的膨胀阀为温度控制式膨胀阀，故又称为热力膨胀阀。图 2–52 所示为膨胀阀的安装位置及外形。热力膨胀阀是空调系统的重要制冷部件之一，安装在蒸发器入口处。图 2–53 所示为桑塔纳 2000 系列轿车空调系统膨胀阀的安装位置。

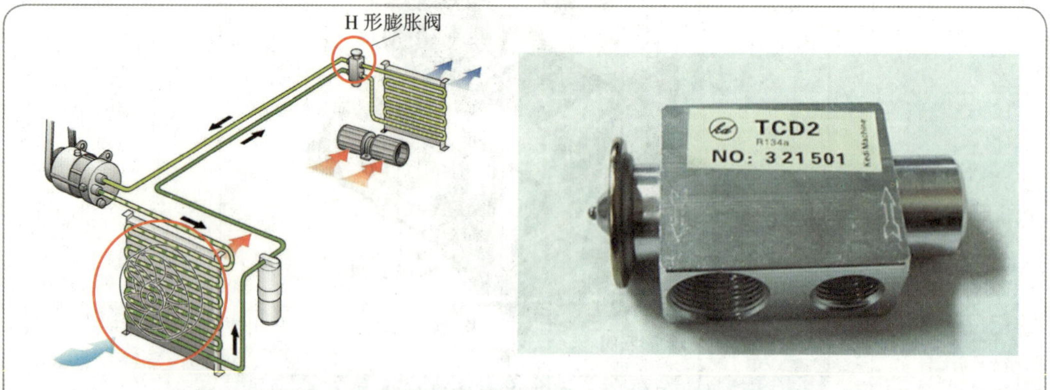

（a）安装位置 （b）外形

图 2–52 膨胀阀的安装位置及外形

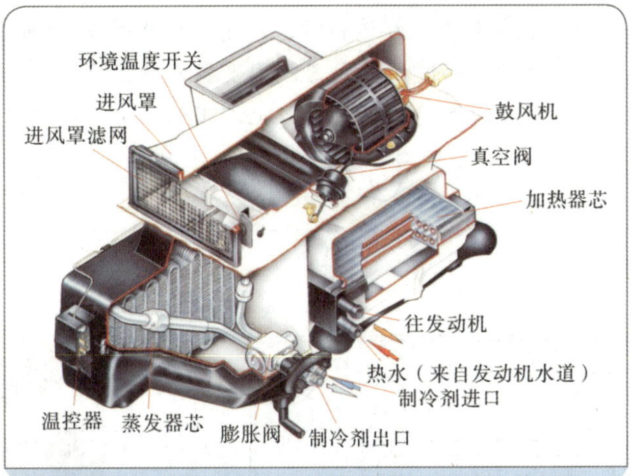

图 2-53　桑塔纳 2000 系列轿车膨胀阀的安装位置

1. 热力膨胀阀

热力膨胀阀的分类与作用

热力膨胀阀是一种膨胀节流装置，它是制冷系统中自动调节制冷剂流量的元件，广泛应用于各种空调制冷系统中。热力膨胀阀的工作特性，直接影响整个制冷系统能否正常工作。热力膨胀阀以蒸发器出口的过热度为信号，自动调节制冷系统的制冷剂流量。

热力膨胀阀一般有以下 3 个作用：

①节流降压。使从冷凝器来的高温高压液态制冷剂节流降压成为容易蒸发的低温低压雾状制冷剂进入蒸发器，将制冷剂分成高压侧和低压侧，但工质的液体状态没有改变。

②自动调节制冷剂流量。由于制冷负荷的改变以及压缩机转速的改变，要求流量做相应调节，以保持车内温度稳定。膨胀阀能自动调节进入蒸发器的流量，以满足制冷循环要求。

③控制制冷剂流量，防止液击和异常过热发生。膨胀时以感温包作为感温元件控制流量大小，保证蒸发器尾部有一定量的过热度，从而保证蒸发器容积的有效利用，避免液态制冷剂进入压缩机而造成液击现象，同时又能控制过热度在一定范围内。

大多数汽车空调制冷系统在运行过程中，其冷负荷是变化的。如系统刚开始降温时，车内的温度较高，这时就要求蒸发器的制冷剂流量增大，而当车内温度较低时，冷负荷减少，这时要求蒸发器的制冷剂流量减小。因此，热力膨胀阀的作用是根据系统冷负荷需要调节制冷剂流量，使制冷系统能正常地工作。

2. 热力膨胀阀的结构原理

汽车空调制冷系统常用的热力膨胀阀有内平衡式膨胀阀、外平衡式膨胀阀和 H 形膨胀阀 3 种。H 形膨胀阀结构紧凑、工作可靠，在现代汽车上普遍采用。

（1）内平衡式膨胀阀

图 2-54 所示是内平衡式膨胀阀的工作原理。感温包 2 内装惰性液体或制冷剂液体，当蒸发器出口温度较高时，感温包内的液体温度随之上升，从而压力也高。高压作用在膜片上侧，当

数值大于蒸发器进入压力和过热弹簧压力总和时，针阀 7 离开阀座，阀门开启，制冷剂流入蒸发器。针阀 7 开启后，较多的制冷剂进入蒸发器，蒸发器内压力上升，回气温度降低，膜片下侧压力增加，上侧压力降低，阀门关闭。由于膜片上、下侧压力经常处于不平衡状态，所以阀门不断地开启、闭合。

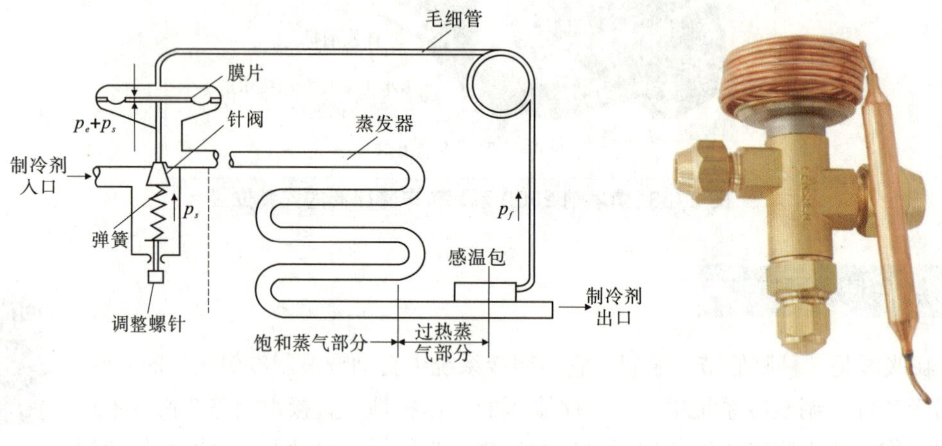

（a）工作过程　　（b）实物图

图 2-54 内平衡式膨胀阀工作原理

具体受力分析如下，膨胀阀膜片承受 3 个力的作用：

向下的力：p_f ——感温包内制冷剂气体对膜片的压力；

向上的力：p_e ——蒸发器入口处制冷剂压力（通过内平衡孔连通）；

p_s ——弹簧的弹力。

其工作原理是：

当 $p_f = p_e + p_s$ 时，膜片不动，阀处于某一开度，制冷剂保持一定流量。

当 $p_f > p_e + p_s$ 时，即若制冷装置负荷增大（如车厢内温度升高），制冷剂提前全部蒸发，过热度增大，蒸发器出口处气态制冷剂的温度升高，使感温包内压力 p_f 增大，使 $p_f > p_e + p_s$，这时膜片通过推杆将阀针朝下推，使阀的开度增大，进入蒸发器的制冷剂流量增加，制冷量亦增加。

$p_f < p_e + p_s$ 时的情况与 $p_f > p_e + p_s$ 的情况相反。

如此调节，使制冷量与制冷负荷相匹配。

（2）外平衡式膨胀阀

制冷剂在蒸发器内部管道流过时，由于有流动阻力存在，在蒸发器出口处压力会下降，其内部管道越长，则压力下降就越大。对于内平衡式膨胀阀来讲，为了打开阀门，就要有更大的过热度，而要增大过热度，就必须减少制冷剂的流量，这样就使制冷量下降，故内平衡式膨胀阀只适用于对制冷量要求不大的轿车及载货汽车驾驶室空调，而大型客车空调则要用外平衡式膨胀阀。外平衡式膨胀阀的工作原理如图 2–55 所示。

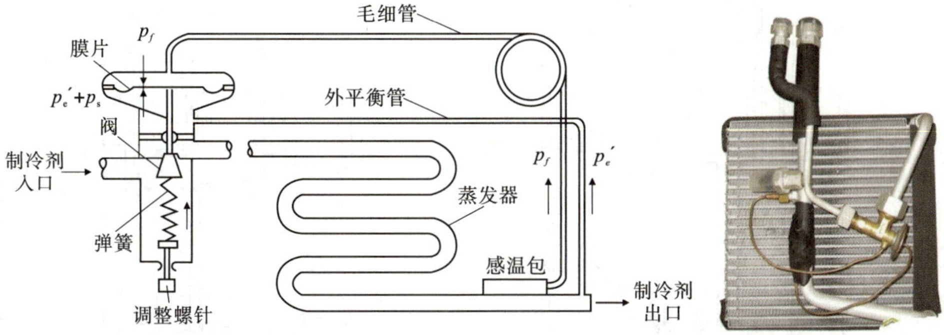

（a）工作过程；（b）实物图

图 2–55　外平衡式膨胀阀的工作原理

在内平衡式膨胀阀的基础上，堵住内平衡孔，在膜片下方至蒸发器出口处加一外平衡管，即变成了外平衡式膨胀阀。此时 p_e 变成了 p'_e 即蒸发器出口处的压力。显然 $p'_e < p_e$，即要达到同样的阀开度，外平衡式膨胀阀所需的过热度小一些，故蒸发器的容积效率可以提高。

（3）H 形膨胀阀

H 形膨胀阀的外形及结构如图 2–56 所示，主要由膜片、感温元件、球阀和调节弹簧组成。

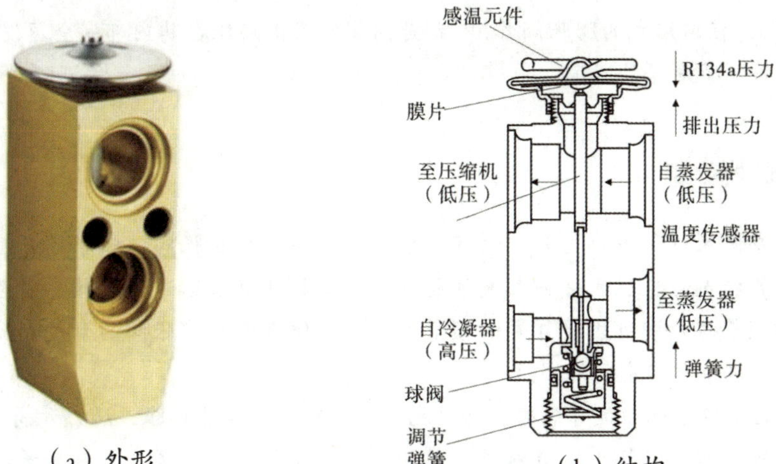

（a）外形　（b）结构

图 2–56　H 形膨胀阀的外形及结构

因为其内部结构与字母“H”相似，所以称为H形膨胀阀，又称为整体式膨胀阀。H形膨胀阀是把感温包缩到阀体内的回气管路上，从而提高了阀的工作灵敏度。但这种结构加工难度较大，膜片中心开孔也会影响膜片的开阀特性，其工作原理如图2-57所示。

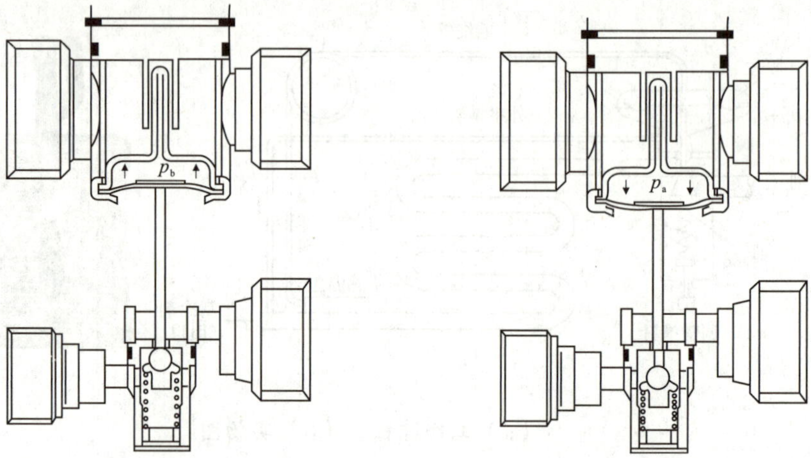

（a）热负荷较小时的开度　（b）热负荷较大时的开度

图2-57 H形膨胀阀的工作原理

① 结构

在H形膨胀阀上，设有低压与高压2个通道和4个管路接头，分别与制冷系统的低压管路和高压管路连接。在图2-56所示的结构示意图中，上面一个通道为低压通道，下面一个通道为高压通道。低压通道的入口接头经制冷管路与蒸发器出口连接、出口接头经制冷管路与空调压缩机入口连接；高压通道的入口接头经制冷管路与储液干燥器连接、出口接头经制冷管路与蒸发器入口连接。温度传感器装在制冷剂从蒸发器至压缩机的气流中。制冷剂温度变化，传感器膨胀或收缩，直接推动阀门（钢球和过热弹簧）。H形膨胀阀的结构保证了低压侧压力直接作用于膜片下侧。任何形式的膨胀阀作用，都是向蒸发器供应能在其内部完全蒸发的足够的制冷剂，它并不负责控制蒸发器的温度。

② 控制过程

在高压液体入口和出口之间，设有一个由球阀组成的膨胀阀，膨胀阀开度的大小由感温元件和调节弹簧控制。感温元件内部充注制冷剂，安放在低压通道上直接感受蒸发器出口蒸气的温度。转动调节螺栓即可调节弹簧的预紧力，从而便可调节膨胀阀的开度和流入蒸发器的制冷剂流量，进而调节车内空气的温度。

当蒸发器出口蒸气温度升高时，感温元件内部制冷剂吸热膨胀，压力升高，迫使球阀压缩，预紧弹簧使膨胀阀开度增大，进入蒸发器的制冷剂流量增大，蒸发器制冷量增大，车内空气温度降低。反之，当蒸发器出口蒸气温度降低时，膨胀阀开度减小，制冷剂流量减小，蒸发器制冷量减少，车内空气温度将升高。

③ 优点

H形膨胀阀安装在蒸发器的进出管之间，阀上端直接暴露在蒸发器出口介质中，感应温度不受环境温度影响，也不需要通过毛细管，避免造成时间滞后。由于该膨胀阀无感温包、毛细管和外平衡接管，可免除因汽车颠簸、振动而使充注系统断裂外漏以及感温包包扎松动而影响膨胀阀的正常工作，提高了膨胀阀的抗振性能。有的膨胀阀带低压保护开关和恒温器，称为组合式H形膨胀阀，如图2-58所示。

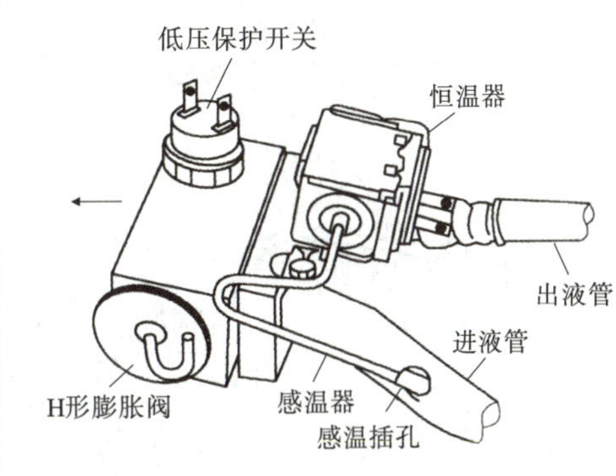

图 2-58　组合式 H 形膨胀阀

3. 膨胀阀的选配与安装

膨胀阀的容量与膨胀阀入口处液体制冷剂的压力（或冷凝温度）、过冷度、出口处制冷剂的压力（或蒸发温度）及阀的开度有关。膨胀阀容量一定要与蒸发器相匹配，容量过大会使阀经常处于小开度下工作，阀开闭频繁，影响车内温度稳定，降低阀门寿命；容量过小，不能满足车内制冷量要求。一般情况下，膨胀阀容量应比蒸发器能力大10%～20%。

安装膨胀阀时有下列要求：

①膨胀阀一般应直立安装，不允许倒置。

②感温包一般安装在蒸发器水平出口管的上表面，要包扎牢靠，保证感温包与管子有良好的接触，接触面要清洁、紧贴，并用隔热防潮胶包好。必要时膨胀阀阀体也用隔热胶包好。

③外平衡管要装在感温包后边管段的上表面处。

④对于外平衡式膨胀阀，必须在发动机正常运转的情况下进行调整，并由熟练的空调技术人员调好。

4. 膨胀阀的拆装与检修

汽车空调膨胀阀的检查与更换

膨胀阀的拆装

（1）膨胀阀的拆卸

膨胀阀在拆卸前，应将制冷剂从系统内排出并回收，操作前应将车辆的电源切断，拆除影响拆卸的导线及端子并做好记号。膨胀阀的安装位置如图2-59所示，其拆卸步骤如下：

①拆下蒸发器。

②取下感温管上包裹的绝缘带。

③松开感温包，若膨胀阀为外平衡式，应先拆下平衡管路。

④如图2-60中箭头A所示，旋出螺栓，拆下固定块。

⑤如图2-60中箭头B所示，拆下膨胀阀上连接冷凝器的制冷剂液体管，拆卸管接头处的O形圈。

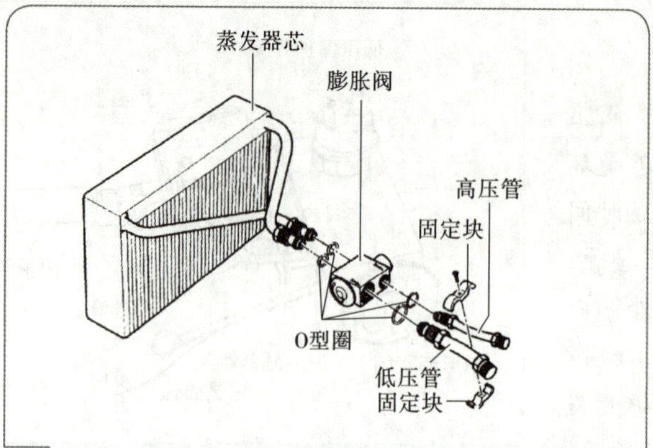

图 2-59 膨胀阀的安装位置（桑塔纳3000型轿车）

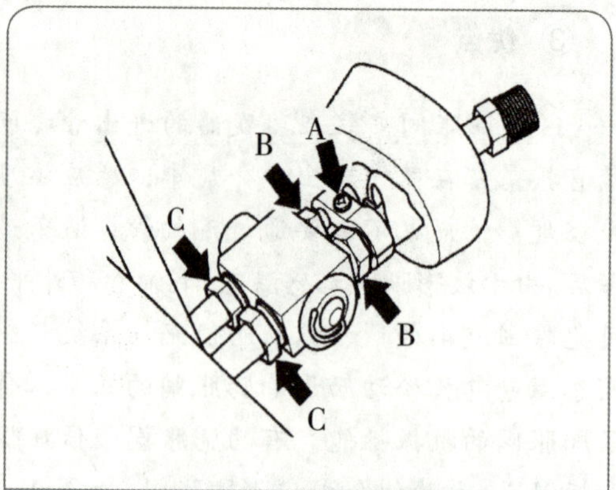

图 2-60 膨胀阀的拆卸

⑥检查膨胀阀内的滤网，若堵塞，应清洁或更换。

⑦如图 2-60 中箭头 C 所示，拆下膨胀阀连接蒸发器的制冷剂气管，拆卸管接头处的 O 形圈。

⑧拆下膨胀阀的支架，从蒸发器上取下膨胀阀。

（2）膨胀阀的安装

膨胀阀的安装顺序与拆卸顺序相反，具体步骤如下：

①安装膨胀阀的支架，将膨胀阀装到蒸发器上。

②在膨胀阀与蒸发器管接头上安装 O 形圈，连接蒸发器进口到膨胀阀出口的管路，拧紧到合适的力矩。

③在膨胀阀与冷凝器管接头上安装 O 形圈，连接冷凝器液体管到膨胀阀进口的管路，拧紧到合适的力矩。

④通过支架插入感温包，再用绝缘带包裹感温包，如图 2-61 所示。感温包插入的位置：a=50mm，b=130mm，插入深度为 85mm。

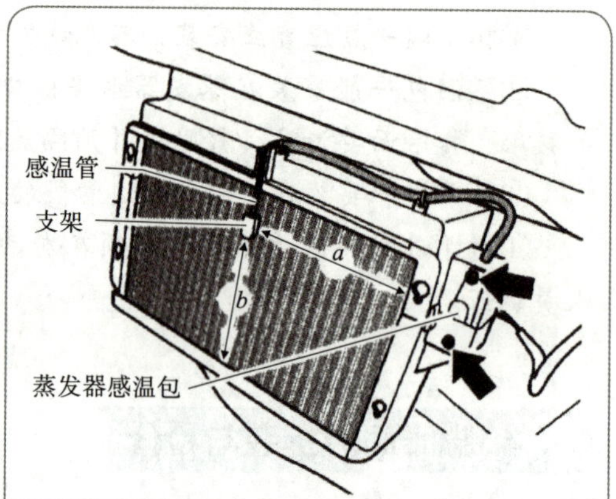

图 2-61 蒸发器感温包的安装

（3）膨胀阀的检修

膨胀阀的常见故障是发生冰堵或脏堵、阀口关闭不严、滤网堵塞及感温包或动力头焊接处发生泄漏等。膨胀阀的检查方法有两种：一是在汽车上测定膨胀阀的性能，二是在台架上实验检查膨胀阀。

① 在汽车上测定膨胀阀的性能

若在汽车上直接测定膨胀阀的性能，以确定膨胀阀的故障原因，可在发动机散热器前放一个大的轴流风扇，模拟汽车行驶时的迎面风速，按下列步骤进行测试：

●将歧管压力表组与空调系统相连，起动发动机，将转速调至 1000 ~ 1200r/min，空调开关调至最冷（MAX）位置，让空调系统运行 10 ~ 15min。

●查看低压侧压力表读数，如果偏低，在膨胀阀周围包上 51℃的抹布，继续观察低压表读数。

●若低压压力能上升至正常值或接近正常值，则说明系统内有水气，应设法消除（更换储液干燥器，并用较长时间抽真空，再充注制冷剂，重新检测系统）。

●若低压压力未升高，则从蒸发器出口处小心卸下膨胀阀感温包，将感温包握在手中。

●若压力仍偏低，则说明膨胀阀有问题，应将其卸下，在台架上进行检查。在拆除膨胀阀时，若发现膨胀阀进口有堵塞，则在清洗和维修膨胀阀后，应更换储液干燥器。

●按上述查看低压表读数时，若低压读数偏高，则从蒸发器出口处小心卸下膨胀阀感温包，将其放入冰水中（在冰水中加些盐，使其温度降至 0℃）。

●若低压压力降至或接近正常值，则可能是感温包隔热包扎不严或安放位置不对，对其重新定位并包扎后再测定。

●若低压压力仍然偏高，则应卸下膨胀阀，移至台架上进行检查。

●测试结束后，应关闭所有空调控制器，降低发动机转速，直至关机，取下压力表组。

② 在台架上实验检查膨胀阀

●将膨胀阀从制冷系统中取下来，若过滤网（如果有过滤网的话）上有污物，要取下并清洗干净。

●按图 2-62 所示将歧管压力表组与制冷剂罐、膨胀阀连接好，软管与低压表之间接一个带开关的过渡接头。

●关闭高、低压手动阀，并将水盆中水的温度调节至 52℃，然后将膨胀阀感温包放在温水中。

●拧开制冷剂罐的阀门，慢慢开启高压手动阀，至高压表读数为 483kPa。

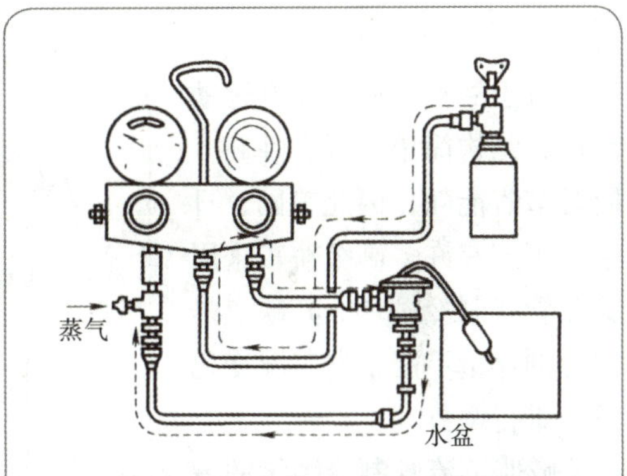

图 2-62 在台架上实验检查膨胀阀

● 对应最大流量的低压表读数应该在 296 ~ 379kPa 之间。若读数高于 379kPa，表示膨胀阀供应制冷剂过量；若读数低于 296kPa，则系统制冷剂量不足。

●膨胀阀流量的调整可以通过调整弹簧压力来实现。先拧开膨胀阀出口接头，用内六角扳手调整螺母。顺时针旋转时，制冷剂供应用量减小；逆时针旋转时，制冷剂供应量增大。

●将感温包放在冷却液温度为 0℃的冰水中，打开高压压力开关，高压表压力应为 483kPa，此时可测其最小制冷剂供应量。

三、膨胀节流管（孔管）

膨胀节流管是用于许多轿车制冷系统的一种固定孔口的节流装置，有人称它为孔管、固定孔管。

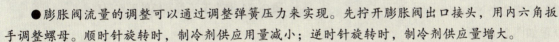

膨胀节流管直接安装在冷凝器出口和蒸发器入口之间，用于将液态制冷剂节流降压。由于不能调节流量，液体制冷剂很可能流出蒸发器而进入压缩机，造成压缩机液击。所以装有膨胀节流管的系统，必须同时在蒸发器出口和压缩机入口之间安装一个集液器，实行气、液分离，避免压缩机发生液击。

膨胀节流管系统目前使用的温度控制方法有循环离合器膨胀节流管系统、可变容积膨胀节流管系统、固定膨胀节流管离合器系统等。膨胀节流管的结构如图 2-63 所示。它是一根细铜管，装在一根塑料套管内。在塑料套管外的环形槽内装有密封圈。有的还有两个外环形槽，每槽各装一个密封圈。把塑料套管连同膨胀节流管都插入蒸发器入口管中，密封圈就是密封塑料套管外径和蒸发器入口管内径间的配合间隙用的。膨胀节流管两端都装有滤网，以防止系统堵塞。安装使用后，系统内的污染物集聚在密封圈后面，使堵塞情况更加恶化，就是这种系统内的污染物堵塞了孔管及其滤网。膨胀节流管不能维修，坏了只能更换。

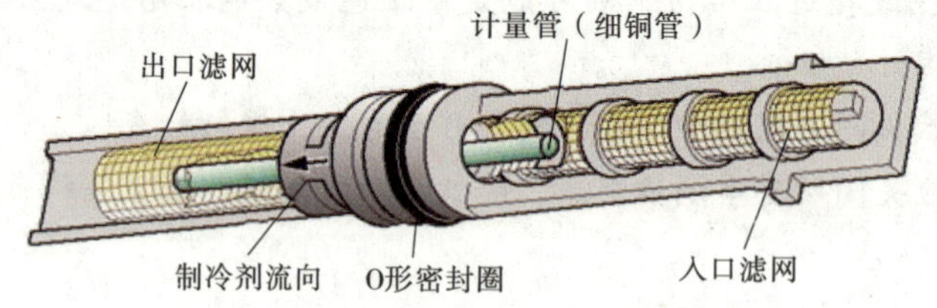

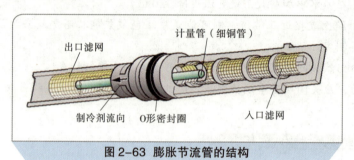

图 2-63 膨胀节流管的结构

由于膨胀节流管没有运动部件，结构简单，可靠性高，同时节省能耗，因此美国、日本等国家有许多高级轿车采用膨胀管式制冷循环。其缺点是制冷剂流量不能根据工况变化情况进行调节。

膨胀节流管制冷系统的最大特点是：用节流管取代了复杂的膨胀阀，用集液器替代了储液干燥器，因而其结构非常简单。膨胀节流管系统的工作原理如图 2-64 所示。

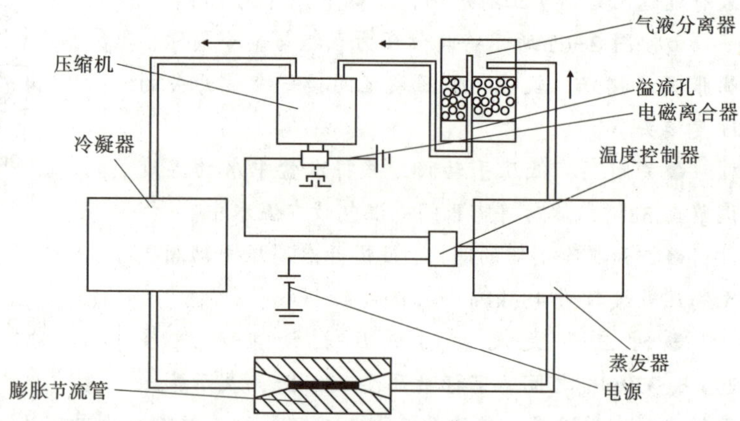

图 2-64 膨胀节流管系统的工作原理

制冷剂经过压缩，在冷凝器里液化成高压液体后，经过节流管的节流降压作用，又变成低温低压制冷剂，在蒸发器内吸热蒸发成气体。由于节流管不具备调节液体流量的功能，所以当压缩机高速运转时，蒸发器有可能蒸发不彻底，在其出口易出现液体制冷剂。为了避免压缩机出现“液击”而受到损坏，在蒸发器出口安装一个气液分离器，使多余的液态制冷剂在此处再蒸发成气体，然后送到压缩机进行压缩。在气液分离器出口处，设置了一个溢流孔，目的是把制冷剂中分离出的冷冻机油从溢流孔送回压缩机。

1. 节流管的拆装与检修

膨胀节流管可代替膨胀阀。各种汽车的节流尺寸不完全相同。某些型号汽车在液管（制冷剂高压侧管路）上装有不能进入制冷剂通道的节流管。节流管在冷凝器入口和蒸发器出口间的具体位置由液体管路金属部分上的 1 个圆形的凹陷或 3 个凹状切口来确定。

节流管的主要故障是堵塞，一旦发生堵塞，一般只能更换，而且同时还需要更换集液器。拆装节流管需要专门工具。在拆卸之前，首先应判断故障，对其进行检测。

（1）节流管的检测

①将歧管压力计与系统连接，发动机转速调至 1 000 ~ 1 200r/min，将空调控制器调至最冷（MAX）位置，让空调系统运行 10 ~ 15min。

②查看低压表读数。若系统无其他问题且制冷剂量合适，而低压表读数偏低，则说明节流管可能堵塞。

③将低压开关断路。

④在节流管周围包上约 52℃的温湿布。

⑤若低压表读数上升至正常值或接近正常值，则说明系统内有水气，节流管正常，应更换集液器。

⑥若低压表读数仍偏低，甚至出现真空，则说明节流管有脏堵，应更换节流管。

（2）有拆卸口的节流管的拆装

① 拆卸未损坏的节流管

●用制冷剂回收加注机将系统中的制冷剂回收。

●把蒸发器入口管拆下（此时节流管就暴露出来），把进液管中的所有碎片、污物清理干净。

●倒一点冷冻润滑油到节流管的密封部分。

●把拆卸工具（如图 2-65 所示，它是在 T 形套筒中加了一个开槽的圆管）上的槽对准节流管上的柄脚（凸起）并插入。

●转动 T 形手柄，使开口圆管夹住节流管。

●握住 T 形手柄（千万别转动），顺时针转动外面的细长形六角套筒，这样节流管就会被拉出。

② 拆卸已破碎的节流管

若节流管已破碎，用一般工具很难取出。此时，应用图 2-66 所示的专用工具将其取出，方法如下：

●将蒸发器进液管中的所有碎片（节流管的）清除出去，在进液管中加几滴冷冻润滑油。

●将专用工具的螺纹锥伸到坏节流管中的铜质孔中，用手转动 T 形手柄，直至确信已接触到节流管。

●转动工具的外壳，直到坏节流管被拉出。

●若拉出的仅是节流管中的铜管，其塑料套管仍留在蒸发器进液管中，则应将拉出的铜管卸掉，再把工具插入塑料管中，将塑料管拉出。

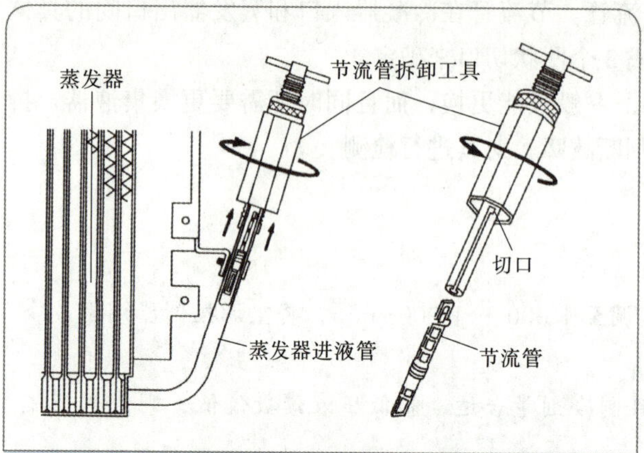

图 2-65 节流管拆卸工具

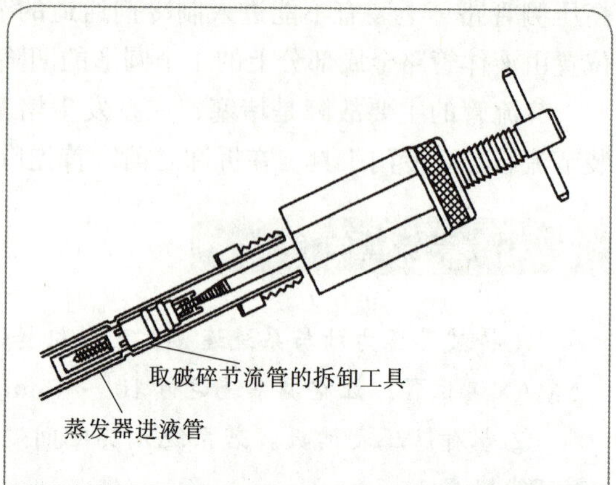

图 2-66 取破碎节流管的专用工具

③ 安装节流管

●将蒸发器进液管清理干净。

●在节流管外表涂上冷冻润滑油。

●将节流管装入拆装工具，然后推入进液管中，直到碰到凸起推不动为止。

●装 O 形密封圈，将进液管与蒸发器连接好。

●若已拆下集液器，将新的集液器装上。

(3) 无拆卸口的节流管的拆装

① 拆卸

●缓慢排放系统中的制冷剂。

●从汽车上拆下液管。注意液管安装方向，以便按同样方向将其装回。

●确定节流管的位置（图 2-67）。在液管上找到圆形凹陷或 3 个凹口，这些凹口均为节流管的出口端。

●用截管器在液管上切除 63.5mm 长管段，使其在两端弯头处露出至少 25.4mm，如图 2-68 所示。

注意

注意：不要在截管器的进给螺纹上加过大压力以避免扭曲液管。不应使用钢锯，如必须使用钢锯，应冲洗液管两端面以去除污染物，如金属屑等。

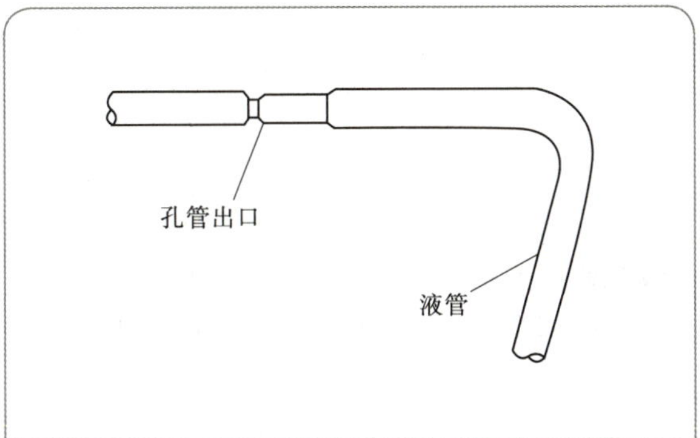

图 2-67　确定节流管的位置

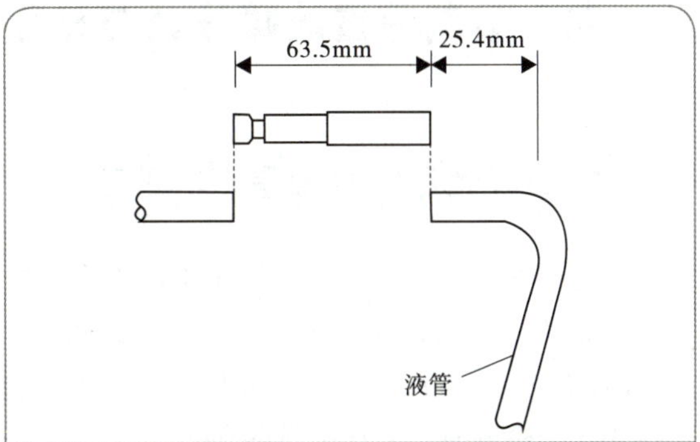

图 2-68　切去旧节流管

② 更换固定节流管

●液管各端面套上压紧螺母。

●使压紧环锥形部分朝向压紧螺母，向液管各端面套上压紧环。

●用洁净的冷冻机油润滑两只 O 形密封圈，并将其分别套在液管的每一截面上。

●把内部装有节流管的节流管套装在液管的两个截面，用手拧紧两个压紧螺母。注意图 2-69 中箭头所标明的流动方向，应朝着蒸发器方向流动。

●用台虎钳夹住节流管套以拧紧压紧螺母。确保软管弯头与被拆卸时的排列方法相同，以便于重新放置液管。

●拧紧各压紧螺母的力矩为 87 ~ 94N · m。

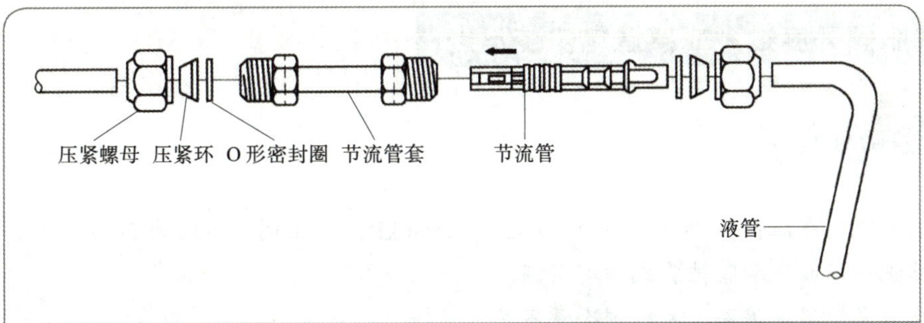

图 2-69　更换固定节流管

③ 系统装复

●按照维修程序，对系统进行检漏。

●控制维修程序，对系统进行抽真空。

●按照维修程序，对系统充注制冷剂。

●重复或继续进行检测。

四、节流装置故障诊断与排除

1. 如何确定膨胀阀是否有故障

①把歧管压力表的高压、低压接口与压缩机排、吸维修阀连接，关死高、低压手动阀。

②起动发动机，保持 1 000 ~ 1 250 r/min 转速，开动空调（功能键置于 A/C 位置，调风键置于 HI 位置），运行 10 ~ 15min 后，开始进行检测。

③开始检测时，低压表读数偏低。

●若低压侧压力表读数值偏低，应在膨胀阀周围包上 52℃的热水袋。

●若低压表读数上升到正常值，表明系统内有湿气，应予以消除。然后抽真空，充注制冷剂，重新检查系统。

●若低压表压力值并未升高，则应从蒸发器出口管上拆下感温包，包在 52℃的热布中。这时若低压表压力值上升，则表明感温包原来未装好。

●若经以上 3 步，低压表读数仍偏低，则表明膨胀阀有故障，需从系统中拆下检修。

④开始检测时，低压表读数偏高。若从蒸发器出口管处拆下感温包，放入冰水，则低压表读数正常，可进行如下检修：

●若感温包绝热保护不佳，应加厚绝热层并包捆好。

●若感温包与蒸发器的位置太远，应使其靠近。

●若感温包放入冰水后，低压表压力值并未降到正常值，则表明膨胀阀有故障，应从系统中拆下，进行清洗与检修。

2. 膨胀阀开度过大或感温包安装不当

（1）故障现象

①空调系统内高压侧压力过高（为 1 862 ~ 1 960kP，低压侧压力约为 245kPa）。

②压缩机低压回气管路挂霜或结有露滴。

③冷气出风口温度偏高，系统制冷量不足。

（2）产生原因

①膨胀阀开度过大，制冷剂进入蒸发器内过多，来不及蒸发就被吸入压缩机内。

②感温包安装位置不当，使低压管路制冷剂过多。

（3）采取措施

①顺时针调节膨胀阀调节螺钉，关小 1 ~ 2 圈，观察出风口温度，若有渐冷变化，则原开度过大。可适当调小膨胀阀开度，控制适当的蒸发压力。

②若调整开度无效，应检查感温包。

●检查感温包的位置，正确位置应是在蒸发器出口端低压管上。

●检查感温包，若与管子脱离或固定密封不好，应重新包扎严密和固定良好。

3. 膨胀阀关闭故障

（1）故障现象

①当压缩机运转时，低压一侧的压力急剧下降（80.0 ~ 93.3kPa 真空度）。

②膨胀阀壳体不冷，即使用热水冲淋或以火焰加热数分钟也无反应。

（2）采取措施

①拆下膨胀阀检查，膨胀阀不通，用手指压力可按动其膜片，则可判断膨胀阀感温器损坏或膜片破裂，从而导致感温系统内的压力和大气压力相等，使得膜片上方的压力降低或消失，针阀在其下放弹簧压力的作用下，紧压在节流孔上，造成了膨胀阀关闭不通。

②更换新的膨胀阀总成。

③更换破裂的膜片等损坏件后，重新向感温器充注规定量的感温物质。

4. 膨胀阀的脏堵和坏堵故障

（1）故障现象

①微堵时，入口小滤网部发生结霜现象，同时听到断断续续不均匀的气流声（膨胀阀在正常运行时，应有轻微连续和均匀的气流声，阀体上以节流孔处为界限，向出口端 1/2 处成 45° 倾斜线结白霜，而在入口小滤网部位则无霜）。

②全堵时，手摸膨胀阀进、入口无温差。

③车内冷气出风口温度偏高或不冷，高压侧压力偏高，低压侧呈负值，制冷效果异常。

（2）产生原因

①由于维修操作不当，系统内混入污物（如尘土，焊接后残留的焊渣、氧气物等）。

②部件中橡胶类制品、密封圈受制冷剂腐蚀后产生的杂质堵塞了管道。

③膨胀阀感温包损坏。

（3）采取措施

①用小扳手轻轻敲击入口小滤网部位，此时若听到气流声有变化，同时膨胀阀以节流孔为界处所结的白霜逐渐融化，则可能是膨胀阀入口小滤网堵塞。可将小滤网拆出，用工业汽油或四氯化碳清洗干净，干燥后再装入膨胀阀。

②若膨胀阀孔清洗后仍不通，则为感温剂泄漏引起的坏堵，应更换膨胀阀。

5. 膨胀阀的冰堵故障

（1）故障现象

①当膨胀阀发生冰堵时，膨胀阀和蒸发器上的白霜全部融化，制冷量大幅度下降，直至不能制冷。

②这时，冷气空调系统低压侧的压力很低，可达到 80.0 ~ 93.3kPa 的真空度。

③对于装有低压保护开关、压缩机由电磁离合器控制运转的非独立式冷气空调系统，当发生冰堵时，在低压保护开关的作用下，电磁离合器分离，出现压缩机间歇停开现象，系统断续制冷。

④对于独立式冷气空调系统，一旦发生冰堵，系统低压保护开关动作，切断专用冷气空调发动机的油路，发动机停止，整个系统也随之停止运转。

（2）产生原因

制冷剂中含有水分，当液态制冷剂经过膨胀阀的节流小孔时，温度骤然下降，其中的水分就在节流小孔或针阀孔周围凝结成很多的小冰粒。当较多的冰粒凝结在节流部位时，就堵塞了节流通道，发生膨胀阀冰堵故障。

（3）采取措施

①把制冷剂全部排除并将系统解体，用工业汽油或四氯化碳清洗，吹干和烘干各总成，不能残留水分及杂质。

②严格按操作规程装复，同时换上新的干燥剂或储液干燥过滤器，或将原来失去效能的干燥剂加热再生处理后重复使用。

6. 膨胀阀的冰堵和脏堵故障的区分

脏堵和冰堵的现象很相似，为了正确区分这两种故障，可采用对膨胀阀壳体加热的方法来进行。

具体做法如下：用小块的棉花蘸上酒精，点燃后对阀体加热数分钟后观察结果。若经加热后，可使低压一侧的压力回升到正常值，但停止加热后压力又很快降了下来，即为冰堵；若虽经加热，但低压侧的压力仍无变化，可断定为脏堵。

五、维修实例

1. 案例一

(1) 故障现象

现有一辆行驶里程约 5 万 km，配置 N52 型电控发动机、自动变速器和自动空调系统的宝马 530Li 轿车。用户反映：该车起动发动机，开启空调控制面板，启用制冷模式，出风口吹出的是自然风。

(2) 故障原因

膨胀阀阀口堵塞。

(3) 故障诊断与排除

连接空调压力表测量空调管路压力，高、低压侧管路的静态压力均为 700kPa 左右，基本正常。起动发动机并开启空调系统，空调控制面板的各按键均正常，风量、温度和出风模式都能够正常调节，但出风温度始终偏高。此时观察空调压力表，低压侧管路压力为 250kPa，高压侧管路压力为 1000kPa。进行加速试验，高、低压侧管路压力都没有明显变化。用手触摸管路，高压管路温度不高，低压管路微热，管壁没有露水。检查散热部件，冷凝器外表干净，散热风扇运转。以上检查说明空调管路的高压侧压力偏低，低压侧压力基本正常，这种情况有可能与控制程序有关，因为该车配置的是变排量空调压缩机，制冷效率由变排量电磁阀控制。

连接诊断仪对空调系统进行自诊断，没有发现故障码。读取数据流并对各组数据进行分析，发现空调系统压力、各项温度值都与实际值相符合，空调压缩机已达到最大制冷工况，由此说明相关的传感器信号正常，空调控制模块的控制程序没有问题。按下空调控制面板的最大制冷（Max）键，诊断仪显示最大制冷功能被激活，空调压缩机已达到最大制冷工况，但空调制冷效果仍然没有好转。变排量空调压缩机的工作方式是通过调压阀来控制制冷剂流量，调压阀的开度由变排量电磁阀的电流控制，该电流的占空比则由空调控制模块根据相关温度、压力信号进行控制。因此，观察该电流的占空比变化状况，便可判断空调压缩机的电控过程是否良好。使用示波器测量变排量电磁阀的工作电压波形，可以看到一组矩形方波，而且矩形方波的占空比按照指令要求变化，说明空调控制模块的输出指令正常。综合以上检修结果，分析有两种故障可能性：一是空调压缩机性能不良，即其内部的调压阀卡滞或泄漏；二是空调管路堵塞或者水分过多，制冷剂无法正常流通。

使用制冷剂回收加注机对空调管路内部的制冷剂进行回收，在回收的过程中发现维修阀口处有结霜现象，这说明制冷剂含有水分。回收完成后进行管路清洗。在拆卸膨胀阀时发现其阀口堵塞。更换膨胀阀、储液干燥器，装好空调管路。使用制冷剂回收加注机定量加注冷冻机油

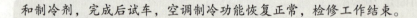

和制冷剂，完成后试车，空调制冷功能恢复正常，检修工作结束。

2. 案例二

（1）故障现象

现有一辆行驶里程约 4.8 万 km 的大众桑塔纳轿车。用户反映：该车每次打开空调开关，压缩机都只工作几分钟就停机，空调制冷效果不明显。即使调大风量，出风口吹出的风仍没有凉的感觉。

（2）故障原因

膨胀阀脏堵。

（3）故障诊断与排除

接车后试车，起动发动机，按下空调 A/C 开关，将温度设定至最低，风量开至最大，观察储液干燥瓶上的玻璃窗，有制冷剂流动。将空调高、低压测试表与相应的高、低压维修阀接口连接，测得高压表压力为 1 540kPa，低压表压力为 180kPa。触摸高压管和低压管，有明显温差，并且低压管有结露现象。没过几分钟，当低压表压力低于 100kPa 时，压缩机电磁离合器跳开，压缩机停止工作。检查蒸发器，发现蒸发器左侧结了一层白霜，拆开鼓风机罩盖后，看到膨胀阀被厚厚的白霜包着，据此可判定故障出在膨胀阀。

拆下膨胀阀进行检查，发现膨胀阀入口很脏，清洗干净，重新安装并按规定加注制冷剂后试车，故障排除。

3. 案例三

（1）故障现象

现有一辆行驶里程超 15 万 km 的本田奥德赛商务车。用户反映：该车空调制冷效果不佳。

（2）故障原因

膨胀阀调节故障。

（3）故障诊断与排除

接车后试车，发现该车仪表台出风口送出的气流温度偏高，但车内后区空调出风口的气流温度正常。这一现象表明该车空调系统基本上是正常的，问题出在前、后区空调制冷剂流量分配上。

测量前部空调低压管内制冷剂的压强，为 135 kPa，明显偏低。测量后部空调低压管内制冷剂的压强，为 205kPa，正常。测量空调高压管内制冷剂的压强，为 1.3MPa，正常。由于前、后空调高压管是相通的，所以高压是相等的，低压部分压强不同应与膨胀阀的节流强度有关。

拆卸前区空调的膨胀阀检查，发现其膨胀阀调节螺栓与新零件相比有明显不同，问题就出在这里。调节螺栓是改变球阀回位弹簧力度的，由于弹簧力度被调得过高，使前、后区空调制冷剂流量分配比例失衡，因此造成前区空调制冷效果变差。

更换前区空调膨胀阀后故障排除。

任务四　其他辅助部件

为确保汽车空调制冷系统正常工作，除了具备压缩机、冷凝器、节流装置、蒸发器这四 4 个基本组成部分之外，还需要装备储液干燥器（或集液器）、鼓风机、连接管路等其他辅助部件。

一、储液干燥器

储液干燥器的组成与作用

1. 储液干燥器的作用

在中小型汽车空调系统中，一般将具备储液、干燥、过滤 3 种功能的装置组成一体，这个容器称为储液干燥过滤器，简称储液干燥器。

储液干燥器通常用于汽车空调膨胀阀系统中，串联在冷凝器与膨胀阀之间的制冷剂管路上，使从冷凝器中出来的高压制冷剂液体经过滤、干燥后流向膨胀阀。在制冷系统中，它起到储液、干燥和过滤液态制冷剂的作用。

储液干燥器的基本作用是储存液化后的高压液态制冷剂。根据制冷负荷的大小需要，随时向蒸发器提供制冷剂，同时还可以补充制冷系统因微量渗漏而损失的制冷剂存量。

干燥的目的是防止水分在制冷系统中造成堵塞。水分主要来自新添加的冷冻机油和在充注制冷剂过程中不慎混入的空气。当这些水分与制冷剂混合物通过膨胀阀时，由于压力和温度下降，水分便容易析出凝结成冰，造成膨胀阀堵塞，形成“冰堵”现象。

制冷系统在制造、装配过程中，由于没有处理干净会带入一些杂物，另外制冷剂和水混合后，对金属的强烈腐蚀作用也会产生一些杂质。上述杂质与制冷剂混在一起，在制冷系统中循环，很容易将制冷系统中的小孔（膨胀阀阀口）堵塞，影响制冷系统正常工作。与此同时，亦增加了压缩机的磨损，缩短其使用寿命，所以制冷系统中一定要设置储液干燥器。

2. 储液干燥器的结构

储液干燥器（图 2–70）的组成部分主要有罐体、易熔塞、过滤器、干燥剂、玻璃视液镜等。从冷凝器来的液态制冷剂，从进口处进入，经滤网和干燥剂除去水分和杂质后进入引出管，从出口流向膨胀阀。

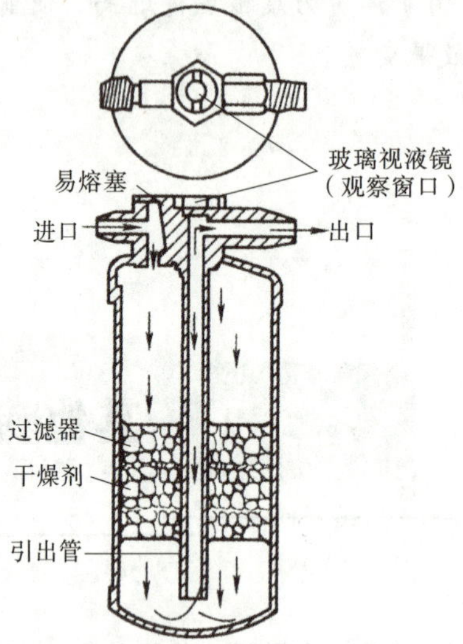

（a）结构示意图

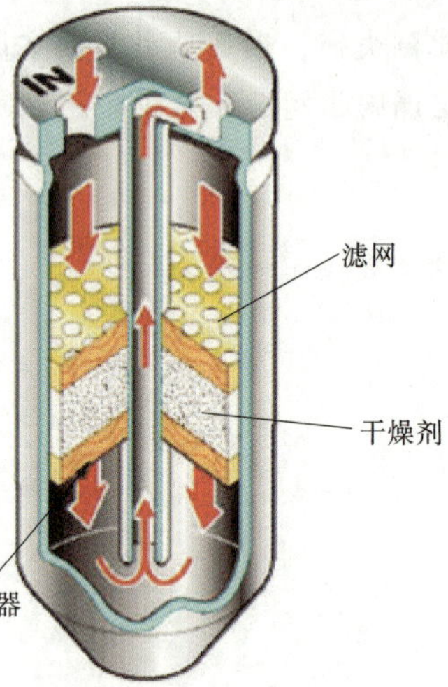

（b）透视图

图 2–70 储液干燥器

干燥剂是一种能从气体、液体或固体中除掉水分的固体物质。一般常用的干燥剂是硅胶和分子筛。硅胶在干燥时呈蓝绿色，吸水后呈粉红色。用过的硅胶，可在烘箱内做脱水再生处理，但不能用明火烤。再生硅胶的颜色一般不能复原。

分子筛（图 2–71）是一种白色球状或条状的吸附剂，它对含水量低、流速大的液体或气体均有极高的干燥能力。它不但使用寿命长，还可经再生处理后重新使用，缺点是价格较贵。

易熔塞（图 2–72）是一种安全保护装置，一般装在储液干燥器的顶部，用螺塞拧入。螺塞中间是一种低熔点的铅锡合金，其熔点一般为 95℃ ~ 105℃。

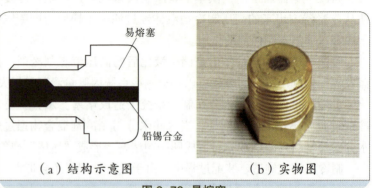

图 2–71 分子筛

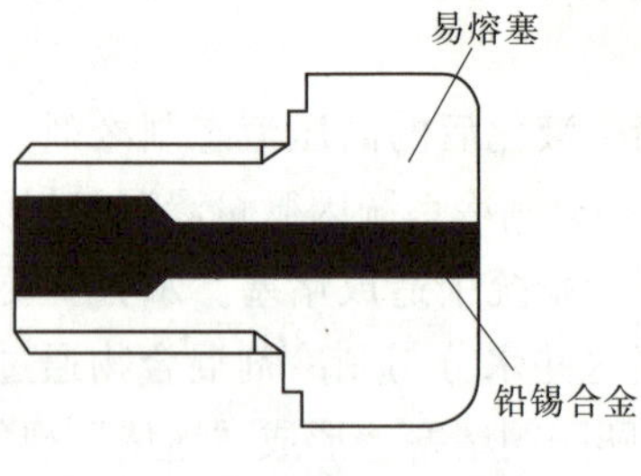

（a）结构示意图

（b）实物图

图 2–72 易熔塞

当冷凝器因散热不良而冷却不够时，冷凝器和储液干燥器内的制冷剂温度和压力将会异常升高。当压力达到 3MPa 左右时，制冷剂的温度会超过易熔材料的熔点。此时，易熔塞中心孔内的易熔材料便会熔化，使制冷剂通过易熔塞的中心孔逸出，排放到大气中去，从而避免系统的其他部件因压力过高而被胀坏。

在储液干燥器上部出口端装有一个玻璃视液镜，用于观察制冷剂在工作时的流动状态，由此可判断制冷剂存量是否合适，以及制冷系统的基本工作情况。当系统正常运行时，通过玻璃视液镜可以看到制冷剂无气泡的稳定流动。若出现气泡和泡沫，则说明系统工作不正常或制冷剂存量不足。

储液干燥器一般均安装在冷凝器旁或其他通风良好的地方，这是为了便于连接和安装，且易从顶部玻璃视液镜观察制冷剂的流动情况。

对于直立式储液干燥器而言，安装时，一定要垂直，倾斜度不得超过 15° 。在安装新的储液干燥器之前，不得过早将其进、出管口的包装打开，以免湿空气侵入储液干燥器和制冷系统内部，使之失去干燥、除湿作用。

如图 2–73 所示，有些储液干燥器上还安装有高、低压开关和制冷剂充注阀。

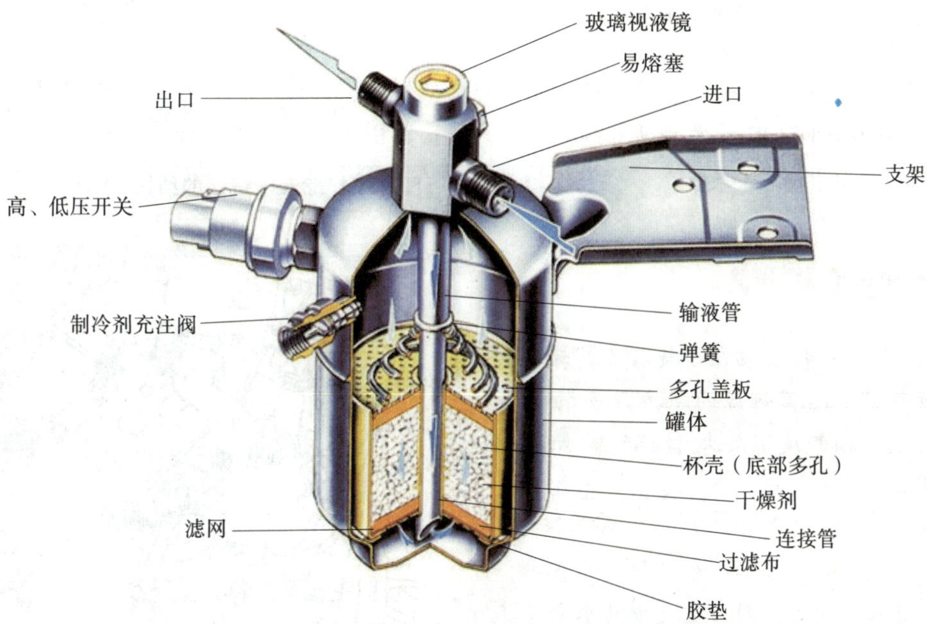

图 2–73　集成有高、低压开关和制冷剂充注阀的储液干燥器

3. 储液干燥器的检修与拆装

储液干燥器的常见故障是滤芯被脏物堵塞或吸水饱和，从而导致制冷剂流通不畅，造成制冷系统制冷不足或不制冷。判断储液干燥器的故障，需进行储液干燥器的检测。

①用手触摸储液干燥器进、出管路，并观察视窗。如果进口很烫，而且出气管接近大气温度，从视窗中看不到或很少有制冷剂流过，或者制冷剂很浑浊，则可能是储液干燥器中的滤网堵了或干燥剂散了并堵住了储液干燥器的出口。

②检查易熔塞是否熔化，各接头处是否有油污。

③检测视窗是否有裂纹，周围是否有油污。

（3）储液干燥器的拆装方法

① 拆卸步骤

储液干燥器的结构见图2–74。

●在拆卸之前，用制冷剂回收加注设备将制冷剂抽空。

●拔下高、低压开关连接插头（图2–75中箭头A所示）。

●拆下C管（冷凝器至储液干燥器，如图2–75中箭头B所示），封住管口。

●拆下L管（储液干燥器至蒸发器，如图2–75中箭头C所示），封住管口。

●拆卸连接螺栓（图2–75中箭头D所示），取出储液干燥器。

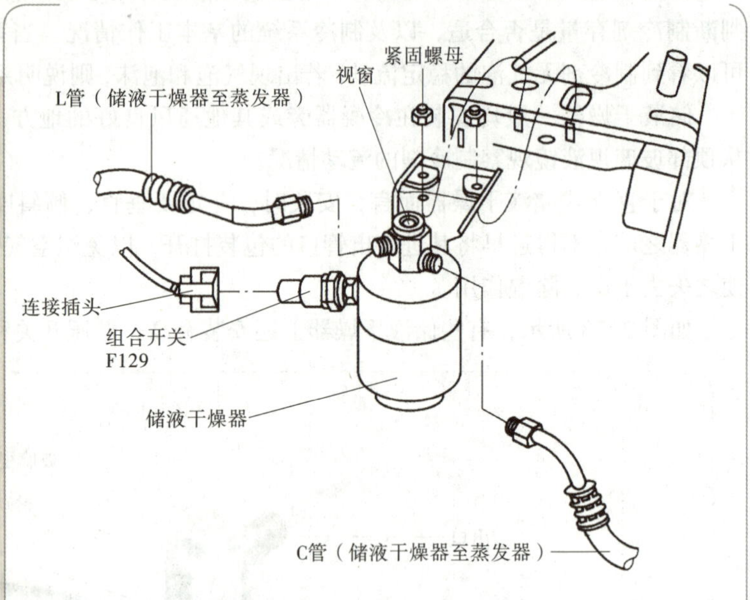

图2–74 储液干燥器的结构

② 安装步骤

储液干燥器一般安装在冷凝器旁或者其他通风好、散热好、远离热源的地方。安装时要尽量直立安装，倾斜度不要大于15°。如果倾斜度过大，液态制冷剂与气态制冷剂就不能完全分离。特别需要注意的是，在空调系统的安装维修中，储液干燥器必须最后一个被接到系统中，以防止空气进入干燥器，因为空气中的水分及其他不可冷凝的杂质等可能会腐蚀金属，致使小的金属粒子剥落下来，造成系统堵塞。安装前一定先要确定储液干燥器的进口端和出口端，否则容易装错。一般在其进、出口端有标记，如进口端用IN（此端应与冷凝器出口相接）表示，出口端用OUT表示，或者直接用箭头标示。

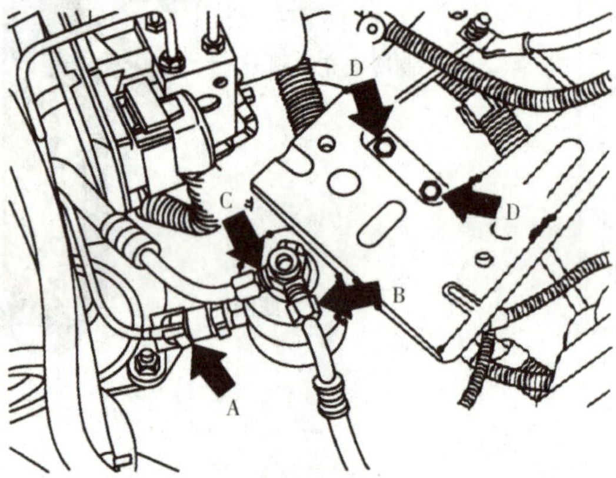

图2–75 储液干燥器的管路的拆卸

（4）储液干燥器的维护

储液干燥器内的干燥剂失效时，湿气会集聚在膨胀阀孔口，结成冰块，致使系统发生堵塞，必须更换。如出液口残破，液体管路内会发生不正常的气体发闪现象，应更换储液干燥器。排湿时，必须彻底抽真空，要选用可靠的真空泵。为了防止杂质在系统内循环，膨胀阀进口、压缩机进口和储液干燥器内部，均装有滤网。若滤网堵塞，则必须更换储液干燥器。

二、集液器

1. 集液器的作用

集液器用于汽车空调节流孔管系统中，其作用与储液干燥器类似，但安装在制冷系统的低压侧。

集液器的主要功能是防止液态制冷剂进入压缩机，也用于储存过多的液态制冷剂。集液器内含干燥剂，也起干燥器的作用。

2. 集液器的结构

集液器的结构如图 2–76 所示。制冷剂从集液器上部进入，液态制冷剂落入容器底部，气态制冷剂积存在上部，并经上部出气管进入压缩机。在容器底部出气管拐弯处装有带小孔的滤网（过滤器），允许少量的积存在拐弯处的机油返回压缩机。但液体制冷剂不能通过，因而要用特殊过滤材料。

集液器不能维修，如发现故障或损坏，只能整体更换。

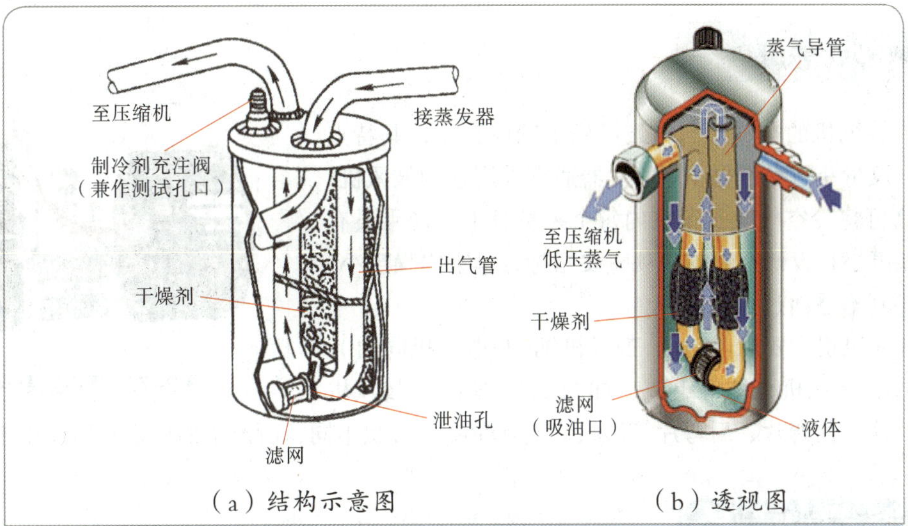

图 2–76　集成有制冷剂充注阀的集液器

3. 集液器与一般储液干燥器的区别

①集液器安装在制冷系统的低压区，而储液干燥器安装在系统的高压区。

②集液器和储液干燥器存储的都是液态制冷剂，但集液器存储的这些制冷剂会在低压区慢慢地自然蒸发，离开集液器的只是气态制冷剂，因而起到气液分离的作用；而储液干燥器留下的是多余的液态制冷剂，用以调节运行的需要。

③集液器中主要是气体，所以要求容积比较大，因而集液器尺寸一般比较大；而储液干燥器的尺寸一般比较小。

4. 集液器的优点

①保证压缩机不会吸入液态制冷剂，只能吸入气态制冷剂，因而压缩机不会发生“液击”现象。

②能减少压缩机的排气脉冲，使系统工作更平衡。

③在制冷剂不足的情况下，能维持一定量的润滑油回流，从而提高系统对制冷剂泄漏的容忍度。

注意

安装时，不可将新换装的集液器（或储液干燥器）的 A、B 管塞提前取下，否则其内部的干燥剂会很快因吸水饱和而失效。

三、鼓风机

汽车空调制冷系统采用的鼓风机也称通风机、风机。按工作原理不同，鼓风机可分为叶轮式和容积式两类。叶轮式鼓风机按气体流向与鼓风机主轴的相互关系，又可分为离心式鼓风机和轴流式鼓风机两种。

鼓风机的控制原理

1. 离心式鼓风机

离心式鼓风机的空气流向与鼓风机主轴成直角，其特点是风压高、风量小、噪声也小。蒸发器适宜采用这种鼓风机，因为风压高可将冷空气吹到车室内每个乘员身上，使乘员有冷风感。噪声小是设计空调的一项重要指标，车室内噪声小，乘员不致感到不适而过早疲劳。

图 2-77 离心式鼓风机

离心式鼓风机主要由电动机、鼓风机轴（与电动机同轴）、鼓风机叶片、鼓风机壳体等组成，如图 2-77 所示。鼓风机叶片有直叶片、前弯片、后弯片等形状，随叶轮叶片形状不同，所产生的风量和风压也不同。

2. 轴流式鼓风机

轴流式鼓风机的空气流向与鼓风机主轴平行，其特点是风量大、风压低、耗电少、噪声大。

冷凝器适宜采用这种鼓风机，因为风量大可将冷凝器四周的热空气全部吹走。轴流式鼓风机能满足耗电少的要求。其缺点是风压低、噪声大，但这对于冷凝器来说不是大问题，因为鼓风机只要将冷凝器周围的热空气吹走即可，所以风压低并不影响冷凝器的正常工作。

另外，冷凝器安装在车室外面，鼓风机噪声大也影响不到车内。

轴流式风机主要由电动机、鼓风机轴、鼓风机叶片、键等组成，如图 2-78 所示。叶片固定在骨架上，常制成 3、4、5、7 片不等，叶片骨架穿在电动机轴上，由键带动旋转。

图 2-78 轴流式鼓风机

四、制冷剂管路

1. 制冷剂管路的作用

出于总体布置的需要，汽车空调的各总成部件一般是分散安装在汽车的各个部位的，制冷剂管路的作用就是将这些总成部件连接起来，组成一套完整的汽车空调制冷系统。如果说压缩机是空调制冷系统的“心脏”，那么制冷剂管路就是空调制冷系统的“血管”。

2. 制冷剂管路的要求

有别于房间空调，汽车空调是安装在汽车上的。车辆行驶中难免有颠簸和振动，因此，汽车空调制冷剂管路不能全部采用硬管（铝管），而要采用硬管和软管（橡胶管）相结合的连接方式，以适应特殊的工作环境的要求。

同时，还要求空调制冷剂管路有较高的耐压能力，其爆破压力不能低于 12MPa，高压管检测压力为 3.5MPa，低压管检测压力为 2.5MPa。

此外，还要确保密封可靠、制冷剂不泄漏，且管路不能与车上其他部件发生摩擦和运动干涉。

3. 制冷剂管路的组成

如图 2-79 所示，汽车空调制冷剂管路一般由铝管、橡胶管、管路接头、制冷剂充注阀等组成。

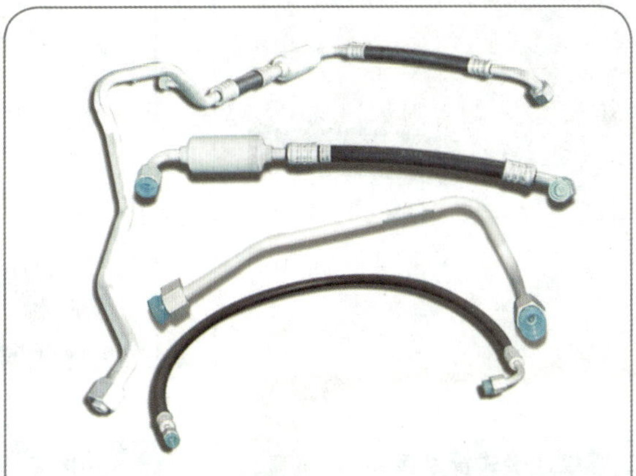

图 2-79 汽车空调制冷剂管路

空调管路的拆装

(1) 铝管

目前常用的铝管有 ϕ8.2×1.5、ϕ9×1.5、ϕ11×1.8、ϕ12×1.8、ϕ16×1.8 等多种规格，ϕ8.2×1.5 和 ϕ9×1.5 铝管主要用于液态管中（冷凝器 ϕ—膨胀阀—蒸发器连接管），ϕ11×1.8 和 ϕ12×1.8 铝管主要用于气态高压管中（压缩机—冷凝器连接管），ϕ16×1.8 铝管主要用于气态低压管中（蒸发器——压缩机连接管）。

铝管材料多为 3003-H12 和 6063-T4 两种。在设计管路时，在空间允许的条件下，铝管布置应力求简单，尽可能减少折弯。

（2）橡胶管

橡胶管属于软管，有很好的挠性，以适应振动环境。

（3）管路接头及密封元件

常见的汽车空调制冷剂管路接头有螺纹连接式、压板连接式及铝套连接式 3 种。

螺纹连接式管路接头（图 2-80）采用螺母和外牙螺纹将铝管与铝管或其他部件连接起来。螺纹按照规格不同，又可分为米制螺纹和英制螺纹两类。米制螺纹规格有 M16×1.5、M20×1.5、M22×1.5、M24×1.5 多种，英制螺纹规格有 5/8-18UNF、3/4-16UNF、7/8-14UNF 多种。

压板连接式管路接头（图 2-81）采用压板将铝管与铝管或其他部件连接起来，结构简单，连接可靠。

对于螺纹连接式管路接头，如果用于连接铝管与胶管，则在紧固螺纹时，胶管很可能被扭转，这种存在扭转剪切应力的胶管会过早疲劳损坏，同时扭转剪切应力会使接头有松脱的趋势。所以现在汽车空调制冷剂管路接头更倾向于采用压板连接式结构。

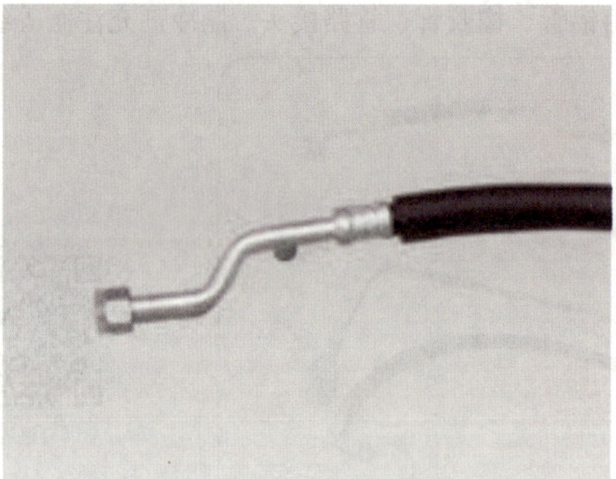

图 2-80 螺纹连接式管路接头

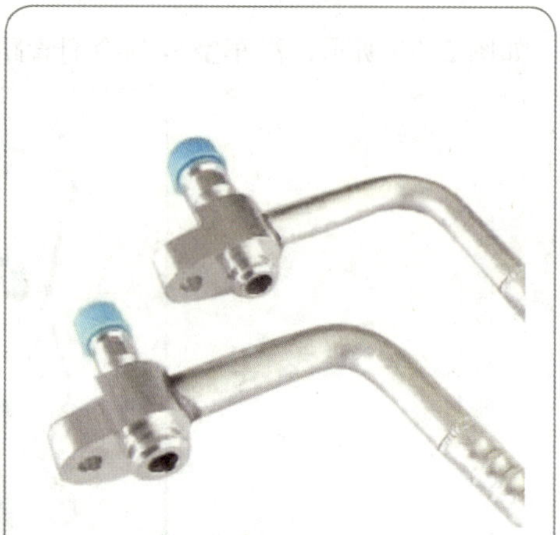

图 2-81 压板连接式管路接头

铝套连接式管路接头（图 2-82）采用铝套将铝管和橡胶管连接起来。将铝管和橡胶管插入铝套，然后用扣压机扣压铝套，以达到连接并密封铝管与橡胶管的目的。

汽车空调制冷剂管路接头广泛采用 O 形密封圈（图 2-83）作为密封元件，以确保管路接头的可靠密封。要求 O 形密封圈有良好的耐 R134a 和冷冻机油的能力，故多采用 HNBR（氢化丁腈橡胶）材料。为了区别于 R12 系统，防止装配错误，一般把采用 HNBR 制造的 O 形密封圈染成绿色，而将适用于 R12 制冷剂的 O 形密封圈染成黑色，以示区别。

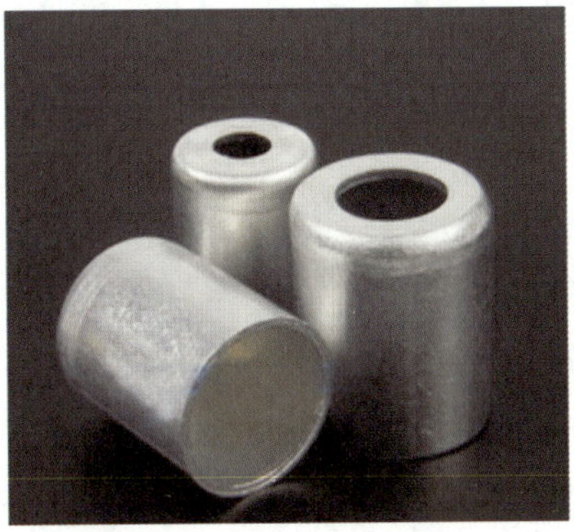

图 2-82　铝套连接式接头

图 2-83　O 形密封圈

需要注意的是，在维修制冷系统时，可以用绿色的 O 形密封圈替代黑色的 O 形密封圈，但不允许用黑色的 O 形密封圈替代绿色的 O 形密封圈（图 2-84）。

（4）制冷剂充注阀

制冷剂充注阀亦称制冷剂充注口、检测阀、维修阀，分为低压充注阀和高压充注阀两种，分别由阀座、阀芯和充注阀防尘盖组成（图 2-85），用于给空调系统充注制冷剂。

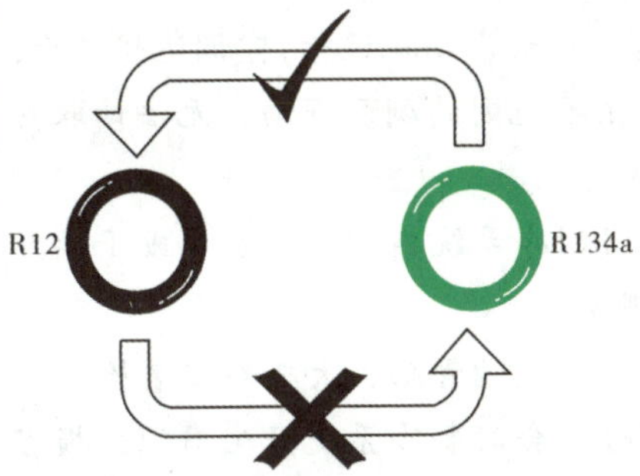

图 2-84　O 形密封圈的替代

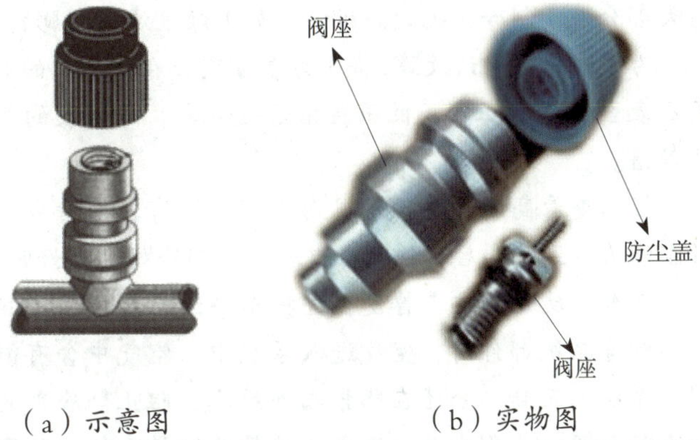

图 2-85　制冷剂充注阀

一般低压充注阀焊接在低压气态管上，即蒸发器—压缩机连接管上；高压充注阀焊接在高压液态管上，即冷凝器—蒸发器连接管上。也有部分车型将制冷剂充注阀集成在储液干燥器或集液器上。

制冷剂充注阀平时用塑料防尘盖盖住，其上印有 L（低压）或 H（高压）标志，以示区别。

五、维修案例

1. 案例一

（1）故障现象

现有一辆捷达轿车，空调运行时，车内送风一阵凉，一阵不凉。

（2）故障原因

空调系统内有水分。

（3）故障诊断与排除

这种空调制冷效果时好时坏的故障，既可能是电路方面引起的，也可能是空调管路系统相关部件引起的。仔细观察该车故障现象，车内送风凉与不凉，与压缩机离合器的工作与否并无直接关系，或许该车制冷系统内部有水分。

水分在管路循环系统中冻结形成冰塞，将会阻塞制冷剂在管路中的循环流动，一旦冰塞融化，又恢复正常工作状态。堵塞现象往往发生在制冷系统内部通道截面较小的位置，易堵塞的部件绝大部分处于制冷系统的高压侧，如干燥过滤器、膨胀阀滤网等。

为了进一步确认故障，将压力表分别接在管路中的高、低压侧。让发动机运行，空调运转之后，高压表显示基本正常，低压表指示接近零。压力表的指针产生不规则的剧烈摆动，无法读取具体数值。

仔细查看高压管路，发现膨胀阀附近有轻微结霜现象。当制冷系统内部存在水分或干燥剂吸湿能力达到饱和后，往往会出现空调制冷效果时好时坏的现象。

据车主反映，该车曾发生过撞车事故，更换过冷凝器和部分空调管路，大概在安装检修、更换制冷系统部件时，空气进入系统中。空气中含有微量水分，会对制冷系统产生腐蚀，损害制冷系统。而且水分还在膨胀阀处结冰，阻止制冷剂的流动，降低制冷效果，严重时，还会导致冷凝器压力急剧上升，造成系统管路爆裂事故。如果拆检制冷系统部件时未对管路系统进行密封，往往会产生不良后果。

更换干燥过滤器。用压力表反复抽真空，排出系统内水分，充注适量的制冷剂。一切就绪后，空调运行正常，故障排除。

2. 案例二

（1）故障现象

一辆福特轿车因事故修复空调器后不制冷。据介绍，该车冷凝器、膨胀阀、高低压复合管、干燥器已全部换成新的，充、放制冷剂多次，先前制冷效果不太好，后来干脆不制冷，并且压缩机断续停机。

（2）故障原因

干燥器有轻微堵塞。

（3）故障诊断与排除

首先对起动发动机进行检查，但不到 5min 压缩机就自动停机。通过检查，发现压缩机附近的低压管温度偏低（结露），压缩机壳体温度也偏低，这是制冷机过量的征兆。用压力表检测，证实是压力过高，达到 0.2MPa（当时的气温为 25℃），回收多余的制冷剂后，压缩机即正常运转了。开机 10min，测试空调出风口温度为 15℃，制冷效果不理想。再检查压力，低压 0.12MPa，高压约 1.4MPa，与正常的压力差别不大。经检查，压缩机温度高，高压（排气）管温度也很高，低压回气管温度接近正常；检查膨胀阀无堵塞现象，风机风道外进风口关闭，内通风道畅通无堵塞，蒸发器无污垢和积灰，冷凝器冷却效果良好（虽热但不灼手，也是正常的）。压缩机高、低压比值大体正常。那究竟是什么原因引起制冷效果差呢？可能性最大的是系统内有空气或水分。若有空气，那么高压升高快，而且随着发动机运转时间的延长，升高会越来越明显。我们用向冷凝器泼凉水的方法，证明系统内没有混入空气（如果有空气，压力不会很快降下来）。经检查，认为水的含量不是太多，系统堵塞不明显（如含量多，就会堵塞膨胀阀而不制冷了）。现在怀疑干燥器有问题，可是刚刚换上新的，按常规不应该有问题。经检查，干燥器的高压进液管与高压出液管的温度略有差别（如不仔细反复比较，很难鉴别出来），说明干燥器有轻微堵塞。回收制冷剂，更换干燥器；抽真空；加注制冷剂，起动发动机；打开空调开关试运转。空调开机 5min，系统运转正常，制冷效果良好，蒸发器出风口温度 3℃ ~ 4℃。

思考与练习

一、填空题

1. 压缩机是蒸气压缩制冷系统中 ____________ 和 ____________、____________ 和 ____________ 的转换装置，其正常工作是实现 ____________ 的必要条件。

2.____________ 的作用是对压缩机排出的 ____________ 制冷剂蒸气 ____________，使其凝结为 ____________。

3.____________ 和冷凝器一样，也是一种 ____________，也称 ____________，是制冷循环中获得 ____________ 的直接器件。

4. 节流装置的作用是把来自 ____________ 的 ____________ 制冷剂节流减压，调节和控制进入 ____________ 中的液态制冷剂量，使之适应制冷负荷的变化，同时可防止 ____________ 发生液击现象和 ____________ 蒸气异常过热。

5. 一般将具备 ____________、____________、____________3 种功能的装置组成一体，这个容器称为 ____________，简称储液干燥器。

6.____________ 用于汽车空调节流孔管系统中，其作用与 ____________ 类似，但安装在制冷系统的 ____________ 侧。

二、选择题

1. 关于汽车空调中的冷凝器，下列说法正确的是（　）。

A. 冷凝器不是一种热交换器　　B. 冷凝器能将液态制冷剂变成气态的

C. 小轿车的冷凝器多装在散热器的前面　　D. 汽车上用的冷凝器都是管片式结构

2. 蒸发器中的制冷剂为（　）。

A. 高压气态　　B. 高压液态　　C. 低压液态　　D. 低压气态

3. 由压缩机压出刚刚进入冷凝器中的制冷剂为（　）。

A. 高温高压气态　　B. 高温高压液态　　C. 中温高压液态　　D. 低压气态

4. 关于空调系统膨胀阀的安装位置，下例说法正确的是（　）。

A. 装在压缩机与冷凝器之间　　B. 装在蒸发器入口处

C. 装在冷凝器与过滤器之间　　D. 装在蒸发器与压缩机之间

5. 汽车空调储液干燥器视液镜有乳白色霜状物，说明（　）。

A. 制冷剂足量　　B. 制冷剂过多

C. 制冷剂不足　　D. 干燥剂从干燥过滤器中逸出

6. 膨胀阀毛细管的感温包通常紧贴在（　）的管壁上。

A. 蒸发器出口　　B. 蒸发器入口　　C. 冷凝器出口　　D. 冷凝器入口

三、判断题

1. 目前，汽车空调系统大多采用立式往复压缩机和斜盘式压缩机。（　）

2. 冷凝器的作用是将压缩机排出的高温高压制冷剂蒸气进行冷却，使其凝结为高压制冷剂液体。（　）

3. 汽车空调蒸发器的结构和冷凝器相似，由铝制芯管和散热片组成。（　）
4. 汽车空调蒸发器将液态制冷剂转变成为气态制冷剂，是吸热过程。（　）
5. 节流是可逆过程。（　）
6. 从汽车空调膨胀阀流出的制冷剂为低压气态。（　）
7. 检修空调时，一般最后安装干燥瓶。（　）

四、问答题

1. 压缩机的作用有哪些?

2. 冷凝器和蒸发器的作用分别是什么，有何区别?

3. 节流装置都有哪些？工作原理是怎样的?

课题三

汽车空调暖风、通风与配气系统

[学习任务]

1. 掌握空调暖风系统的作用与分类。
2. 掌握各暖风系统的结构原理。
3. 掌握空调通风系统的种类及特点。
4. 掌握空调通风系统的机构及工作原理。
5. 培养工作过程中的安全意识、团队合作意识。

[技能要求]

1. 能够对空调暖风系统进行检测与诊断。
2. 能够对通风系统进行检测与诊断。

任务一 汽车空调暖风系统

空调暖风系统的认知

相对封闭的汽车车厢内，只有温度调节是不能满足舒适度要求的，车厢内不但需要有新鲜空气的补充，还要对狭小的车厢内部空间的气流进行调配，汽车空调暖风、通风与配气系统就是完成上述任务的重要组成部分。

一、汽车空调暖风系统概述

现代汽车空调已发展成为冷暖一体化装置，不仅能制冷，而且能制热和通风，成为适应全年性气候的空气调节系统。汽车的暖风系统是将车内空气或进入车内的外部空气送入热交换器，吸收某种热能量，从而提高空气的温度，并利用鼓风机将热空气送入车内，提高车内温度的一种装置。

1. 汽车空调暖风系统的作用

汽车空调暖风系统的主要作用是和蒸发器一起将空气调节到乘员感觉舒适的温度。

向车厢内供暖是汽车空调的重要功能之一，而汽车空气调节的目的不是单纯的制冷和供暖，而是在不断变化的车外大气环境下，保持车内的温度、湿度稳定在一定范围内，并保证送入车内的空气清新，所以必须有通风、配气系统对已经通过制冷和加热的空气重新进行调和温度、输送和分配，如图 3-1 所示。

汽车空调暖风系统的功能是将冷空气送入热交换器，吸收某种热源的热量，提高空气的温度，并将热空气送入车内。

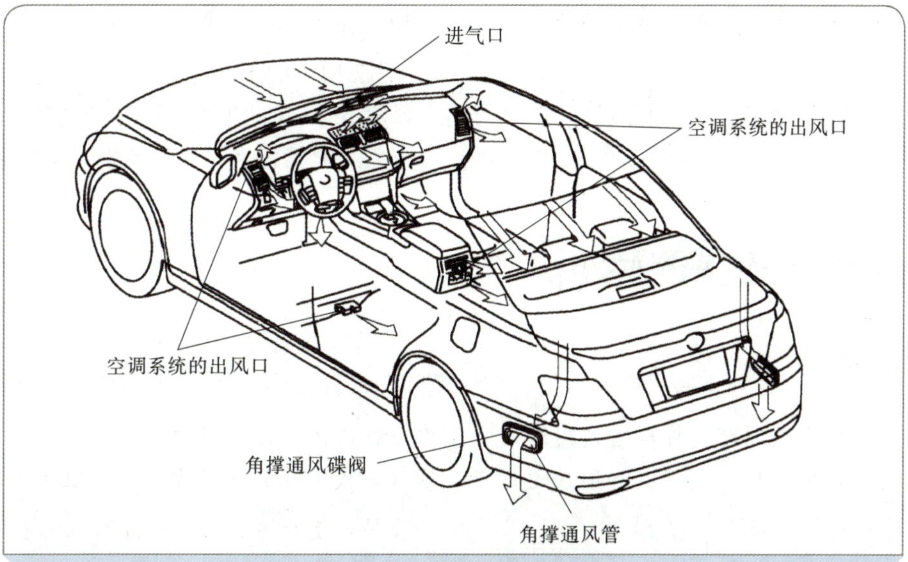

图 3-1 汽车空调暖风系统

(1) 取暖

冬季天气寒冷，在运动的汽车内人们感觉更寒冷。这时，汽车空调可以向车室内提供暖风，提高车室内的温度，使乘员不再感觉到寒冷。

(2) 除霜

冬季或者初春，室内外温差较大，风窗玻璃会结霜或起雾，影响驾驶员和乘客的视线，不利于安全行车，这时可以用暖风来除去玻璃上的霜和雾。

2. 汽车空调暖风系统的分类

（1）按热源不同分类

①热水暖风系统。热水暖风系统利用的是发动机冷却液的热量，这种系统大多用于轿车、大型载货汽车及要求不高的大型客车上。

②独立燃烧暖风系统。独立燃烧暖风系统安装有专门的燃烧机构，这种系统多用于大客车上。

③综合预热暖风系统。综合预热暖风系统既采用发动机冷却液的热量，又利用装有燃烧预热器的综合加热装置，这种系统多用于大客车上。

④气暖暖风系统。气暖暖风系统利用的是发动机排气系统的热量，这种系统多用于风冷式发动机上。

不论利用何种热源，热量都是通过热交换装置传递给空气，并通过鼓风机把热空气送入驾驶室内的。

（2）按空气循环方式不同分类

① 内循环式

利用车室内空气循环，将车室内用过的空气作为载热体，让其通过热交换器升温，升温后的空气再进入车室内供取暖用，如图 3–2 所示。这种方式消耗的热量少，但从卫生标准看最不理想。

② 外循环式

利用车外空气循环，全部用车外新鲜空气作为载热体，让其通过热交换器升温，升温后的空气再进入车室内供取暖用，如图 3–3 所示。从卫生标准看，外循环是最理想的，但这种方式消耗的热量大，也是不经济的。高级轿车采用这种方式。

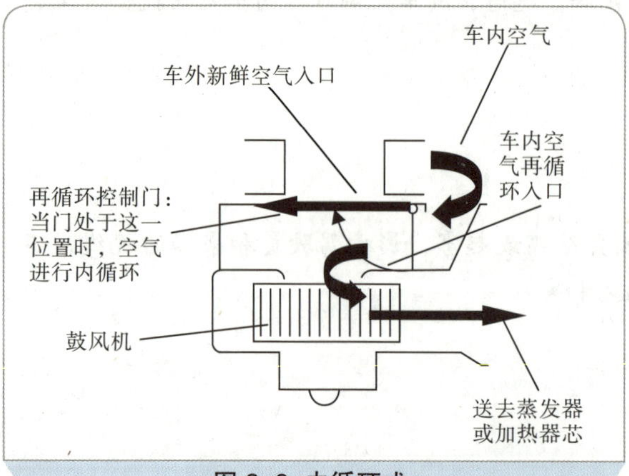

图 3–2 内循环式

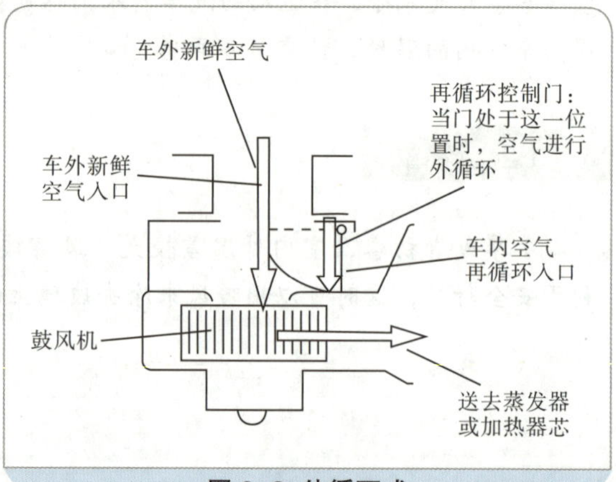

图 3–3 外循环式

③ 内外混合循环式

既引进车外新鲜空气，又利用部分车内空气作为载热体，让其通过热交换器升温，升温后的空气再进入车内供取暖用，如图 3-4 所示。从卫生标准和消耗的热量看，这种方式正好介于内循环和外循环之间，是当前应用最广泛的方式。

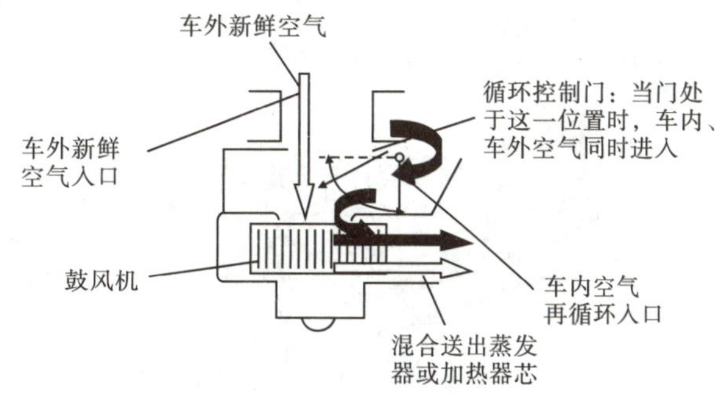

图 3-4　内外混合循环式

二、热水暖风系统

空调采暖装置的工作原理

1. 热水暖风系统的工作原理

热水暖风系统实际上是发动机冷却系统的一部分，借助于发动机的水泵实现热水循环。其工作原理如图 3-5 所示，热水暖风系统的热源通常采用发动机的冷却液，热的冷却液流过一个加热器芯，再利用鼓风机将冷空气吹过加热器芯进行加热，使车内的温度升高。此装置设备简单，安全经济，但热量小，受发动机运行工况影响，发动机停止运行时，不提供暖风。

在通风装置中，由鼓风机（鼓风机电动机）强制使空气循环运动。空气经由进风口被吸入，流经加热器时将被加热，并由出风口导出，进入车厢内实现取暖或为风窗除霜，如图 3-6 所示。

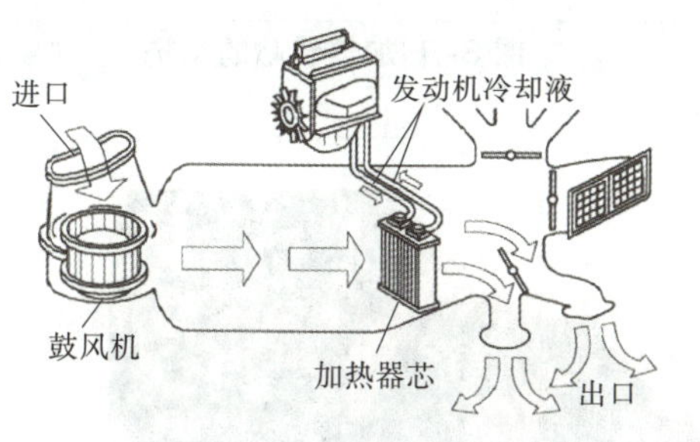

图 3-5　热水暖风系统的工作原理

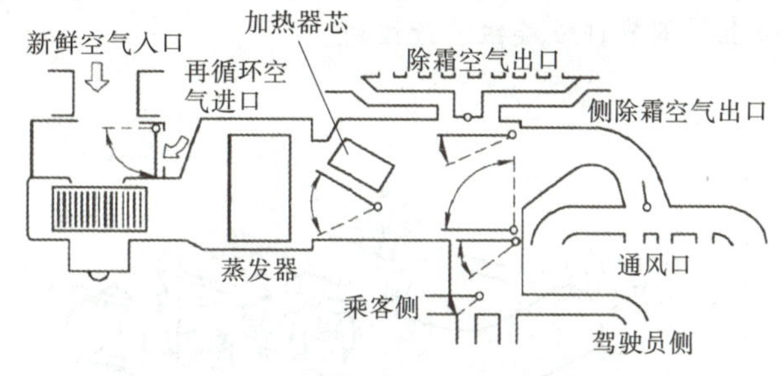

图 3-6　热水暖风系统的气流流向

2. 热水暖风系统的组成结构

热水暖风系统主要由加热器芯、水阀、鼓风机、控制面板及相应的管路等组成，如图 3-7 所示，其在车上的安装位置如图 3-8 所示。

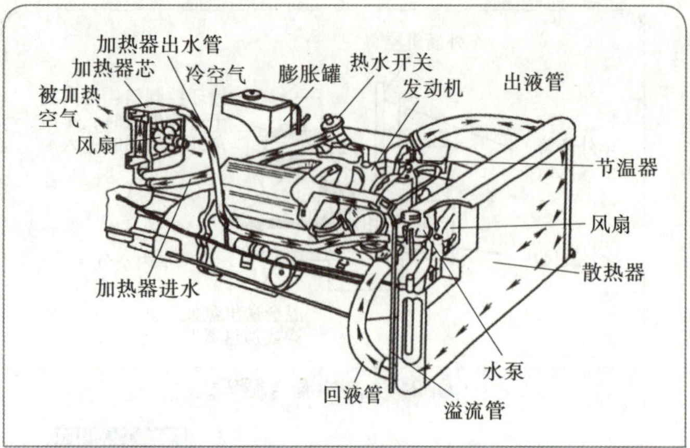

图 3-7 热水暖风系统

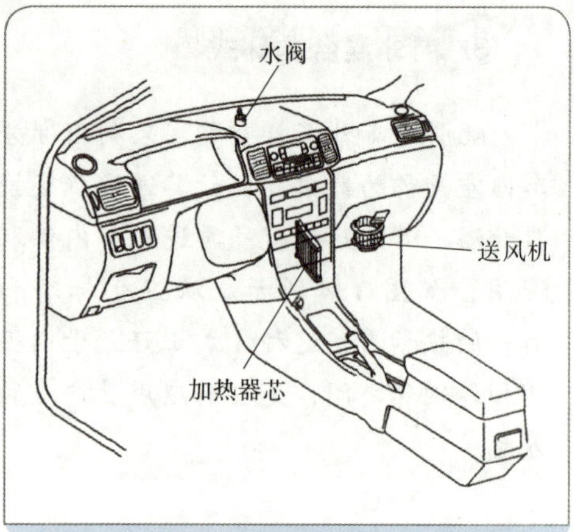

图 3-8 热水暖风系统部件的安装位置

（1）加热器芯

加热器芯的结构如图 3-9 所示。它由水管和散热器片组成，发动机的冷却液进入加热器芯的水管，通过散热器片散热后，再返回发动机的冷却系统。

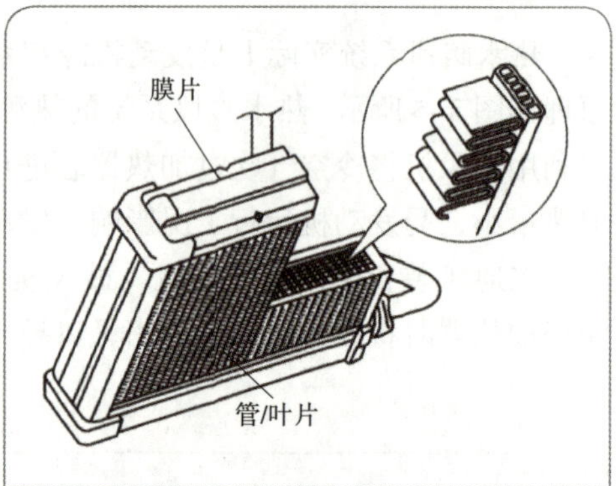

图 3-9 加热器芯的结构

（2）水阀

水阀（图 3-10）用来控制进入加热器芯的水量，进而调节暖风系统的加热量。调节时，可通过控制面板上的调节杆或旋钮进行控制。

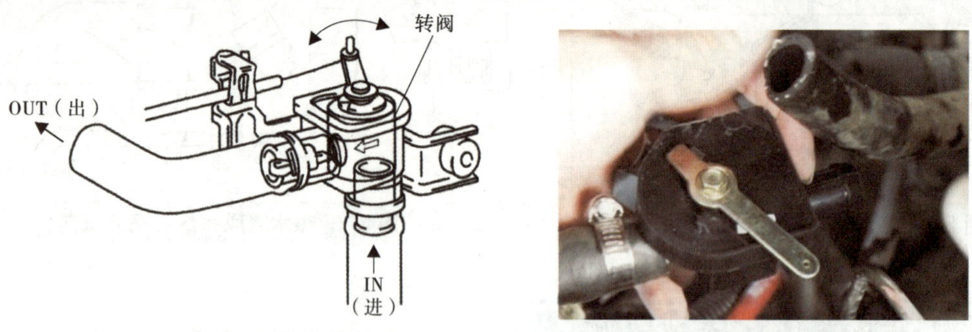

（a）水阀的结构　（b）实物图

图 3-10 水阀

（3）鼓风机

鼓风机由可调节速度的直流电动机和鼠笼式风扇组成，其作用是将空气吹过加热器芯加热后送入车内。调节电动机的速度，可以调节对车厢内的送风量。鼓风机的结构和实物图如图 3-11 所示。

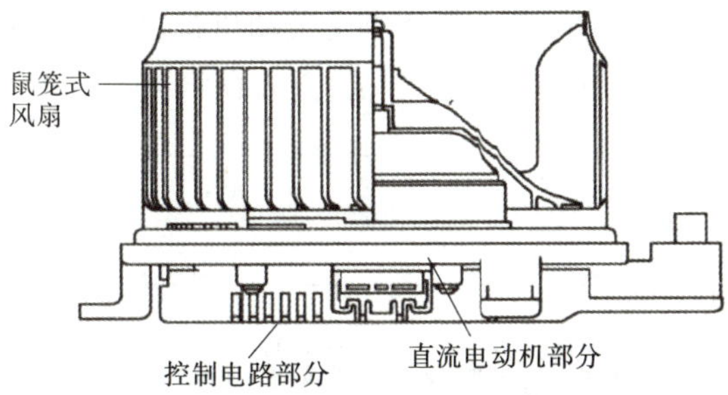

（a）结构图

（b）实物图

图 3-11　鼓风机

三、气暖暖风装置

利用发动机排气管中的废气余热或冷却发动机后的灼热空气作为热源，通过热交换器加热空气，把加热后的空气输送到车内供取暖用的装置，称为气暖式暖风装置。这种暖风装置受车速变化的影响大，对热交换器的密封性、可靠性要求高。

1. 气暖肋片式

在发动机排气管上装一段肋片管，管外套上外壳，如图 3-12 所示，管内通发动机排气，外壳与管子之间的夹层中通空气，这段管子就是热交换器。在鼓风机的作用下，将空气吸入并加热后送入车室。加肋片的目的在于增加换热面积以强化换热。值得注意的是，排气中含有二氧化硫和水分等杂质，具有腐蚀性。因此，要求这段管必须是耐腐蚀的，连接处应密封严实，且应经常检查。如因受腐蚀而导致管穿孔，废气将和空气一起进入车室内危及人体健康和安全。现在这种系统已经较少使用。

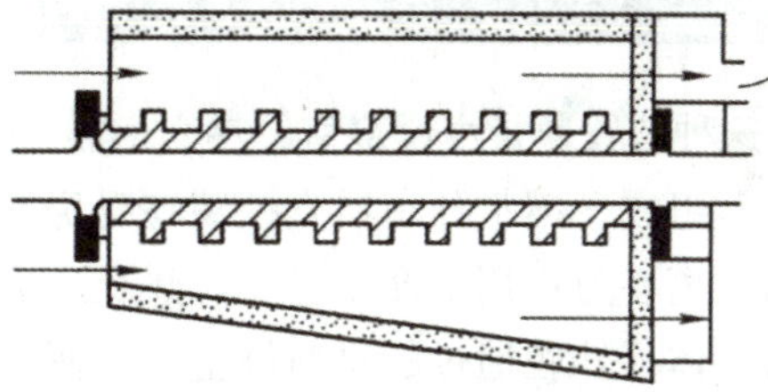

图 3-12　气暖肋片式装置

2. 气暖热管式

现在有利用热管技术于汽车上的换热，这项新技术的采用，大大地提高了取暖效果，且安全可靠。热管换热器的工作原理如图 3-13 所示，车用发动机的废气流经热管的吸热端，利用鼓风机强制车内空气流过热管的放热端，真空密闭的金属管（热管）内装入约占热管容积 1/3 的工作液体（工作液体的种类视工作温度的范围而定，有多种物质可以利用，在一般情况下可选用水、氨、乙醇、R13 等），在管子下部（即吸热端）的工作液体被发动机废气热流体加热，吸收热量后沸腾变为气体。由于气体的密度小而上升，到管子的上部将热量传给车室内的空气而凝结，垂直布置可利用重力差，加速凝结液回流，稳定其换热性能，凝结液沿管内壁流回下部，再吸热沸腾为气体。如此反复进行，不断地将下部的热量传到上部。这种气－气式热管换热器的结构简单，起动快，传热系数高，换热效果好，不需外加动力，也无运动部件，维护方便；突出的特点是发动机排出的废气和进入车室内取暖用空气互不泄漏，工作安全可靠。图 3-14 所示为热管换热器安装在汽车上的一例。

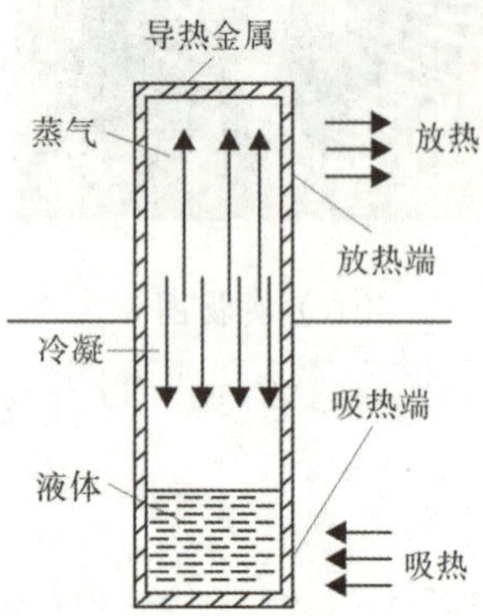

图 3-13 热管换热器的工作原理

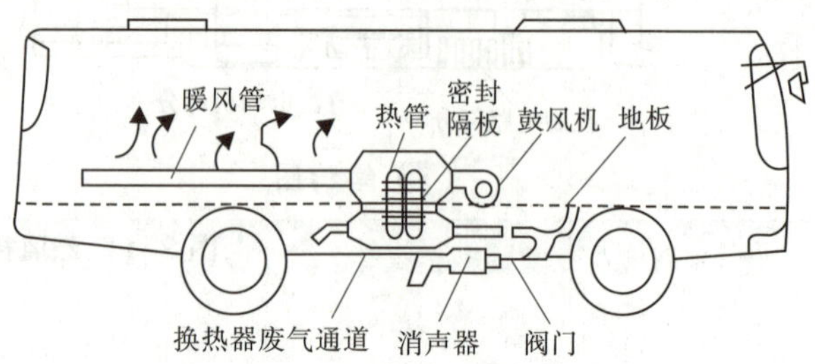

图 3-14 热管式汽车空调

四、独立燃烧式暖风装置

发动机余热式取暖装置普遍受发动机功率和工况影响较大，车速低、下坡时取暖效果不佳。目前大客车普遍采用独立燃烧式暖风装置，其热容量大，热效率可达 80%。一般可使用煤油、轻柴油作为燃料。

1. 直接式（空气加热式）

这种装置通常由燃烧室、热交换器、供给系统和控制系统 4 部分组成。燃烧室由火花塞和燃料分布器组成，燃料分布器直接装在暖房空气送鼓风机的电动机轴上，在工作时，由其内部出来的燃油在离心力作用下便于雾化。热交换器位于燃烧室后端，由双层腔组成，内腔通过的是燃烧的高温气体，外腔通过的是新鲜空气，便于冷热交换。供给系统包括燃料供给系统、助燃空气供给系统和被加热空气供给系统 3 个部分。其中燃料供给系统由燃料泵、电动机、燃油电磁阀、油箱和输油管组成。助燃空气供给系统和被加热空气供给系统共用一台电动机，电动机两端各装一台鼓风机供两个系统使用。控制系统有手动和自动两种方式，用来控制电动机、电磁阀、点火装置及自动控制元件的工作。

该暖风装置工作时，燃油由电路电磁阀和液压泵控制。当打开暖风开关时电磁阀打开，电动机工作，与其同轴的燃料泵工作，燃油从油箱经滤清器进入燃料分布器，在离心力作用下飞散雾化，并与供给燃烧的空气混合进入燃烧室。火花塞通电点火，使混合气点燃，燃烧后的高温气体在与新鲜空气换热后，由排气管排向大气。另一方面，在电动机轴前端安装的暖房空气送鼓风机向内送入空气，经换热器加热后由暖气排出口进入车室内的管路和送风口。

由于燃烧时温度高，因此对其安全保护就相当重要，暖风出口温度过高时，过热保护器就开始动作，断开电磁阀的电源，停止燃油供应。另外，燃烧终止或停机时，供油中断，不再燃烧，送鼓风机应继续运行一段时间，直至感测温度指示装置正常才停止，这样可保护燃烧室不会因过热而受损。

该装置的优点是取暖快，不受汽车行驶工况的影响。用空气作为交换热介质提供暖风是高温干热状态，舒适性差。

2. 间接式

间接式独立燃烧暖风装置用水作为载热介质向车室内提供暖风，出风柔和，舒适感好，且采用内循环空气，灰尘少，效果较为理想。其最大优点是不仅可供车室内取暖用，还可供预热发动机、润滑油和蓄电池等使用。如果这种水加热器与汽车发动机的冷却液系统连通起来，则可起互补作用。当发动机冷却液温度低于 80℃时，由加热器工作，而冷却液温度高于 80℃时，恒温器动作，自动切断燃油泵电源，由发动机冷却液提供热源。这样既保证水加热器不致因过热而损坏，又可节约能源。

燃气暖风系统示意图如图 3-15 所示，燃油和空气在燃烧室中混合燃烧，加热发动机的冷却液，加热后的冷却液进入加热器芯向外散热，降温后返回发动机再进行循环。

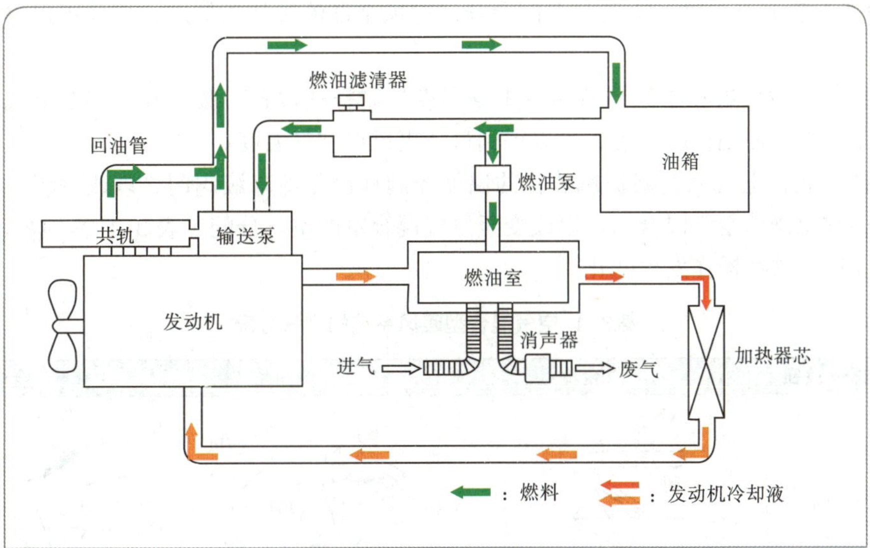

图 3-15　燃气暖风系统示意图

五、暖风系统的温度调节

就暖风系统而言，车内温度的调节方式分为空气混合型和冷却液流量调节型两种。其中，空气混合型温度调节方式应用最多。

1. 空气混合型

空气混合型暖风系统（图 3-16）在暖风的气道中安装空气混合调节风门，该风门可以控制通过加热器芯的空气和不通过加热器芯的空气的比例，从而实现温度调节。目前绝大多数汽车均采用这种方式。

如图 3-17 所示，当鼓风机风扇工作时，通过进气门吸入的内外空气，被连接至温度控制杆的空气混合门分为两股气流，一股气流通过加热器芯，变热；另一股气流不流过加热器芯，仍然保持较低的温度。

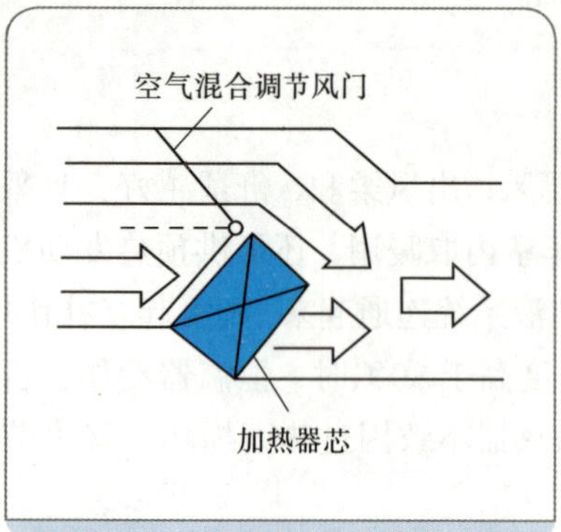

图 3–16 空气混合型暖风系统

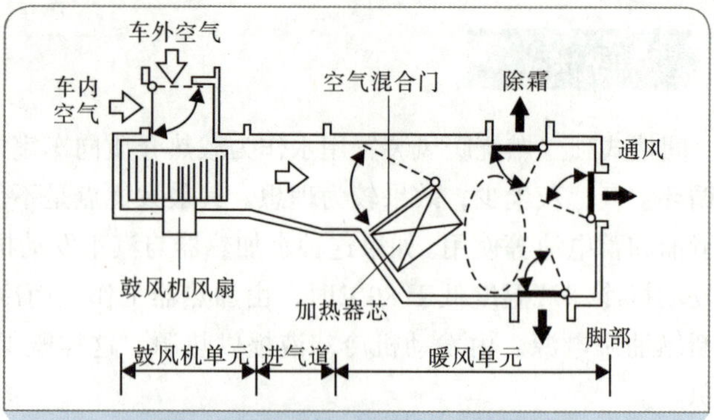

图 3–17 空气混合暖风系统的组成

当温度控制杆起动时，冷却液阀门（水旋塞）和空气混合门都被起动。例如，当温度控制杆被设置到 HOT（热）位置时，空气混合门全开，冷风全部流过加热器芯，因此可以得到最高的空气温度。

当温度控制杆被设置在中间位置时，根据温度控制杆的位置，暖风和冷风在空气混合室中被混合。通过改变温度控制杆的位置，可以得到最佳出风口空气温度。

通过这种方式，空气混合型暖风装置的温度控制杆操作冷却液阀门，以改变流过加热器芯的冷却液流量，它也操作空气混合门，以改变至空气混合室的空气分配（表 3–1）。吹入乘客舱的出风口空气温度通过这些操作发生变化。

表 3–1 空气混合型暖风系统的空气分配

温度控制杆 / 旋钮	全冷	中间	全热
空气混合门	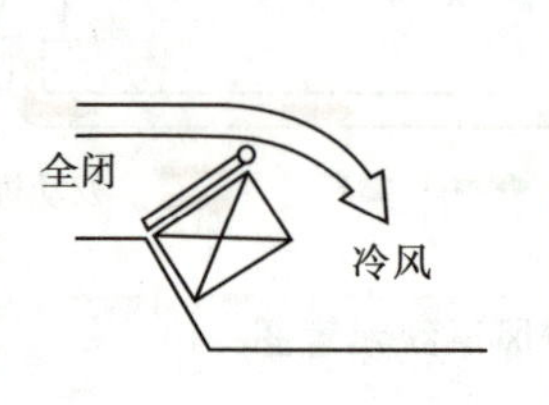	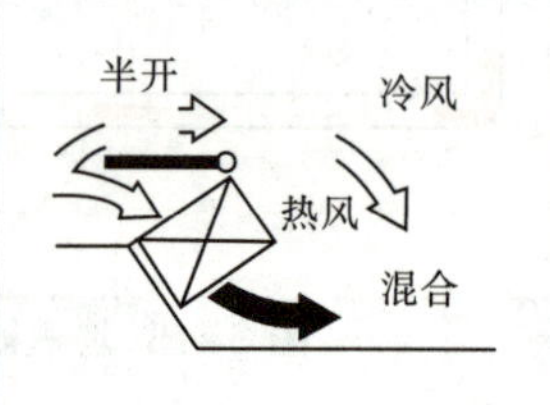	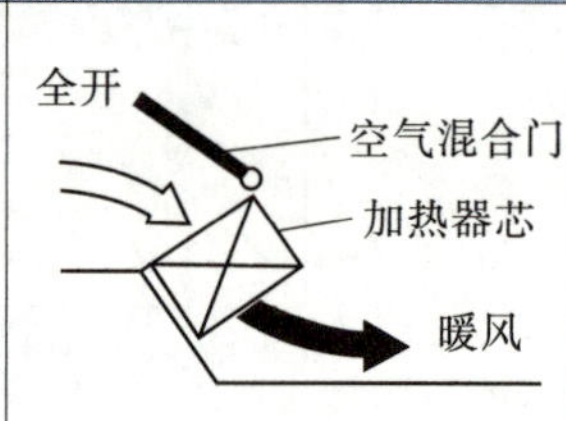
冷却液阀门	全闭	半开	全开

2. 冷却液流量调节型

冷却液流量调节型暖风系统（图 3–18）采用冷却液阀门调节冷却液流经加热器芯的流量，以改变加热器芯的温度，进而调节车内温度。

水暖式暖风系统的冷却液循环路线如图 3–19 所示。

六、汽车除霜 / 除雾装置

汽车除霜 / 除雾装置用于消除严寒季节在风窗玻璃上集结的霜、雪，以及防止玻璃上起雾。车内乘客散发出的呼吸气体会使车内温度升高，当风窗玻璃表面的温度低时，气体中的水分会冻结

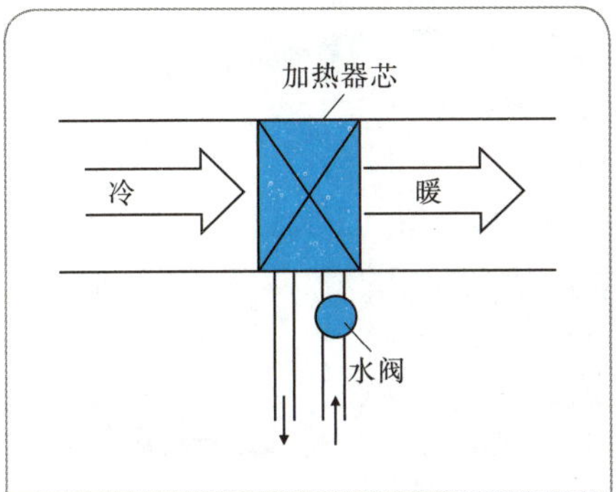

图 3-18 冷却液流量调节型暖风系统

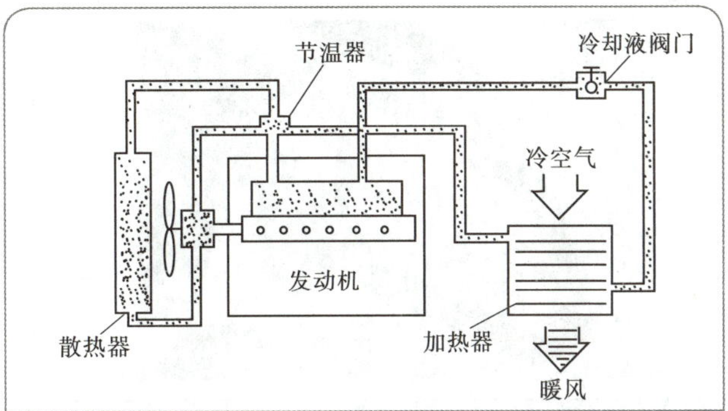

图 3-19 水暖式暖风系统的冷却液循环路线

在玻璃上，因此，需要除霜 / 除雾装置经常将热风从除霜口吹出，防止玻璃表面起雾。

目前汽车除霜 / 除雾方法有暖风吹拂除霜 / 除雾法和电加热除霜 / 除雾法两种。

1. 暖风吹拂除霜 / 除雾法

一般前风窗玻璃采用暖风吹拂除霜 / 除雾法。该方法是将暖风装置产生的热空气吹向前风窗玻璃，以实现除霜 / 除雾。

暖风除霜 / 除雾装置主要由鼓风机、进出暖风风管、除霜 / 除雾器喷口等组成。其中，除霜 / 除雾器喷口安装在风窗玻璃下部，暖风的进口和车内暖风装置的风管相连，以便直接利用暖风将覆盖于风窗玻璃外面的霜和冰雪融化，并防止玻璃起雾。

2. 电加热除霜 / 除雾法

由于后风窗玻璃距离暖风装置比较远，如果采用暖风吹拂除霜 / 除雾法，则暖风风管较长，布置较为困难，且热量损失较大，因此汽车后风窗玻璃多采用电加热除霜 / 除雾法进行除霜 / 除雾。

电加热除霜 / 除雾法是在汽车玻璃的内侧印制导电胶，或者镀上氧化铟导电薄膜，通电后，导电胶或氧化铟导电薄膜发热，即可使汽车玻璃温度升高，实现除霜 / 除雾。

电热丝（导电胶或氧化铟导电薄膜）的消耗功率一般为 500 ~ 700W，玻璃表面温度可达 70℃ ~ 90℃。

如图 3-20 所示，采用电加热除霜 / 除雾法时，由于玻璃上印制有电热丝，会影响驾驶员的视线。因此，这种方法仅适用于汽车后风窗玻璃的除霜 / 除雾。

此外，汽车车外后视镜的除霜 / 除雾（图 3-21 和图 3-22），以及汽车座椅的电加热，也采用这种方法。

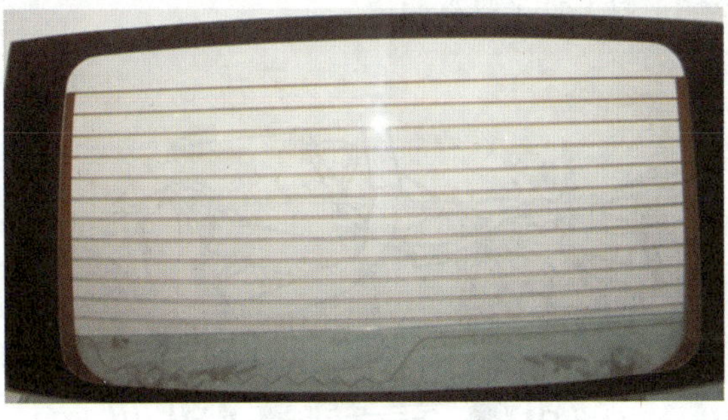
图 3-20 汽车后风窗玻璃上的电热丝

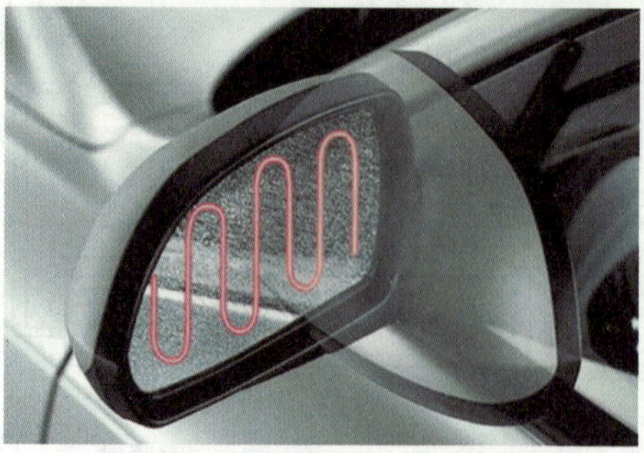

图 3-21 具有电加热除霜 / 除雾功能的车外后视镜

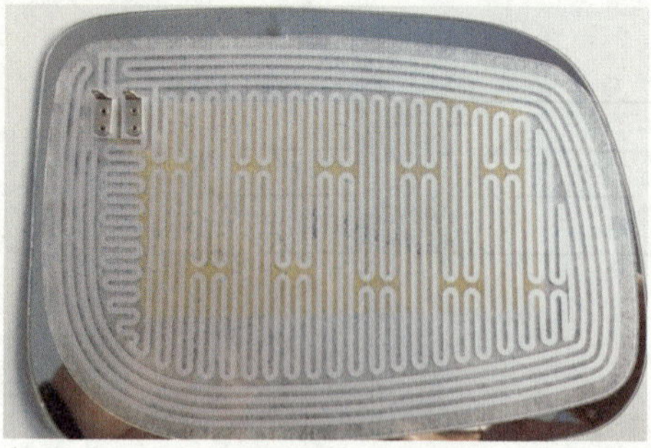

图 3-22 车外后视镜镜片背面的氧化铟导电薄膜

七、暖风系统的拆装

1. 暖风箱的拆装

在拆卸前，应先断开蓄电池的搭铁线，并注意相关车辆装备的编码问题，安装后需要补充发动机冷却液，并且检查车辆装备。

（1）暖风箱的拆卸

首先排放冷却液，拆卸驾驶员侧储物箱、杂物箱，拆卸左侧风道、右侧风道、中央风道及挡水板、进风罩，松开通向热交换器冷却液管的卡箍，如图 3-23 所示。然后断开线束扎带 A、温度风门伺服电动机 6 针棕色插头 B、鼓风机 6 针黑色插头 C、除霜 / 脚向风门伺服电动机 6 针蓝色插头 D 和中央风门伺服电动机 6 针棕色插头 E 5 个部件的连接，如图 3-24 所示。最后松开图 3-25 所示箭头所指的暖风箱的两个紧固螺栓，向下拆下暖风箱。

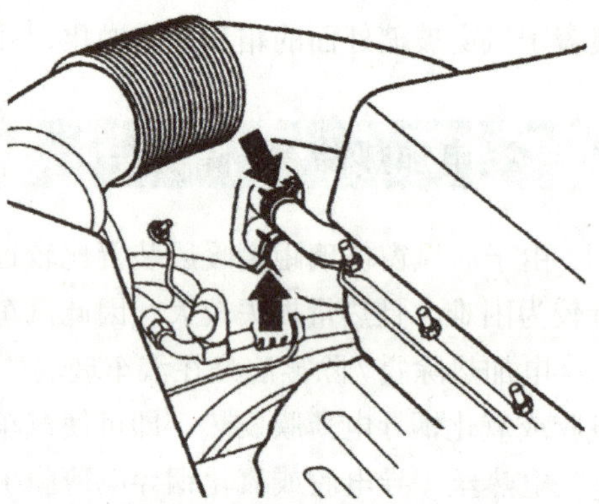

图 3-23 冷却液管卡箍的拆卸

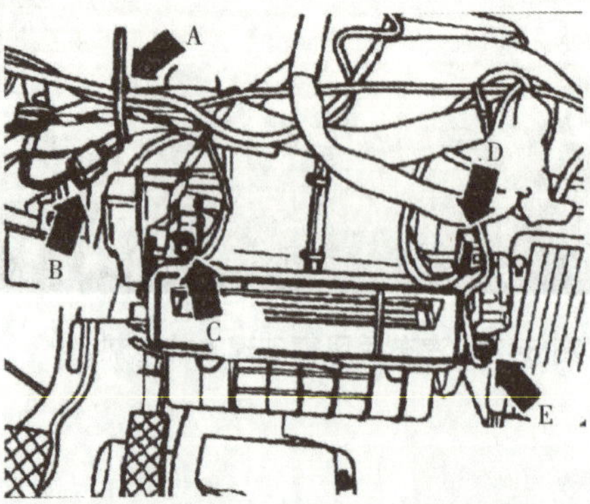

图 3-24 A、B、C、D、E 部件的连接

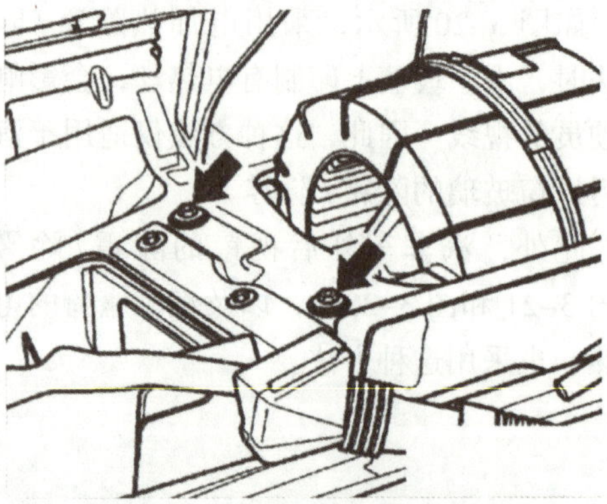

图 3-25 暖风箱紧固螺栓的拆卸

（2）暖风箱的安装

暖风箱的安装顺序与拆卸顺序相反。

2. 热交换器的拆装

热交换器的安装简图如图 3-26 所示。在进行热交换器拆装时，首先要断开蓄电池的搭铁线，并且注意操作说明中有关编码的提示，在连接蓄电池后必须注意，要按照维修手册检查并记录如收音机、时钟及电动车窗升降机等车用装备的编码。安装时要注意补充发动机冷却液，并且要将嵌条密封好。

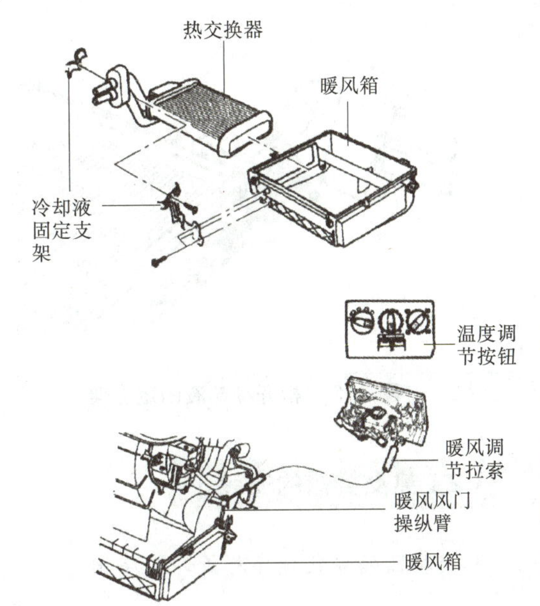

图 3-26 热交换器的安装简图

（1）热交换器的拆卸

首先拆卸驾驶员侧的储物箱、仪表板，松开图 3-27 中箭头所指的两处胶管喉卡箍，拔下胶管；接着沿图 3-28 中箭头所指方向转动钩环 2，从控制单元上拉出连接插头 3，拧下螺母 4，拆下安全气囊控制单元 1；然后松开图 3-29 中箭头 A 所指的固定夹扣，沿箭头 B 所指方向水平地拆下暖风箱；旋出图 3-30 中箭头所指螺栓，松开冷却液固定支架；最后，小心地用一字螺钉旋具撬开冷却液罩盖，按图 3-31 中箭头所指示方向从暖风箱中拆下热交换器。

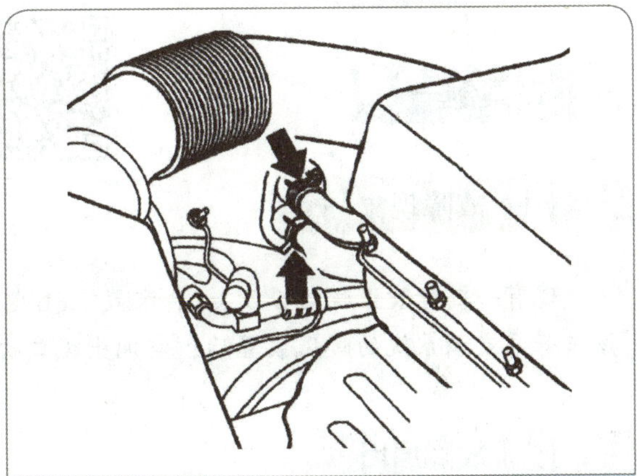

图 3-27 拆卸胶管

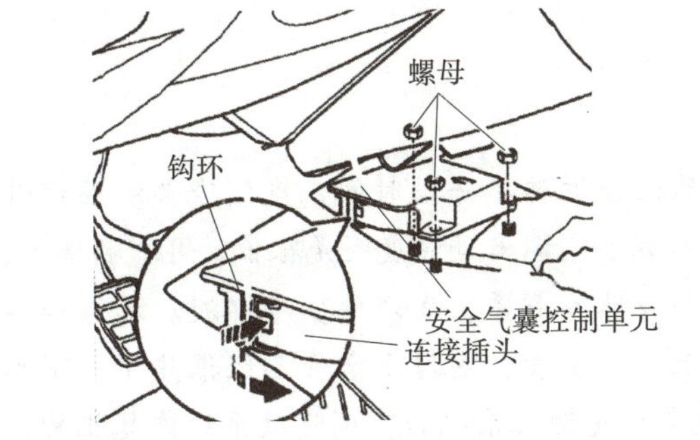

图 3-28 拆卸安全气囊控制单元

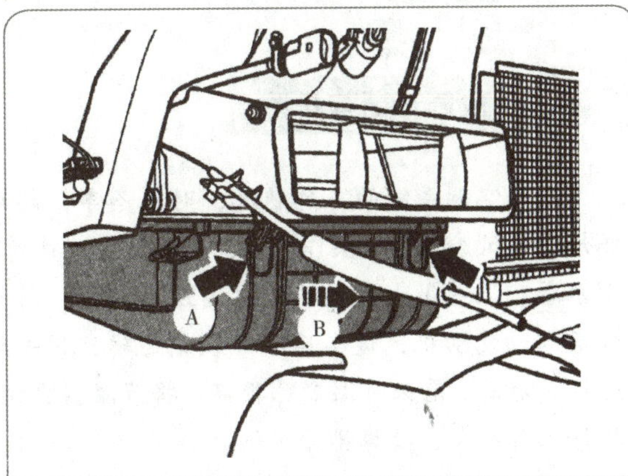

图 3-29 拆卸暖风箱

图 3-30 松开冷却液固定支架

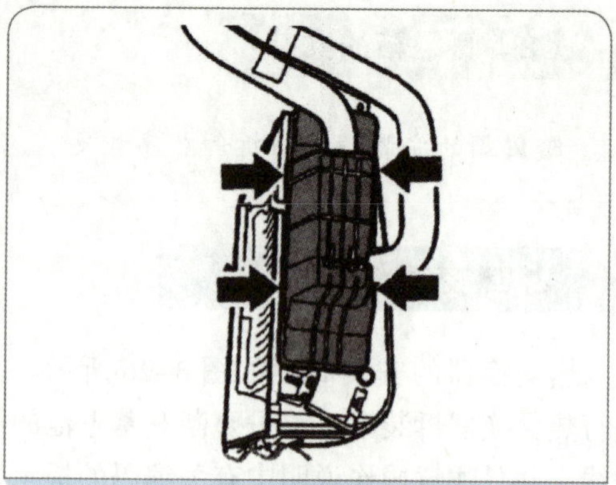

图 3-31 热交换器的拆卸

（2）热交换器的安装

热交换器的安装顺序与拆卸顺序相反。

八、维修实例

乘室内没有暖风，鼓风机不工作故障

1. 案例一

（1）故障现象

现有一辆行驶里程约 5 万 km，配置 1.6L 电控发动机和手动变速器的北京现代伊兰特轿车，该车开启空调系统的暖风装置后，空调出风口吹出的一直是凉风。

（2）故障原因

节温器堵塞。

（3）故障诊断与排除

检查空调系统的工作状况，时值冬季，起动发动机并运转了一段时间，直到冷却液温度升高后冷却风扇运转。操作空调控制面板，调整到暖风挡位，空调出风温度还是很低。用手触摸上、下水管，温差很大，说明节温器没有打开。打开冷却液储液罐盖，发现缺少冷却液。加满冷却液后起动发动机，暖车后冷却风扇运转，用手触摸上、下水管，发现上水管已经很热了，下水管还是凉的，看来节温器已损坏。将节温器更换掉试车，发动机系统和空调暖风系统恢复正常，检修工作结束，故障排除。

节温器用于控制发动机冷却系统的大、小循环回路。当冷却液温度升高到一定程度时节温器应打开，否则会造成发动机过热。对于空调系统而言，节温器无法打开会使加热器管路关闭，没有回流的暖风装置也就无法吹出热风。最后需要说明的是，为何大循环回路没有打开时冷却风扇能够运转，其原因是冷却风扇温控开关装在节温器的前面，在小循环下其管路就是热的，因此不必等待节温器打开后才运转，这种控制特点与一些常见车型相比是不同的。

2. 案例二

（1）故障现象

一辆路虎车的车主反映其车辆驾驶员侧没有暖风，乘客侧正常。

（2）故障原因

暖风水箱堵塞。

（3）故障诊断与排除

接车后检测，发现此车暖风系统只有两根水管，而且都是热的，说明循环没有问题。无论怎么调温度按钮，驾驶员侧始终吹出冷风。连接电脑诊断仪进入空调系统进行检测，也没发现故障码。此车暖风系统不拆解中控台，是没法检测的。拆掉仪表台、中控台后发现风向调节电动机工作正常，温度调节电动机工作正常。剩下的就是隐藏的问题了。

拆下暖风水箱，发现问题，此车暖风水箱较长，靠近驾驶员侧的一部分被密封胶给堵住了，清洗后装车，驾驶员侧吹出暖风。至此，故障排除。

任务二 汽车通风装置与空气净化系统

一、通风装置

汽车空调通风装置的主要功能是换气，即打开通风口，利用汽车迎面风的空气动压进行通风或利用空调系统中的鼓风机强制进行通风换气。

车厢内空间狭小，车内空气由于乘员呼出的二氧化碳、水蒸气、烟气等而受到污染，需经过通风换气来净化，同时调节车内的温度和湿度。

此外，通风对防止风窗玻璃起雾也很有益处。

为维持舒适条件所需要的最低限度的换气量称为必须换气量（每人需 25 ~ 36m^3/h），为此应设置即使在汽车车窗紧闭的情况下，仍能从车外引入新鲜空气的通风装置。

1. 动压通风方式

动压通风（自然通风）方式是利用汽车行驶时，车外空气对汽车产生的风压，通过进风口和排风口，实现通风换气的。

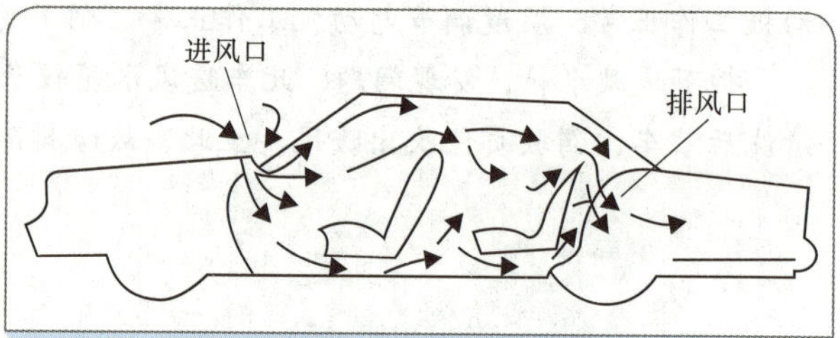

图 3-32 进风口与排风口的位置

进风口与排风口的位置（图 3-32）要根据汽车行驶时车身表面的风压分布状况和车身结构来确定。一般车身大部分是负压区，仅前面风窗玻璃及前围上部等少部分为正压区。在设置时要求进风口必须装在正压区，排风口必须装在负压区，以便充分利用汽车行驶所产生的动压而引入大量的新鲜空气。

进风口应尽可能远离地面，以防止吸入地面附近的污染空气和灰尘。进入车内的空气流速最佳范围是 1.5 ~ 2.0m/s。排风口的压力系数随着不同的安装位置而改变，要尽可能加大排风口的有效面积，以提高排风效果，还必须注意防止尘埃、噪声以及雨水、洗车水的侵入。

动压通风方式不消耗动力，但空气在车内流过时，会形成车辆行驶阻力。

2. 强制通风方式

采用动压通风方式进行换气时，车辆在静止和在低速行驶时，通风量过小，故绝大多数汽车都采用强制通风方式。强制通风是采用电动鼓风机强制车外新鲜空气进入车厢内的一种通风方式。

在汽车行驶时，强制通风方式经常与动压通风方式一起配合使用。乘用车均采用动压通风方式与强制通风方式相结合的方式，其通风装置与暖风装置、制冷装置等结合在一起而形成完整的空调系统，导入的空气既可经调节，也可不经调节而进入车内。

但是空气的进入到排出能否起到有效的作用，还取决于空气在车内的流动状态（图 3–33）。因此，要提高车内的舒适性，必须对空调空气入口的布局进行周密的考虑。

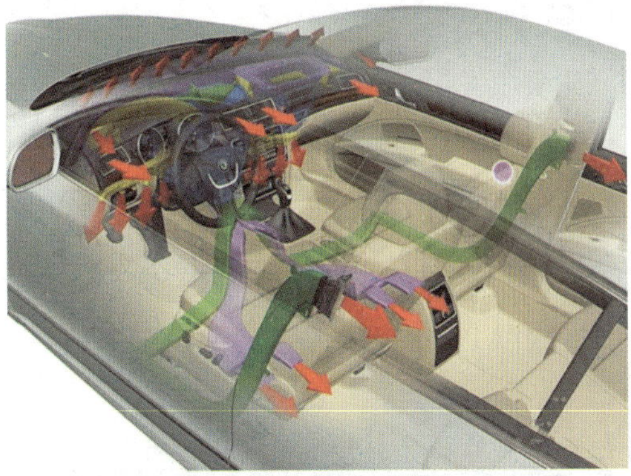

图 3–33　车内气流方向

3. 新鲜 / 再循环空气的切换

如图 3–34 所示，采用强制通风方式时，既可以采用车内空气再循环方式（RECIRC，亦称内循环模式），只循环车厢中的空气；也可以采用车外新鲜空气方式（FRESH，亦称外循环模式），用来和车外空气进行交换。

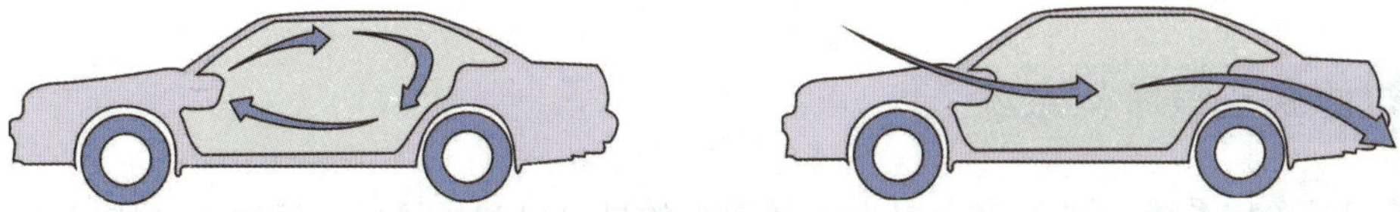

（a）车内空气再循环方式（内循环模式）　（b）车外新鲜空气方式（外循环模式）

图 3–34　通风模式

汽车空调滤清器的认知

如图 3–35 所示，新鲜 / 再循环空气的切换可以通过空调控制面板上的内循环模式按钮和外循环模式按钮进行选择。

有些通风系统还有中间调节方式，即将一定比例的车外新鲜空气与一定比例的车内再循环空气混合后，再吹向车内。

当车辆制冷负荷很大、在隧道中行驶、交通拥堵或车外环境空气污浊时，宜选择内循环模式进行通风。选择外循环模式进行通风时，可以吸入车外的新鲜空气，并在加热时有效防止风窗玻璃结霜。

图 3–35　通风欧式选择按钮

近年来，一些车辆为使车厢的顶部吸进新鲜空气并使内部空气沿底部循环而采用了双层控制系统。当选择外循环模式（室外空气进入）时，车厢气温会因空气混合门处于 MAX–HOT 位置而突然变热，在通常系统中，其加热效率将低于内循环模式下的加热效率，因为全部的空气都来自车外（冷空气）。

如图 3–36 和图 3–37 所示，新鲜 / 再循环空气双层控制系统能够从车厢顶部吸入新鲜空气，并从底部循环车内空气，同时还能保持和内循环模式一样的加热效率，并可以防止内循环模式下易发生的车窗结霜。

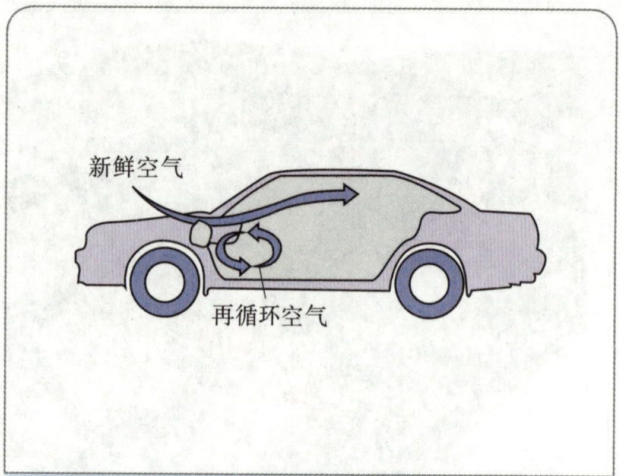

图 3-36 新鲜 / 再循环空气双层控制系统的气流分布

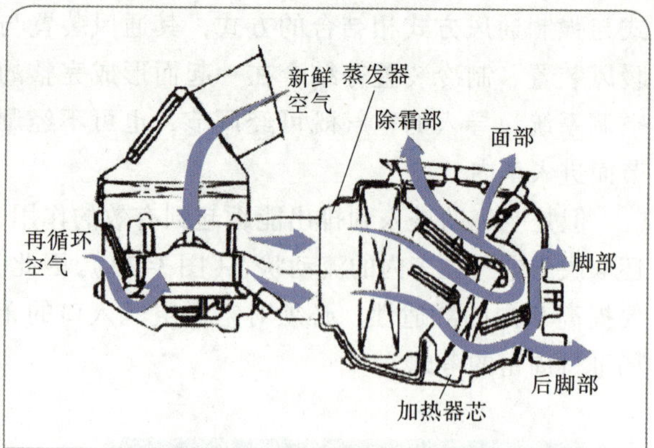

图 3-37 新鲜 / 再循环空气双层控制系统的气流走向

二、空气净化系统

汽车空调空气净化系统有空气过滤式和静电除尘式两种。

1. 空气过滤式空气净化系统

空气过滤式空气净化系统（图 3-38）是在空调系统的进风口和排风口处设置空气滤清装置，它仅能滤除空气中的灰尘和杂物，结构简单，工作可靠，只需定期清理过滤网上的灰尘和杂物即可，故广泛用于各种汽车空调系统中。

2. 静电除尘式空气净化系统

静电除尘式空气净化系统（图 3-39）是在空气进口的过滤器后再设置一套静电除尘装置或单独安装一套用于净化车内空气的静电除尘装置。

图 3-38 空气过滤式空气净化系统

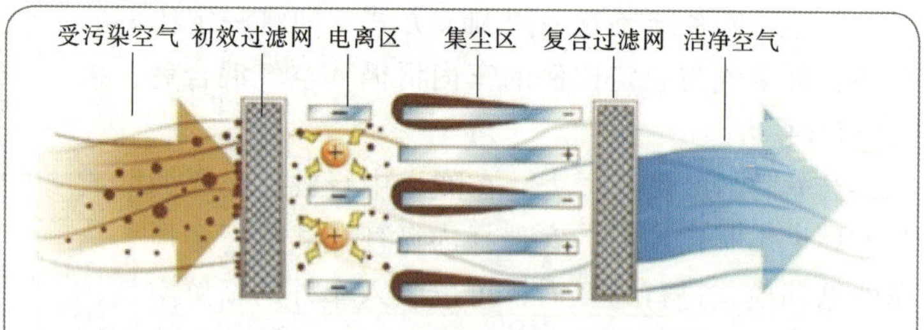

图 3-39 静电除尘式空气净化系统

静电除尘式空气净化系统除能过滤和吸附烟尘等微小颗粒的杂质外，还具有除臭、杀菌作用，有的还能产生负离子（带负电荷的氧离子，也称负氧离子）以使车内空气更加新鲜、洁净。由于其结构复杂，成本高，所以，该系统目前只用于某些高级乘用车和豪华旅游客车上。

图 3-40 为静电除尘式空气净化系统的空气净化过程。

预滤器用于过滤空气中粗大的尘埃杂质。

静电除尘装置（亦称集尘器）以静电除尘方式把微小的颗粒尘埃、烟灰及汽车排出的气体中含有的微粒吸附在除尘板上。工作原理：辉光放电（电压高达 6 000V）时产生的加速离子通过热扩散或相互碰撞而使浮游尘埃颗粒带电，然后在辉光放电的电场中，在电场力的作用下，克服空气的黏性阻力而被吸附在集尘电极板上。

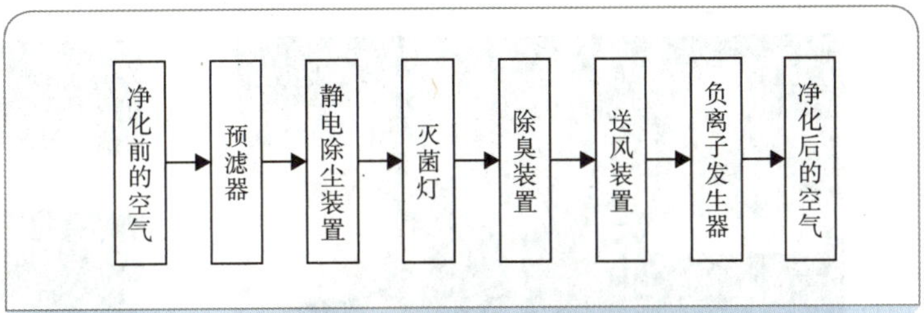

图 3-40　静电除尘式空气净化系统的空气净化过程

灭菌灯用于杀灭吸附在集尘板上的细菌，它是一只低压汞放电管，能发射出波长为 353.7nm 的紫外光，其杀菌能力约为太阳光的 15 倍。

除臭装置用于去除车室内的汽油及烟草等气味，一般采用活性炭过滤器、纤维式或滤纸式空气过滤器来吸附烟尘和臭气等有害气体。

三、空调系统的清洗

空调系统的清洗步骤如下：

①将车车辆置于水平宽阔地面。

②打开副驾驶货物箱，取下黑色拉杆，如图 3-41 所示，并将货物箱拆下。

注意

取下货物箱时应小心，注意力度和角度。

③取下空调格并将空调格后盖装回，如图 3-42 和图 3-43 所示。

注意

取下空调格后盖时，应注意卡片锁止位置（图 3-44）。

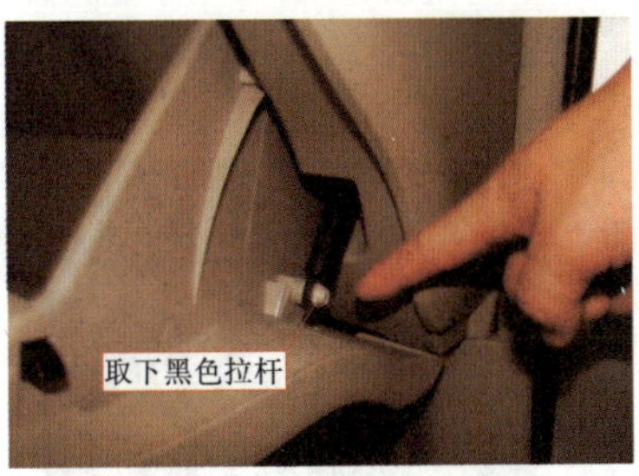

图 3-41　取下黑色拉杆

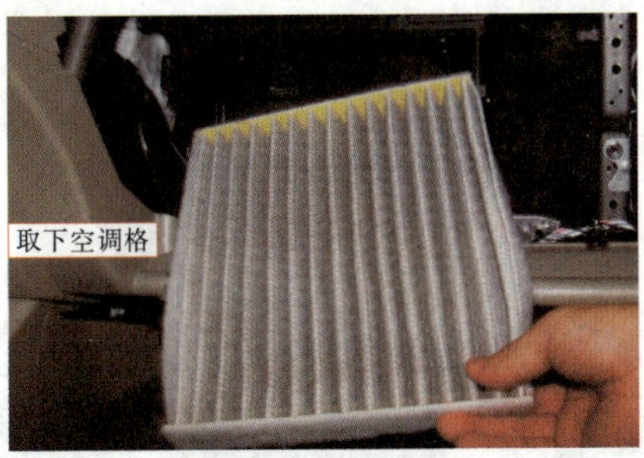

图 3-42　取下空调格

④在正、副驾驶座脚垫上面垫上毛巾，清洗过程中可能有脏水流出，如图 3-45 所示。

⑤打开发动机盖，如图 3-46 所示。

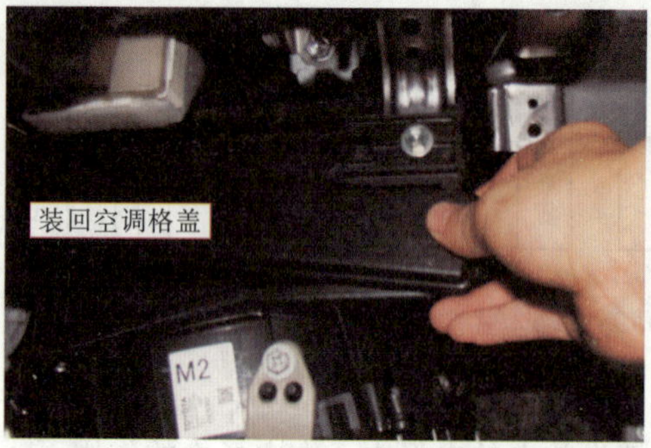

图 3-43 装回空调格盖

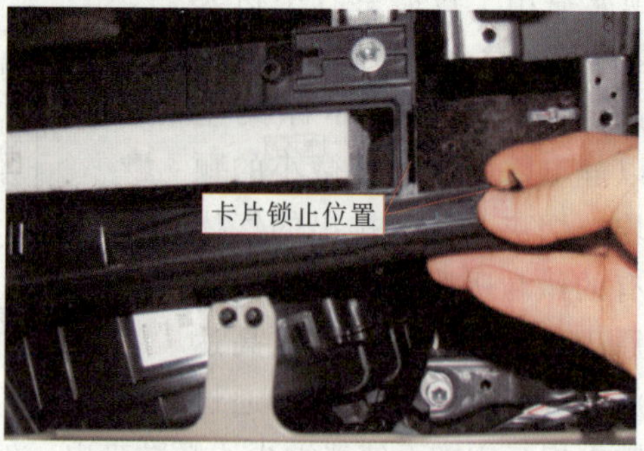

图 3-44 卡片锁止位置

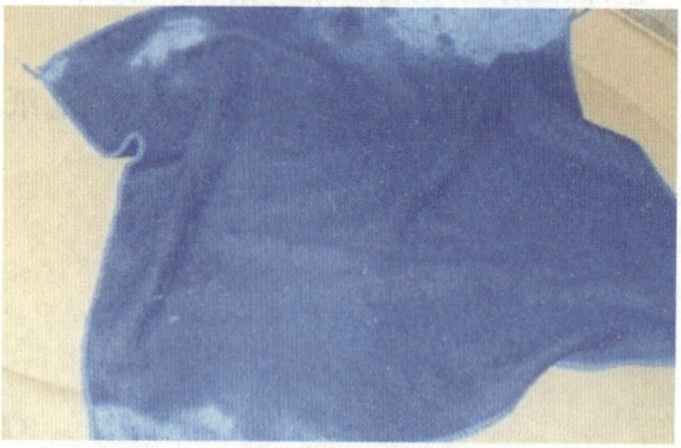

图 3-45 在正、副驾驶座脚垫上面垫上毛巾

图 3-46 打开发动机盖

⑥起动车辆并打开空调，将空调开到最大挡位，如图 3-47 所示。

注意

此时应关闭 A/C 开关和内循环。

⑦将清洗剂喷入进气口，泡沫将随气流进入整个风道，如图 3-48 所示。

注意

喷出泡沫前摇下清洗剂瓶子，泡沫效果会更好点。

图 3-47 将空调开到最大挡位

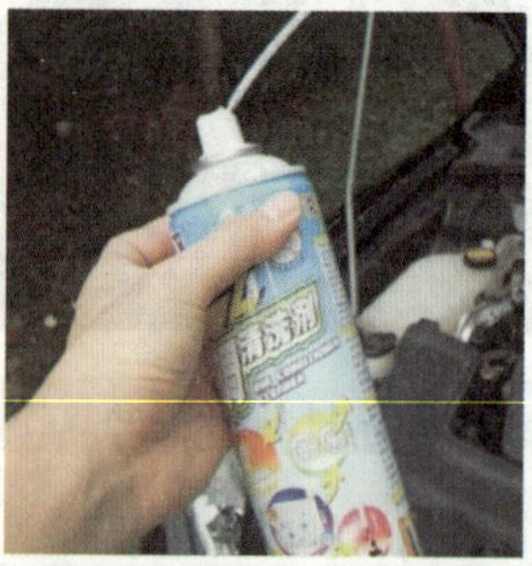

图 3-48 空调清洁剂

⑧按下模式键（图 3–49），使清洗剂进入不同的气道。

⑨清洗完后，装上新的空调格。

注意

不同模式下，各出风口可能会有少量污水流出，用抹布及时抹去。喷放清洗剂后，应使空调鼓风机多运转一会。

⑩安装货物箱，并用抹布将各风门脏物擦拭干净。

图 3–49　按下模式键

图 3–50　装上新的空调格

四、维修实例

1. 案例一

（1）故障现象

现有一辆行驶里程约 5 万 km，配置 2.4L 电控发动机和 CVT 型变速器的奥迪 A6L 轿车。用户反映：该车起动发动机并开启空调系统，仪表台左、右侧出风口的出风温度相差过大，左侧出风口吹的是凉风，右侧出风口吹出的是热风。

（2）故障原因

空调控制面板总成故障。

（3）故障诊断与排除

对故障症状进行确认，操作空调控制面板，将车厢两侧的温度值都设定为 20℃，结果左侧出风温度正常，右侧出风温度明显偏高。由维修经验可知，此类问题通常与出风口温度传感器或风门伺服电动机性能不良有关。于是使用诊断仪对空调系统进行自诊断，结果没有故障码。查看数据流，017 组数据显示：左侧出风温度为 19℃，右侧出风温度为 60℃，中央出风温度为 16℃。018 组数据显示：蒸发器出风温度为 8℃。以上数据说明，空调控制模块收到温度传感器信号与实际温度相符合，可以排除温度传感器本身的故障因素。检查空调冷却液管路的水阀组件，没有卡滞或堵塞现象。读取 040 组数据，两个电磁阀（N175 和 N176）的开启度为 0%，电动回流泵 V50 处于关闭状态，这说明右侧出风温度过高不是冷却液管路关闭不严造成的。继续查看各风门伺服电动机的工作数据，没有发现明显的异常现象。怀疑右侧出风口风门伺服电动机性能不良，将其更换掉，试车，故障依旧。综合以上检修结果，判断空调控制模块内部存在电气故障。将空调控制面板总成（集成有空调控制模块）更换掉，试车，故障症状完全消失，检修工作结束。

2. 案例二

（1）故障现象

现有一辆行驶里程约 15 万 km 的丰田皇冠轿车。用户反映：该车起动发动机并启用空调制冷模式，仪表台左侧出风口吹出的是冷风，右侧出风口吹出的是热风。

（2）故障原因

电磁阀损坏，不工作。

（3）故障诊断与排除

检查空调系统的配置状况，确认不是左、右侧温度独立调节的空调系统，而是一种手动空调系统，空调控制面板上没有调整左、右侧温度的按钮，也没有左、右侧风量调节按钮。起动发动机，打开空调系统，空调压缩机运转。用手感觉出风口温度，感到右侧温度明显比左侧温度高。对空调管路进行检查，没有发现明显的异常现象。关闭发动机，连接空调压力表，测量静态时的制冷剂压力，结果高、低压均在标准值范围，说明制冷剂量基本正常。起动发动机并启用空调制冷模式，低压管路压力为 200kPa，高压管路压力为 1 600kPa，基本正常。随着空调系统运行时间的延长，发现高压管路压力逐渐降为 1 200kPa，明显偏低。查看储液干燥器的视窗，内部有很多气泡，说明制冷剂不足。加注制冷剂，气泡逐渐消失，但故障症状没有明显改善。

对空调风门控制系统进行检查，操作空调控制面板的各个模式按钮，结果都有所反应，说明模式按钮都正常。检查暖风系统，发现加热器的控制机构失灵。该车加热器的开关阀由一个真空膜盒进行控制，真空膜盒拉杆的行程由一个电磁阀控制。操作空调控制面板的温度调节按钮，发现该电磁阀没有反应。直接向真空膜盒提供真空，阀杆受吸力而动作，加热器恢复正常。使用万用表测量该电磁阀的电阻，结果为无穷大，说明线圈断路。更换处理，试车，左、右侧出风温度一致，空调制冷功能恢复正常，故障排除。

任务三　空调的配气与控制面板的操作

一、汽车空调的气流分配形式

汽车空调已由单一制冷或取暖的方式发展到冷暖一体化方式，由季节性空调发展到全年性空调，真正起到空气调节的作用。系统根据空调的工作要求，可以将冷、热风按照配置送到驾驶室内，满足调节需要。

汽车空调的典型配气方式有空气混合式和全热式，如图 3-51 所示。

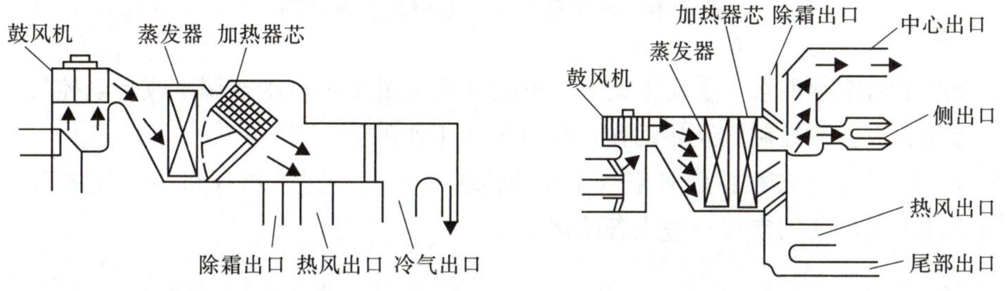

（a）空气混合式　　（b）全热式

图 3-51　汽车空调的典型配气方式

1. 空气混合式汽车空调

空调的工作过程：外气 + 内气→进入鼓风机→进入蒸发器冷却→由风门调节进入加热器芯加热→进入各吹出口。风门顺时针旋转时，空气经过蒸发器（冷空气）后进入加热器芯的空气量随着风门旋转而减少，即被加热的空气少，这时主要由冷气出口吹冷风；反之，风门逆时针旋转时，吹出的热风多，处理后的空气进入除霜出口或热风出口。

2. 全热式汽车空调

空调的工作过程：外气 + 内气→进入鼓风机→进入蒸发器冷却→全部进入加热器芯→由风门调节风量后进入各吹出口。全热式汽车空调与空气混合式汽车空调温度调节的最大区别是：由蒸发器出来的冷空气全部直接进入加热器芯，两者之间不设风门进行冷热空气的混合和风量的调节。

经过配气、温度调节后，上述两种方式都能达到各吹出口要求的风量和温度，绝不是全热式汽车空调只出热风，而空气混合式汽车空调出冷、热、温风。实质上无论哪种调温方式，都要按进入车室内空气状态要求对空气进行冷却和升温处理。

二、汽车空调的气流组织过程

图 3-52 所示为汽车空调配气系统的基本结构，它通常由 3 部分构成：第一部分为空气进入段，主要由用来控制新鲜空气和车室内循环空气的风门叶片和伺服器组成；第二部分为空气混合段，主要由加热器、蒸发器和调温门组成，用来提供所需温度的空气；第三部分为空气分配段，使空气吹向面部、脚部和风窗玻璃上，主要包括中风门、下风门、除霜门和上、中、下风口。

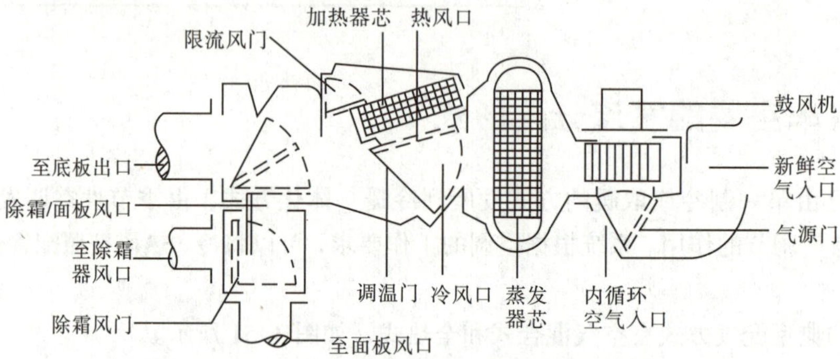

图 3-52 汽车空调配气系统的基本结构

它们是通过手动控制钢索（手动空调）、真空气动装置（半自动空调）或者电控气动装置（全自动空调）与仪表板空调控制键连接动作，执行配气工作的。

空调配气系统的工作过程：新鲜空气 + 车室内循环空气→进入鼓风机→空气进入蒸发器冷却→由风门调节进入加热器的空气→进入各吹风口。

1. 空气进入段

空气进入段的风门用于控制新鲜空气和车室内空气的循环比例。例如，在夏季室外空气温度较高、冬季室外温度较低的情况下，尽量开小风门叶片，使压缩机运行时间减少。当汽车长期运行时，车室内空气品质下降，这时应定期开大风门叶片。一般汽车空调空气进入段风门开启比例为 15% ~ 30%。

2. 空气混合段

空气混合段的调温门主要用于调节通过加热器的空气量，产生降温除湿的变化。当调温门处于全开位置状态时，冷空气经过加热器；当调温门处于全闭位置状态时，冷空气不经过加热器。这样只要调温门处于全开或全闭位置，就可得到最高温度或最低温度的空气。另外，也可调节调温门使其处于全开或全闭之间的不同位置，得到不同温度和湿度的空气。

3. 空气分配段

空气分配段的除霜门、中风门、下风门，可调节空调风吹向风窗玻璃及乘员的中上部或脚部。另外，控制空调内鼓风机转速，可以调节空调风的流量，改变人体的感觉。

三、手动空调控制面板的操作

各型汽车空调系统空气的调节与控制过程大同小异，下面以科鲁兹轿车冷暖一体化空调系统为例说明，如图 3–53 所示。

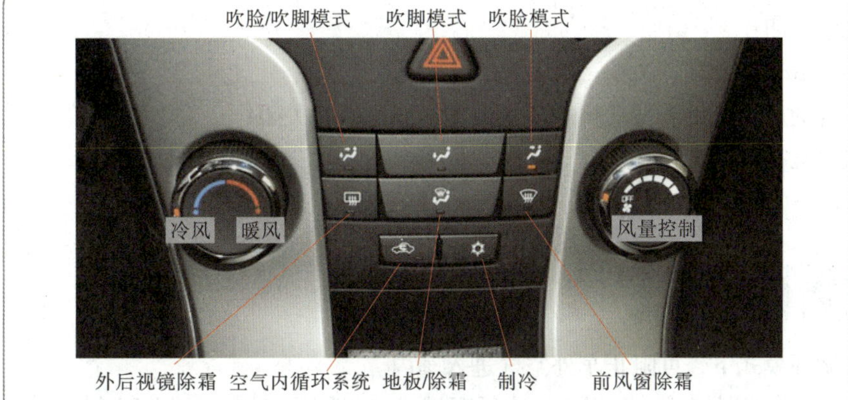

图 3–53　科鲁兹手动空调控制面板

科鲁兹手动空调采暖及制冷装置仅在发动机运转且鼓风机打开的情况下工作。旋转左、右两个旋钮开关，可以调节温度和鼓风机转速。按压相应的按钮可以开启或关闭相应功能，开启某项功能后按钮内的指示灯随之亮起。再按一下按钮，该功能即被关闭。

1. 基本操作

①后风窗加热按钮 。后风窗加热功能仅在发动机运转的情况下才工作。打开大约 10min 后，加热功能会自动关闭，也可以按压此按钮提前关闭加热功能。

②制冷装置按钮 。制冷装置开启后，按钮中的指示灯随即亮起。

③空气流向调节开关。

：气流吹向前风窗玻璃。

：气流吹向上身。

：气流吹向脚部空间。

：气流吹向风窗玻璃和脚部空间。

：气流同时吹向脚部和上身。

2. 车内采暖和制冷

①车内采暖。按下按钮 ，旋转温度调节开关，设置适合的温度。建议将车内温度设定在 24℃。旋转鼓风机开关，设定鼓风机转速。按下空气流开关，调节送风方向。

②车内制冷。按下制冷装置按钮 ，开启制冷装置。按钮上的指示灯随即亮起。旋转温度调节开关，设置适合的温度，建议将车内温度设定在 24℃，旋转鼓风机开关，设定鼓风机转速。按下空气流向调节按钮，调节送风方向。

对于暖风系统，只有在发动机达到工作温度时，才能发挥最大可能的加热功率并快速除去风窗玻璃上的冰雪。对于制冷系统，在制冷装置打开时不仅可以降低车内温度，而且空气湿度也会降低。这样可在车外湿度较高的情况下提高乘员的舒适度，并能防止风窗玻璃形成水雾。

如果无法打开制冷装置，可能有以下原因：

- 没有起动发动机；
- 鼓风机已关闭；
- 车外温度低于 3℃；
- 制冷装置的压缩机由于发动机冷却液温度过高而暂时关闭；
- 空调的熔丝损坏了；
- 其他故障。

3. 空气内循环模式

在空气内循环模式下，可阻止车外空气进入车内。

按下按钮，即可打开或关闭空气内循环模式。如果此按钮中的指示灯亮起，说明其处于打开状态。在空气内循环模式下，车外空气不会进入车内。空气仅仅在车内循环运行。因此，开启空气内循环模式可防止车外混浊难闻的空气进入车内。

在车外温度较低时，开启空气内循环模式可以改善加热效率，因为此时只对车内的空气进行加热。在车外温度较高时，开启空气内循环模式可以改善制冷效率，因为此时只对车内的空气进行制冷。为安全起见，在空气内循环模式下，如果把空气流向调节开关转到位置，空气内循环模式便会关闭。再次按下按钮可以重新打开空气内循环模式。在打开空气内循环模式的情况下请勿吸烟，因为烟雾会沉积在制冷装置的蒸发器和空调滤清器上，从而导致难以去除的异味。

利用出风口中间的导流片可以上下 / 左右调节气流方向，前部通风口的分布如图 3-54 所示。此外，还可以通过此导流片旋转相应的出风口调节空气流向。拨动出风口旁的滚花小轮，可以开启或关闭相应的出风口，如图 3-55 所示。

图 3-54 前部通风口的分布

图 3-55 出风口通道调节

思考与练习

一、填空题

1. 汽车空调暖风系统的功能是将__________送入__________，__________某种__________，从而提高__________的温度，并利用鼓风机将__________送入车内。

2. 空调暖风系统按空气循环方式不同可分为__________和__________。

3. 热水暖风系统主要由__________、__________、__________、__________及相应的__________等组成。

4. 汽车空调通风装置的主要功能是__________，即__________。汽车空调空气净化系统有__________和__________两种。

5. 汽车空调的典型配气方式有__________和__________。

二、选择题

1. 下列哪项是属于按暖气设备使用热源分类的（　　）。

A. 余热式、独立式　　B. 内循环、外循环

C. 内外混合循环　　D. 水暖式、气暖式

2. 汽车空调的通风方法有（　　）。

A. 自然通风　　B. 强制通风　　C. 顶面通风法　　D.A、B 都是

3. 汽车空调配气系统主要由 3 部分组成，下面正确的是（　　）。

A. 空气进入段　　B. 空气混合段　　C. 空气分配段　　D.A、B、C 都是

三、判断题

1. 余热水暖式空调系统利用发动机废气余热作为热源。（　　）

2. 按暖气设备所使用的热源可分为余热式和独立热源式。（　　）

3. 余热气暖式空调系统利用发动机的废气余热作为热源。（　　）

4. 混合气的出风模式有通风、通风 + 足部通风、足部通风、足部通风 + 除霜、除霜。（　　）

5. 混合气调节风门用于控制混合气的出风模式。（　　）

四、问答题

1. 简述空调暖风系统的分类。

2. 简述外部空气进入车内的气流过程。

课题四

汽车空调控制系统

[学习任务]

1. 掌握空调系统控制元件的组成和工作原理。
2. 掌握空调传感器的结构和工作原理。
3. 掌握空调各主要部件控制电路原理。
4. 培养工作过程中的安全意识、团队合作意识。

[技能要求]

1. 能够对空调系统执行元件进行检测及诊断。
2. 能够对空调系统各传感器进行检测及诊断。
3. 能够对空调系统控制电路进行分析及故障诊断。

任务一 控制元件

一、蒸发器温度控制装置

空调系统的组成与原理

1. 蒸发器温度开关

蒸发器温度开关又叫恒温开关，在大众车系的空调系统中，称其为冷量开关（E33）。它是汽车空调电路控制系统中用做温度控制的一种基础元件。

如图 4-1 所示，蒸发器温度开关由热敏电阻和温控器组成。热敏电阻安装在蒸发器金属翅片上，温控器则安装在蒸发器组件或靠近蒸发器组件的空调操作面板上。温控器通过感测蒸发器的表面温度，将温度变化信号转化成空调控制电路的通断信号，以实现压缩机的通断控制。温控器在设置好的温度上使压缩机离合器接合或断开，起到调节车内温度、防止蒸发器结霜和避免压缩机产生液击现象等作用。

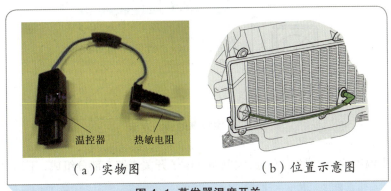

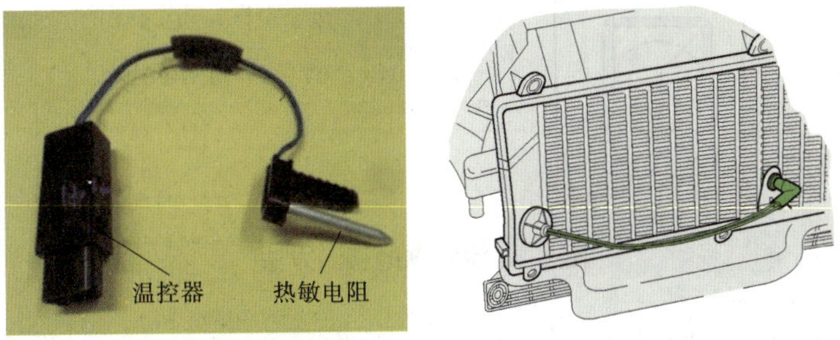

（a）实物图　　（b）位置示意图

图 4–1　蒸发器温度开关

蒸发器温度开关使用的感温元件为一只热敏电阻，通过小插片插在蒸发器出风口方向的翅片上，用来检测蒸发器出风口温度。热敏电阻受到温度变化影响时，其阻值会发生相应变化。空调上多采用负温度特性的热敏电阻，其特性曲线如图 4–2 所示，随着温度升高，阻值下降；反之，阻值变大。

蒸发器温度开关是一种简单的温度控制装置，一般只具备温控功能。蒸发器温度开关的控制电路如图 4–3 所示。温控器的 1 脚接 A/C 开关信号，3 脚接地，2 脚接通往发动机 ECU 的空调开启请求输出信号。温控器通过检测热敏电阻的变化感知蒸发器表面温度，接通或断开 1 脚与 2 脚之间的电路连接。

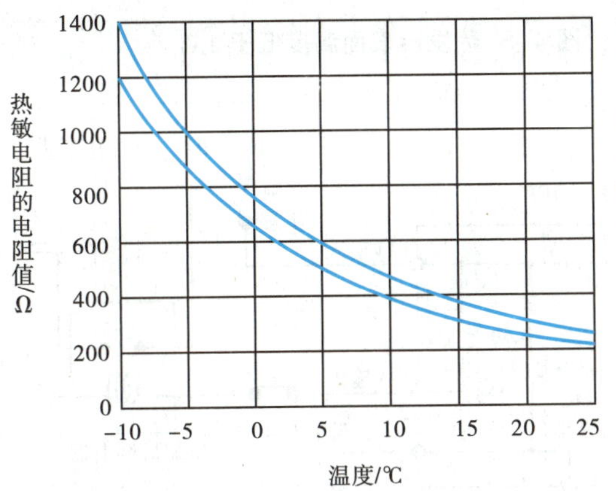

图 4–2　负热敏电阻特性

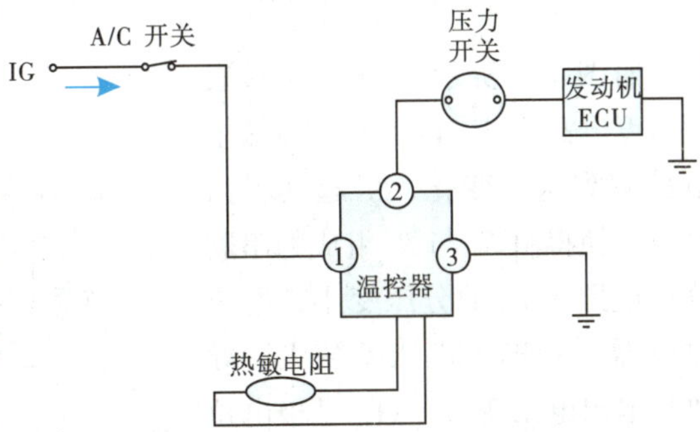

图 4–3　蒸发器温度开关的控制电路

蒸发器温度开关中温控器的检测方法如图 4–4 所示。

按下 A/C 开关，空调系统工作时，如果蒸发器温度为 3℃ ~ 5℃，则温控器 2 端子与 3 端子之间的电压约为 12V；当蒸发器温度为 1℃ ±0.5℃时，温控器 2 端子与 3 端子之间的电压约为 0V。

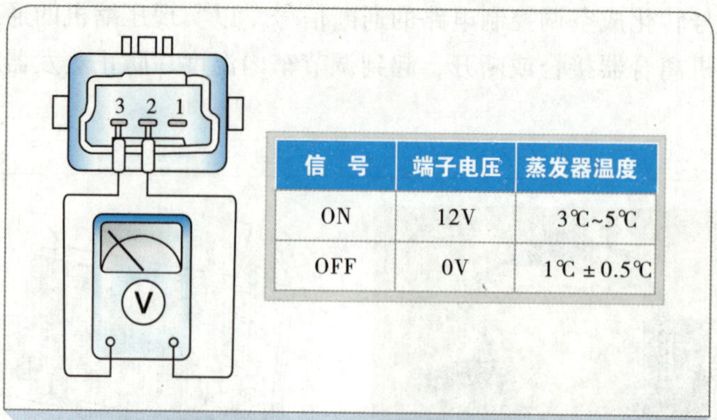

信 号	端子电压	蒸发器温度
ON	12V	3℃~5℃
OFF	0V	1℃ ±0.5℃

图 4-4 温控器的检测方法

温控器主要由温度检测电路、信号放大电路和电子开关电路 3 部分组成，下面讲述其工作过程。

如图 4-5 所示，当蒸发器表面温度下降到 1℃以下时，热敏电阻检测到这一变化，其阻值升高，使得由 R_1 与 R_3 组成的串联分压电路中 R_3 的分压变大，导致电压比较器 K 的输出电压变小，不足以驱动 TR$_1$，TR$_1$ 与 TR$_2$ 截止，温控开关断开，压缩机继电器线圈断电，空调系统不工作。

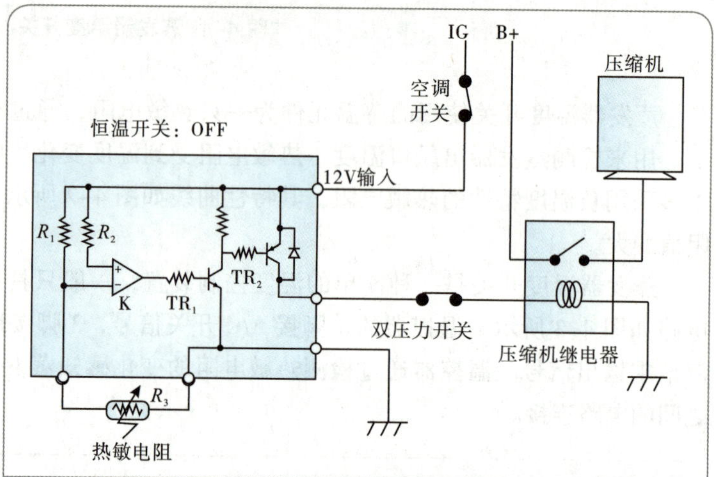

图 4-5 蒸发器表面温度低于 1℃

如图 4-6 所示，当蒸发器表面温度升高到 4℃以上时，热敏电阻检测到这一变化，引起其阻值变小，使得由 R_1 与 R_3 组成的串联分压电路中 R_3 的分压变小，电压比较器 K 的输入电压差变大，导致其输出电压变大，TR$_1$ 基极电位升高，TR$_1$、TR$_2$ 导通，温控开关闭合，压缩机继电器通电，接通压缩机的供电电路，空调系统开始工作。

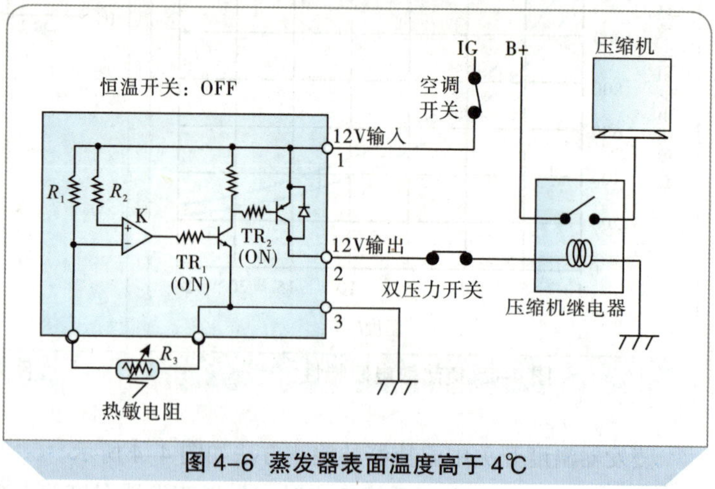

图 4-6 蒸发器表面温度高于 4℃

2. 蒸发器温度传感器

如图 4–7 所示，蒸发器温度传感器位于暖风机总成中蒸发器芯体的出口侧，传感器的接头安装在蒸发器箱体上，导线穿过箱体。它的塑料部分呈锯齿状，可牢固安装在翅片上。

蒸发器温度传感器是 NTC（负温度系数）型传感器，其作用是提供蒸发器排气口温度信号给空调控制单元。它的功能与蒸发器温度开关一样，当蒸发器出口温度大于 3℃ ~ 5℃时，制冷系统可以继续运行；当蒸发器出口温度下降到 1℃ ~ 2℃时，自动关掉空调，防止蒸发器结霜。

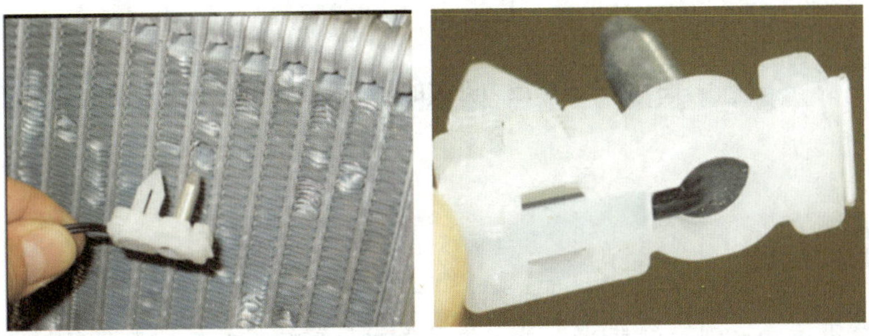

图 4–7　蒸发器温度传感器

二、空调压力开关

空调压力开关又称制冷剂压力开关，是手动空调控制电路中的重要元件。如图 4–8 所示，空调压力开关安装在制冷循环管路的高压侧，有的安装在储液干燥器上，有的安装在高压管路中。

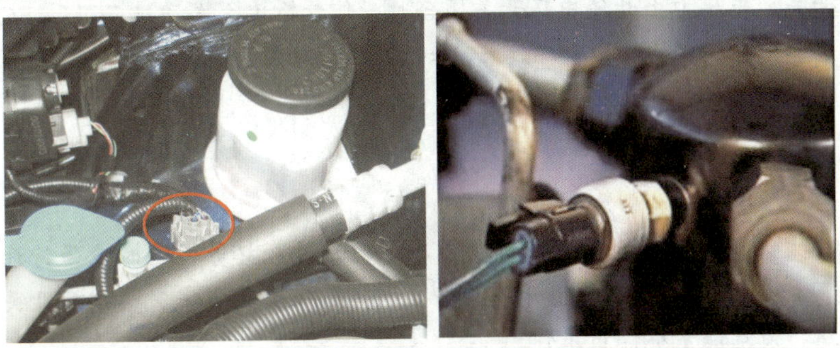

压力开关的组成与作用

图 4–8　空调压力开关的安装位置

1. 三态压力开关

空调压力开关是一个保护开关。现在车上常用的是三态压力开关，即一个高、低压开关再加一个中压开关。三态压力开关引出 4 线，其外观及连接电路如图 4–9 所示。

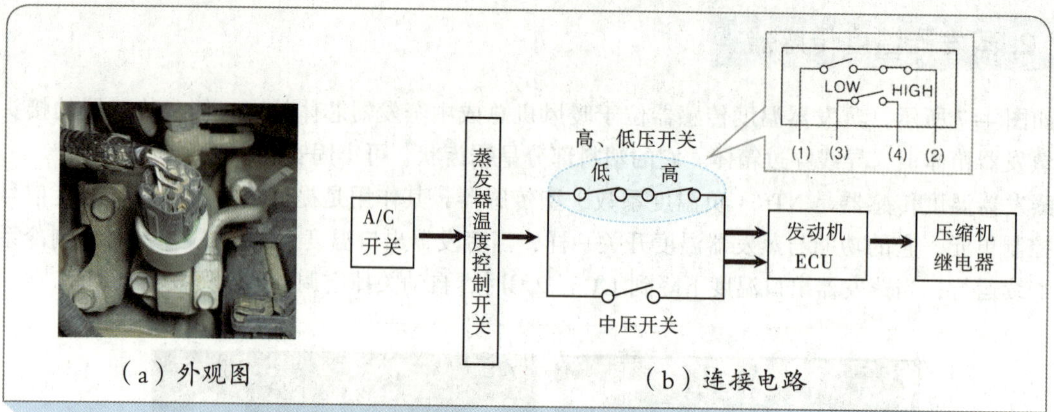

图 4-9 三态压力开关的外观及连接电路

（1）低压开关

当空调系统有泄漏或制冷剂非常少时，为了保护压缩机不损坏，而强行切断压缩机的控制电路，使压缩机停止工作。单独的低压开关是常开的，但如果安装到制冷系统中就是常闭的了，这是由于管路存在制冷剂压力。当空调系统压力非常低时，低压开关打开，切断压缩机的控制电路，使空调系统停止工作。

（2）中压开关

中压开关是常开开关，当压力上升使中压开关闭合时，信号输出至发动机 ECU，ECU 控制散热器风扇和冷凝器风扇高速运转，增加冷却效果，降低高压管路压力，防止系统压力继续上升。

（3）高压开关

为了防止系统压力太大，导致制冷管路爆炸、制冷系统部件损坏等，这时应强行让压缩机停止工作。高压开关同低压开关一样是常闭开关，当空调高压压力异常高时，高压开关打开，切断压缩机的控制电路，使空调系统停止工作。

高压开关、低压开关、中压开关的开启压力和关闭压力都是设定的，不同车型的参数略有区别，如长城酷熊三态压力开关的工作参数如表 4-1 所示。

表 4-1 长城酷熊三态压力开关的工作参数

状态	参数
高压 /MPa	3.14 ± 0.2（OFF）
中压 /MPa	1.37 ± 0.1（OFF）
	1.77 ± 0.1（ON）
低压 /MPa	0.196 ± 0.02（ON）

2. 压力传感器

压力传感器是一个密封的用于测量目的的电容型传感器（图 4-10），可以进行信号调整。它输出 0 ~ 5V 的电压，需要 5V 标准电源供给。

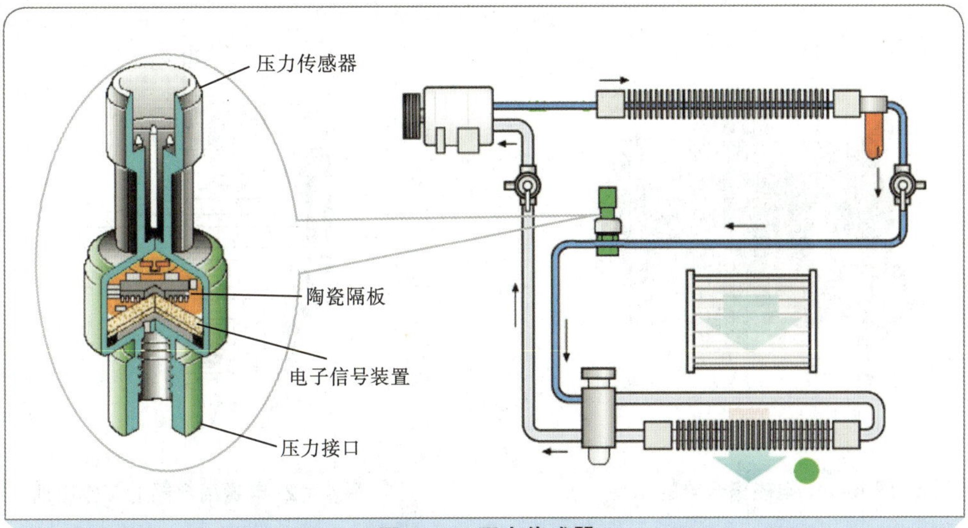

图 4-10　压力传感器

压力传感器有压敏电阻式和压敏电压式。压敏电压式压力传感器在使用中，通过两片陶瓷横隔膜的偏转来施加压力，其结果是平行板电容器电容的改变，这种变化由传感器的信号处理电路转换成模拟信号输出。

压力传感器的电路位于一块可变形的电路板上，包含传感器的上半部分，并且可以由陶瓷感应膜提供连续的电容数值。

使用压力传感器的好处在于传感器可以一直监测压力并且向发动机控制模块（ECM）发送信号，不像一般类型的压力开关具有上、下两个截止点。如果系统内的压力高于或低于规定值，制冷剂压力传感器就会检测制冷剂管路内的压力，并向 ECM 发送电压信号。例如，当制冷剂压力传感器检测到高压侧的压力高于 2 746 kPa 或低于 134 kPa 时，ECM 会使压缩机停止工作；当制冷剂压力高于 1.7 kPa 时，使冷凝器散热风扇高速运转。而在分板问题的时候，电子诊断设备可以用来采集系统压力信息，使其简化。

三、电磁离合器与保护装置

1. 电磁离合器

汽车空调电磁离合器的作用是，在不需要使用空调设备的季节或在车厢内温度达到规定温度时，可使发动机与压缩机分离，中断动力传递；而在需要使用空调设备时，又使发动机与压缩机接合，传递动力。电源的通断则由高、低压开关和温度开关进行控制。图 4-11 为电磁离合器的结构。

电磁离合器的工作原理是，当电流通过电磁线圈时，产生较强的磁场，使压缩机的电磁离合器从动盘和自由转动的带轮吸合，从而驱动压缩机主轴旋转。当把电流切断时，磁场就消失，此时靠弹簧作用把从动盘和带轮分开，使压缩机停止工作。如图 4-12 所示，电磁离合器从动盘与压缩机主轴是通过花键连接的，从动盘上固定了几个弹簧爪，弹簧的另一端固定在摩擦板 4 上，线圈固定在压缩机壳体上，带轮 1 装在轴承上，可自由转动。当电流接通时，摩擦板和带轮连成一体，压缩机开始运转；当电流切断时，弹簧使摩擦盘和带轮分开，压缩机就停止运转。

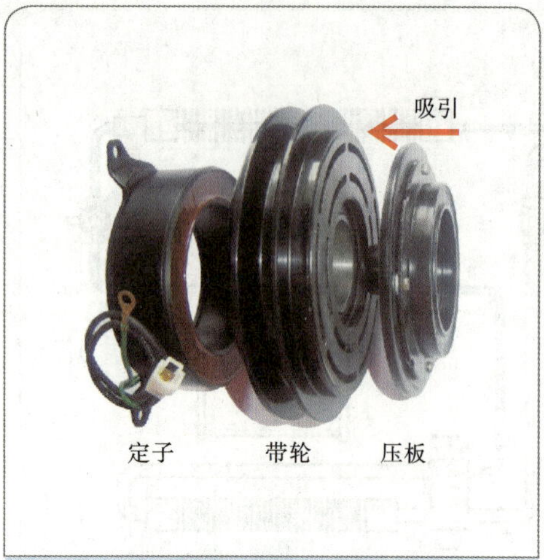

图 4-11 电磁离合器的结构

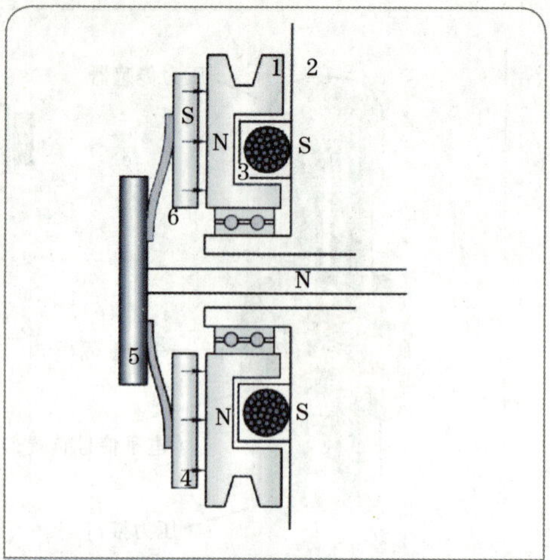

图 4-12 电磁离合器的工作原理

1- 带轮　2- 压缩机壳体　3- 线圈
4- 摩擦板　5- 电磁离合器从动盘　6- 弹簧爪

电磁离合器的使用注意事项如下：

①为了适合温度控制要求，所以电磁离合器的接合与分离是高速进行的，因此在压板和转子表面会有很多离合器痕迹，这些痕迹对工作不会造成危害。

②电磁线圈和转子之间的间隙很重要。电磁线圈与转子应靠得尽量近，以便获得更强的磁场作用。但间隙也不能过小，以免转子刮着线圈。

2. 热保护开关

如图 4-13 所示，热保护开关一般位于压缩机的底座上。热保护开关用于保护压缩机免受内部摩擦的损坏。热保护开关检测压缩机壳体的温度，一旦壳体温度达到预设的数值，压缩机离合器电路就会被切断。

其工作过程是：由于压缩机温度过高，双金属片受热膨胀，推动销移动，使动触点与静触点分离，从而断开热保护开关的串联引线，即断开压缩机离合器供电电路。由于热保护开关是和压缩机离合器串联的，所以一旦压缩机壳体温度下降到预设的数值，压缩机离合器供电电路就会恢复，再次通电。一般来说，当压缩机外壳的温度异常高温时，在 150℃时热保护开关断开，压缩机停止工作。当压缩机外壳的温度降至130℃时，热保护开关闭合，压缩机又开始工作。

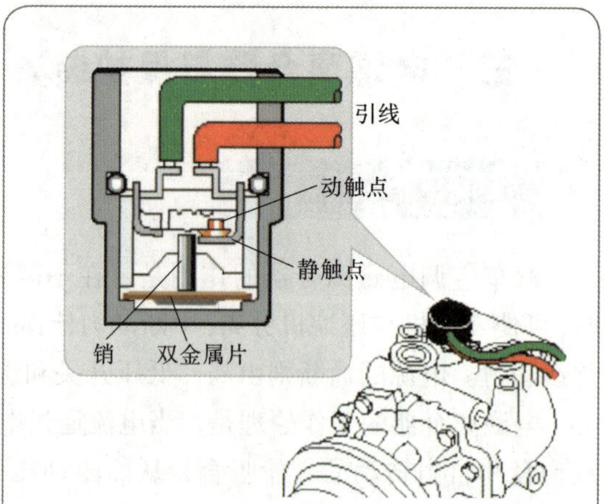

图 4-13 热保护开关的结构示意图

3. 高压泄压阀

在较早的汽车空调系统中，当制冷剂管路高压侧温度和压力异常高时，常通过使易熔塞的易熔合金熔化和将制冷剂释放的办法来保护制冷系统免受损坏。该办法让制冷剂全部释放到大气中，不仅造成经济上的损失，而且对环境也造成污染。当易熔塞熔化后，空气还将进入制冷系统。

如果制冷剂的压力升得太高，将会损坏制冷系统。因此，在现在的空调系统中，都有一个安装在压缩机或高压管路上的由弹簧控制的泄压阀。

当冷凝器散热条件不好时，冷凝器的温度和压力可能会过高。当汽车空调制冷系统内制冷剂量过多时，系统压力也可能会过高。高压泄压阀有预设压力调整范围，当压力超过该调整值范围时，泄压阀被迫打开，让制冷剂放出，直至压力降低到调整值为止。在正常情况下，由于弹簧的压力作用，使密封塞压向阀体，与 A 面凸缘紧贴，制冷系统内制冷剂不能放出，如图 4–14（a）所示；当系统压力异常升高时，如图 4–14（b）所示，弹簧被压缩，阀被打开，制冷剂被释放出来，系统内压力立即下降。当压力降至调整值范围时，弹簧又立即将密封塞推向 A 面，将阀关闭。

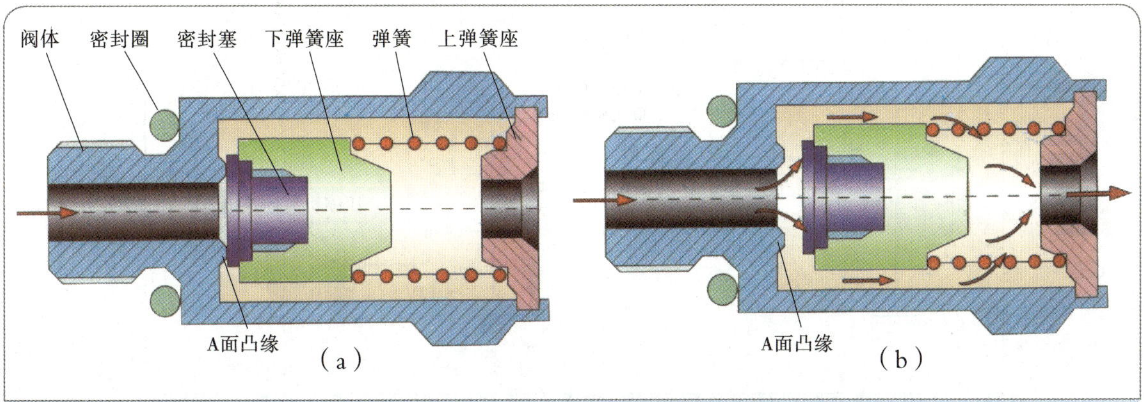

图 4–14　高压泄压阀工作原理示意图

（a）系统压力正常时；（b）系统压力异常时

由于空调系统和厂家的不同，高压泄压阀的压力调整值也有所不同。当制冷系统压力过高（如超过 3.5 ~ 4.2MPa）时，高压泄压阀打开，使制冷剂溢出而泄压；当压力降至 3.5MPa 以下时，在弹簧作用下，泄压阀自动关闭，以确保空调系统的正常工作。

例如，日产颐达乘用车的空调系统由位于压缩机后端的泄压阀来加以保护，如图 4–15 所示。当系统内的制冷剂压力升高到非正常水平（大于 3.8MPa）时，泄压阀的泄压口就会自动打开，并将制冷剂释放到空气中去。

四、继电器

继电器一般在空调控制电路中用来保护电流负载能力低的开关（也就是具有较小的接触区域 / 不耐用的压力接触点），或用于元器件之间电流输出存在不同处。

图 4–15 所示为无继电器压缩机控制电路，由 A/C 开关直接控制压缩机离合器线圈的通、断电。结果构成回路后，大电流在 A/C 开关较小的电阻上产生较大电压降，压降约为 1V，因此，与之串联的离合器线圈的工作电压只有 11V。这样不仅降低了负载的工作电压，更容易烧蚀 A/C 开关触点。

图 4–16 所示为有继电器压缩机控制电路，A/C 开关接通后，压缩机继电器工作，再通过继电器触点给离合器线圈供电。由于继电器工作仅需小电流，故 A/C 开关通地电流较小，同时，继电器可以控制大电流，就相当于将蓄电池电压直接加载到了压缩机离合器上，使离合器线圈产生正常的电磁吸力。

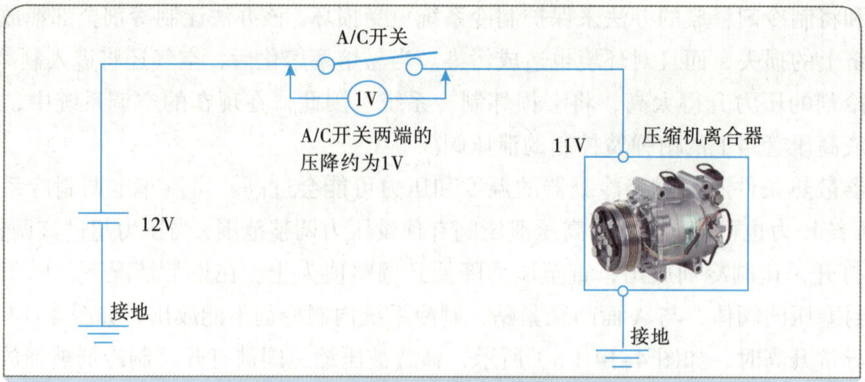

图 4-15 无继电器压缩机控制电路

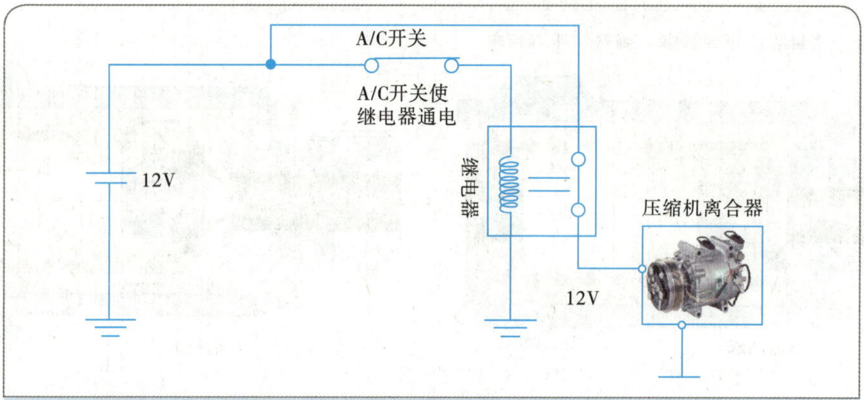

图 4-16 有继电器压缩机控制电路

五、维修实例

1. 案例一

(1) 故障现象

打开空调器开关后，从风口吹出热风，空调压缩机不工作。

(2) 故障原因

空调压力开关损坏。

(3) 故障诊断与排除

接车后，根据现象分析，该故障可能发生在电磁离合器、储液干燥器上的压力开关等相关部位。经开机检查电磁离合器无故障。

由原理可知，电磁离合器的工作电流从储液干燥器的压力开关上送来。压力开关的插座上共有 4 个端子，其中两个是低压开关端子。检查端子，当点火开关在“ON”位置时，其中一个端子空调器开关打开时有 12V 电压；另一个端子是至压缩机电磁离合器的，用万用表测量储液干燥器上的低压开关端子，电阻为无穷大，则此时开关为断开状态。用万用表检查低压开关断路，说明压力开关损坏。

更换储液干燥器上的压力开关后，故障排除。

2. 案例二

（1）故障现象

现有一辆行驶里程约 14.3 万 km 的大众帕萨特 1.8T 轿车。用户反映：该车空调不制冷。

（2）故障原因

空调压缩机电磁离合器导线插接器未连接到位。

（3）故障诊断与排除

接车后，首先验证故障。该车装备的是自动空调系统，操作空调控制面板上的开关将温度调至最低，出风口无冷风吹出；打开发动机室盖，发现空调压缩机不工作，且散热风扇也不工作。

本着由简到繁的诊断思路，首先检查位于仪表台左侧下方熔丝盒中的 5 号、15 号及 25 号熔丝，发现 10A 的 5 号熔丝熔断，更换该熔丝后试车，空调压缩机依然不工作，但散热风扇可正常运转；接着连接空调歧管压力表组检查制冷剂压力，发现高、低压均很低，显然系统中的制冷剂发生了泄漏。经检查发现，部分空调管路接口的密封圈因老化发生了渗漏。更换老化的密封圈后抽真空重新加注适量制冷剂，发现空调压缩机还是不工作。

该车空调继电器位于仪表台左侧下方继电器支架上的 3 号位，代号为 267。起动发动机，接通空调开关，用手触摸该继电器表面，感觉有明显的吸合动作，初步推断空调继电器工作正常；此时测量发动机室左侧前照灯后方绿色导线插接器（电源经空调继电器出来后再经该导线插接器供给空调压缩机电磁离合器）上的电压，为蓄电池电压，正常，由此确定该导线插接器与空调压缩机电磁离合器间的线路发生了断路。继续检查发现，空调压缩机电磁离合器导线插接器未连接到位（查看空调压缩机电磁离合器导线插接器时，要将车辆举升且要拆下发动机底部护板）。

对空调压缩机电磁离合器导线插接器进行处理并连接到位后试车，空调压缩机开始工作，空调制冷效果正常，故障排除。

任务二 传感器的检修

一、空气质量传感器

功能：检测外界空气中的有害气体的含量，用于切断有害气体，保护乘员的健康。

检测气体的种类：HC、CO 及 NO_x、SO_x 等。

安装位置及控制原理分别如图 4-17 和图 4-18 所示。

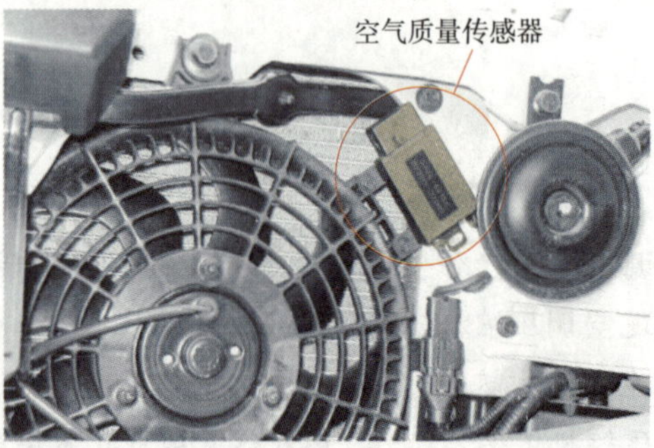

图 4-17 安装位置示意图

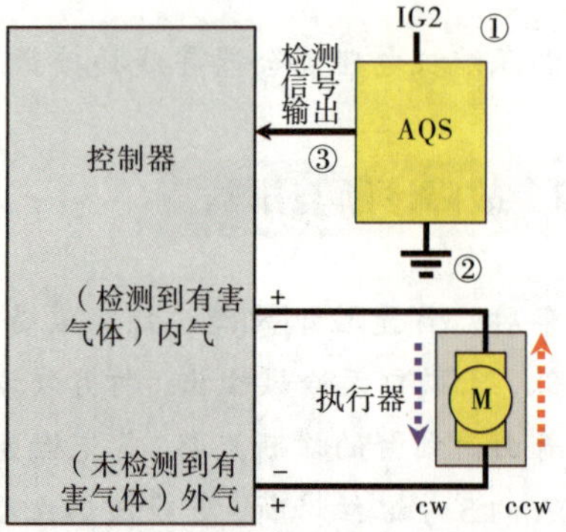

图 4-18 控制原理图

1. 检查

①点火开关置于“ON”位置。

②使用诊断仪检查空气质量传感器 2 端子和 3 端子之间的输出电压，如表 4-2 和图 4-19 所示。延迟时间：ON TIME 为 5s，OFF TIME 为 0s。

表 4-2

条件	输出信号	外气输入 / 内气循环
正常状态	4 ~ 5V	外气进入
检测到有害气体	0 ~ 1V	内气循环

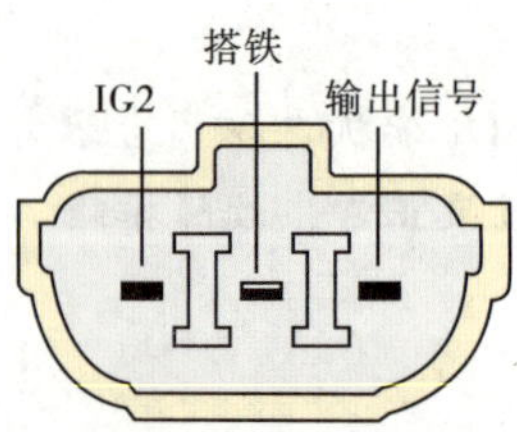

图 4-19

2. 失效保护功能

当点火开关置于“ON”位置时（与 AQS 选择开关状态无关），在 AQS 传感器预热时间（35s）内，7s 时间用于检测 AQS 传感器信号是否处于断路状态。

在检测时间内，当电压不是 0V，而是 2.5V 以上时，判断为 AQS 传感器断路（此时，AQS 不工作，指示灯熄灭，内外气控制恢复到以前模式）。

二、阳光传感器

功能：检测阳光强弱，修正调温风门的位置与鼓风机的转速。

安装位置：一般安装在仪表台上面，靠近前风窗玻璃的底部，如图 4-20 所示。

1. 阳光传感器的检测

阳光传感器的控制电路简图如图 4-21 所示，一般可以用万用表或利用自诊断系统进行检测。

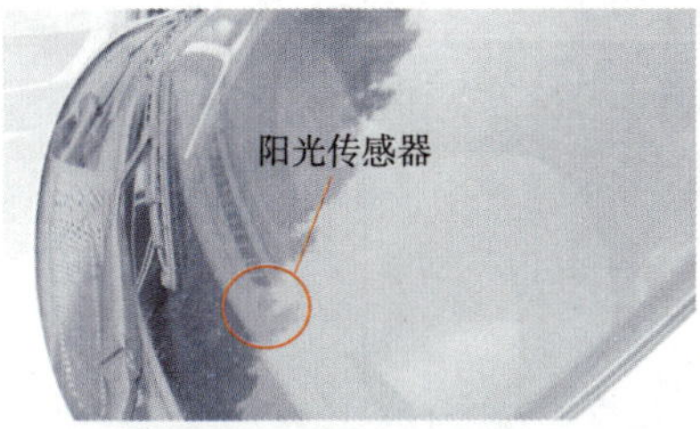

图 4-20　安装位置

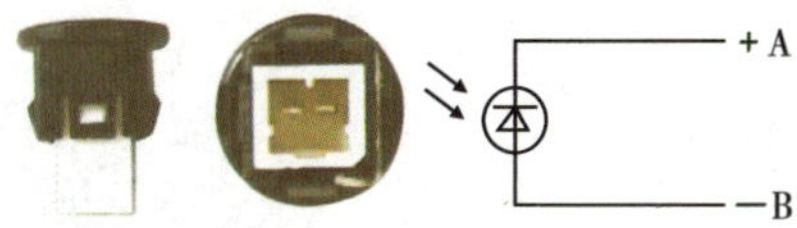

图 4-21　阳光传感器的控制电路简图

（1）万用表检测

①检查传感器电阻。拆下阳光传感器的插接器，测量传感器侧的 A 脚和 B 脚之间的电阻，当强光照射时应为 4kW，遮住光线时应为无穷大，否则说明传感器有故障。

②检查传感器信号电压。插好阳光传感器的插接器，测量 A 脚和 B 脚之间的信号电压，当强光照射时应小于 1V，遮住光线时应大于 4V，否则说明传感器或控制电路有故障。

阳光传感器的输出电压如表 4-3 所示。

（2）自诊断检测

阳光传感器有故障时，ECU 自诊断系统能够储存相应的故障码，用故障诊断仪读取故障码可以快速判断故障部位。

表 4-3　阳光传感器的输出电压

输出电压 /mV	光照能量 /lx
21.4	10 000
36.0	20 000
46.6	30 000
58.8	40 000
67.7	50 000
76.2	60 000
83.7	70 000

2. 维修提示

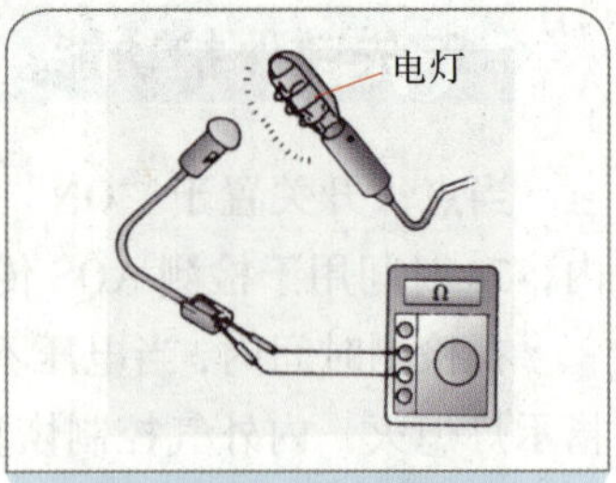

图 4-22 阳光传感器的检测

在阳光不足的地方（如车间内），也会储存阳光传感器的故障码。此时，可用 60W 的光源距阳光传感器 25cm 照射来模拟阳光，这时阳光传感器的故障码应消失，如图 4-22 所示。

三、湿度传感器

功能：检测车内的空气湿度并输出至控制器，用于控制车内空气湿度和清除在强雨或低温状态因湿度引起的风窗玻璃上的雾或霜。

安装位置：一般安装在中央控制台下装饰板附近，如图 4-23 所示。

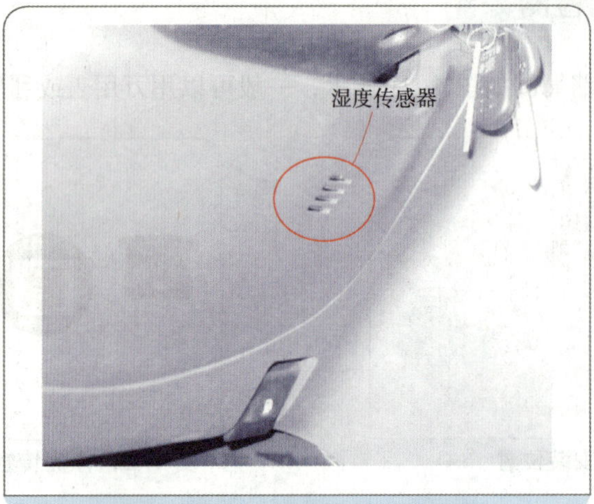

图 4-23 湿度传感器的安装位置

1. 检测方法

用欧姆表测量湿度传感器的电阻值大小。当相对湿度变化时，电阻值应当改变，相对湿度越大，电阻值越小；相反，其电阻值越大，如图 4-24 所示。

测量 2 端子与 3 端子之间电阻，与图 4-25 比较 。

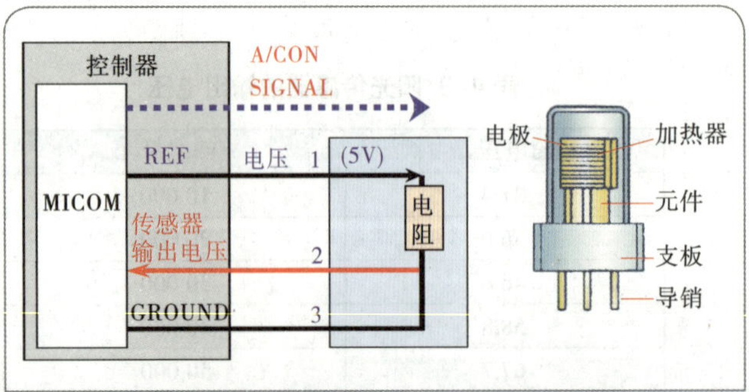

图 4-24 用欧姆表测量湿度传感器的电阻值大小

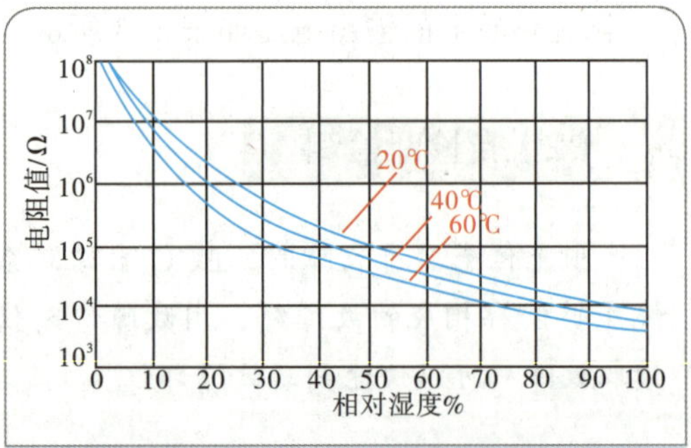

图 4-25 2 端子与 3 端子之间电阻值

2. 检查

①点火开关置于“ON”位置。

②使用诊断仪检查湿度传感器 2 端子和 3 端子之间的频率。

③如果测量值不在规定范围内，用良好的湿度传感器替代，检查工作是否正常。

④如果故障被排除，更换湿度传感器。

标准值如表 4–4 所示。

表 4–4 标准值

相对湿度 /%	2 端子和 3 端子之间的频率 /Hz
0	7 351 ×（1 ± 10%）
10	7 224 ×（1 ± 10%）
20	7 100 ×（1 ± 10%）
30	6 976 ×（1 ± 10%）
40	6 853 ×（1 ± 10%）
50	6 728 ×（1 ± 10%）
60	6 600 ×（1 ± 10%）
70	6 468 ×（1 ± 10%）
80	6 330 ×（1 ± 10%）
90	6 186 ×（1 ± 10%）
100	6 033 ×（1 ± 10%）

四、车外温度传感器

功能：检测车外温度并输出至空调控制器，用于输出温度和风量控制。

安装位置：一般安装在保险杠内或发动机散热器之前，如图 4–26 所示。

由于车外温度传感器极容易受到环境（散热器的温度、前面车辆的排气等）影响，为此将车外温度传感器包在一个塑料树脂内，避免环境温度突然变化的影响，使其能准确地检测车外的平均气温。

图 4–26 车外温度传感器的安装位置

1. 车外温度传感器的控制电路

车外温度传感器的控制电路如图 4–27 所示。

空调控制面板显示故障码：02 故障

2. 车外温度传感器的电阻特性和输出电压

车外温度传感器的电阻特性如图 4–28 所示。传感器为负温度系数热敏电阻：温度上升，电阻下降；温度下降，电阻上升。

车外温度传感器的输出电压如表 4–5 所示。

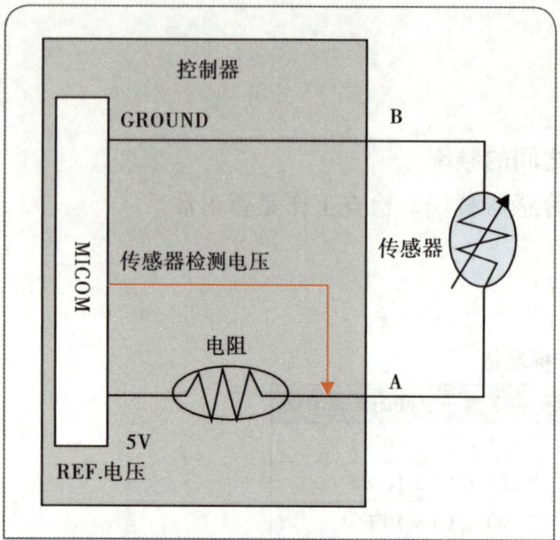

图 4-27 车外温度传感器的控制电路

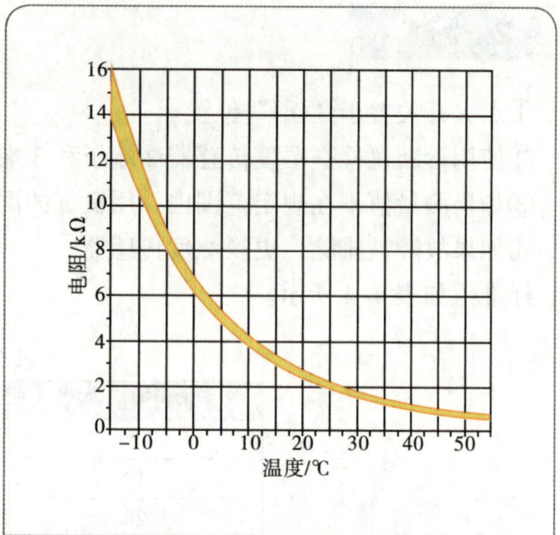

图 4-28 车外温度传感器的电阻特性

表 4-5 车外温度传感器的输出电压

温度 /℃	电阻 /kΩ	电压 /V
-10	15.78	4.20
-5	12.20	4.01
0	9.50	3.80
5	7.45	3.56
10	5.88	3.31
20	3.73	2.77
30	2.43	2.24
40	1.61	1.75

（1）检查

①点火开关置于“OFF”位置。
②分离车外温度传感器的插接器。
③检查车外温度传感器的 A 端子和 B 端子之间的电阻是否随温度的变化而变化。
④如果测量的电阻值不在规定范围内，用良好的车外温度传感器替代，检查工作是否正常。
⑤如果故障排除，更换车外温度传感器。

检查电路如图 4-29，标准值如表 4-6 所示。

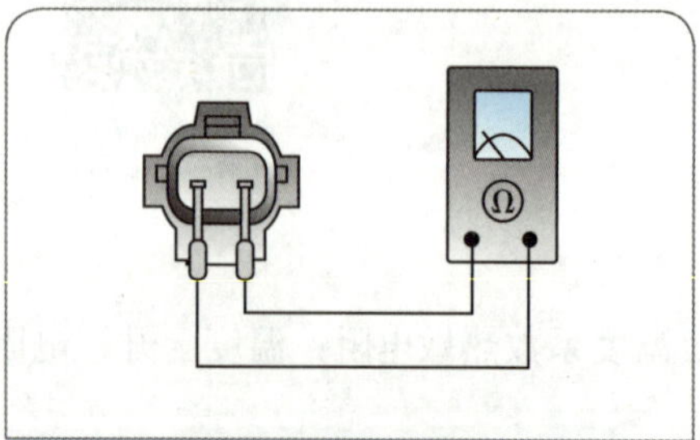

图 4-29 检查电路

表 4-6 车外温度传热器电阻

温度 /℃	A 端子和 B 端子之间的电阻 /kΩ
-10	16.4 ×（1 ± 3%）
0	9.75 ×（1 ± 3%）
10	5.96 ×（1 ± 3%）
20	3.75 ×（1 ± 3%）

（2）车外温度传感器的标准值

车外温度传感器的标准值如表 4-7 所示。

表 4-7　车外传感器的标准值

车型		20℃ 电阻 /kΩ	20℃ 电压 /V	30℃ 电阻 /kΩ	30℃ 电压 /V	40℃ 电阻 /kΩ	40℃ 电压 /V
日产		6.3	—	4	—	2.6	—
雷克萨斯		—	1.5 ~ 1.9	—	1.1 ~ 1.5	—	0.85 ~ 1.25
马自达		2.75	—	1.75	—	1	—
三菱		—	3.5	—	2.0	—	—
现代		40	—	30	—	—	—
奔驰	W124	3.1 ~ 3.9	—	1.9 ~ 2.3	—	1.4 ~ 1.6	—
	W129	3.1 ~ 3.9	—	1.9 ~ 2.3	—	1.4 ~ 1.6	—
	W140	3.2 ~ 3.6	2.6 ~ 2.9	2 ~ 2.3	2.0 ~ 2.4	1.5 ~ 1.7	1.4 ~ 1.8
	W210	2.6 ~ 2.9	—	2 ~ 2.4	—	1.4 ~ 1.8	—
	W202	11.9 ~ 13.2	—	7.7 ~ 8.4	—	5 ~ 6.2	—
沃尔沃		—	2.5	—	2	—	1.5

五、车内温度传感器

车内温度传感器是一个热敏电阻。车内温度传感器有两个接线端子与空调控制器相连。当车内温度传感器电阻发生变化时，空调控制器检测传感器两端电压降的变化来获得信号。

功能：检测车内空气温度，ECU 根据此信号控制出风口空气温度、鼓风机转速、气流方式、进气模式等。

车内温度传感器的安装位置如图 4-30 所示。

图 4-30　车内温度传感器的安装位置

1. 车内温度传感器的检测

车内温度传感器的检测如图 4-31 所示，一般可以使用万用表或利用自诊断功能进行检测。

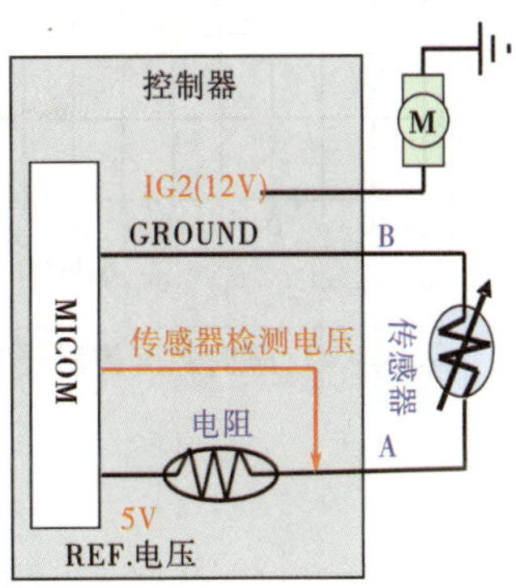

图 4-31　车内温度传感器的检测

（1）万用表检测

①检查电源线。拆下车内温度传感器的插接器，测量线束侧 A 脚与搭铁之间应有 5V 直流电压；否则，说明接线或 ECU 有故障。

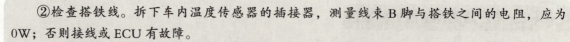

②检查搭铁线。拆下车内温度传感器的插接器，测量线束B脚与搭铁之间的电阻，应为0W；否则接线或ECU有故障。

③检查传感器。拆下车内温度传感器的插接器，测量传感器侧A脚与B脚之间的电阻，其电阻值应随温度的升高而减小，并与规定值相符合；否则，说明传感器有故障。

（2）自诊断

空调ECU具有自诊断功能，用故障诊断仪和通过空调控制面板读取车内温度传感器测量的温度值，与实际的车内温度比较。如果测量温度值与实际温度值不同，则说明车内温度传感器或控制电路有故障。

车内温度传感器有故障时，ECU自诊断系统能够存储相应的故障码，用故障诊断仪读取故障码可以快速判断故障部位。有些车型在车内温度传感器有故障时，空调ECU会采用替代值代替，以使空调继续工作，不同车型的替代值不同。

2. 车内温度传感器的电阻特性与输出电压

车内温度传感器的电阻特性如图4–32所示。车内温度传感器输出电压如表4–8所示。传感器为负温度系数热敏电阻：温度上升，电阻下降；温度下降，电阻上升。

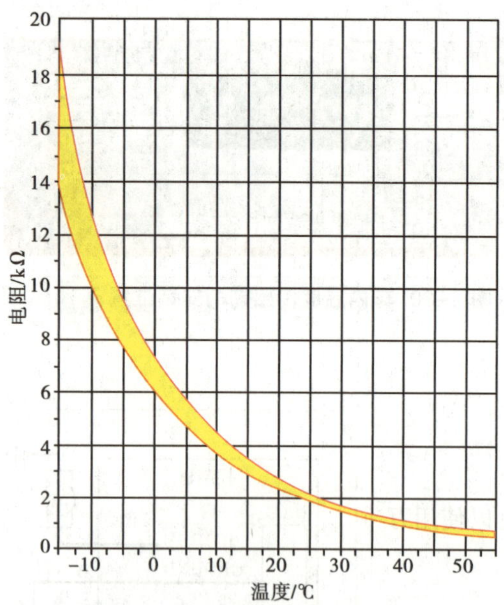

图4–32 车内温度传感器的电阻特性

表4–8 A端子与B端子之间的电压

温度/℃	最小值/V	中间值/V	最大值/V
30	0.75	0.80	0.85
20	1.17	1.25	1.33
10	1.84	2.01	2.18
0	2.97	3.32	3.71

3. 车内温度传感器强制通风装置的检测

①使鼓风机高速运转。

②将一小纸片（5cm×5cm）靠近前车内温度传感器（图4-33），若纸片被吸住，车内温度传感器强制通风装置良好。若纸片没有被吸住，如果车内温度传感器是吸气器型，检测抽风管道是否密封；对于电动机型车内温度传感器，检测车内温度传感器抽风机及线路。该抽风机一般都由空调电脑来控制，若空调系统工作或点火开关打开，抽风机就运转。

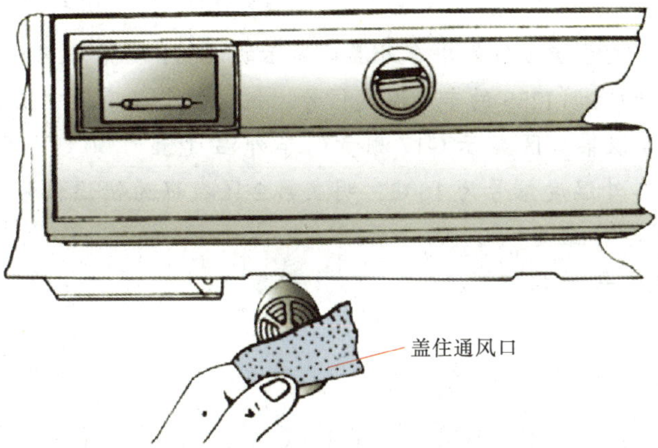

图4-33　车内温度传感器强制通风装置的检测

③在某些空调系统中，驾驶员和乘客车门开关会将车门信号送至空调电脑。在汽车停下以后只要有任何一扇门开着，车门开关信号即送到空调电脑，使它打开抽风机电动机，热空气经车内温度传感器吹出。这个动作只能在车内温度高于某一规定值时才产生。

六、维修实例

1. 案例一

（1）故障现象

现有一辆行驶里程约1.9万km的奥迪A6L 2.0T轿车。用户反映：该车组合仪表室外温度显示始终为16℃，无任何变化。

（2）故障原因

新鲜温度传感器故障。

（3）故障诊断与排除

①用VAS5052进行故障导航检测，仪表中无外部温度传感器断路/短路故障记录存储。

②冷凝器前端外部温度传感器为负温度系数电阻传感器，温度越高，电阻越小。对传感器进行加热，测量电阻变小，检测结果表明传感器无故障。

③检查传感器与仪表间线路无短路故障。仪表插头无松动现象，插针端子插接良好，重新连接仪表及相关部件后，仪表显示外界温度为30℃，继续等待30 min后，显示温度无任何变化，尝试对外部温度传感器进行降温处理后，仪表显示温度下降为16℃，待传感器温度上升至室温后，仪表仍显示16℃。

④多次试验后总结出故障规律，温度下降时仪表显示能够变化；温度上升时，仪表显示无变化。

⑤查询SSP326中关于组合仪表中车外温度显示的说明：组合仪表使用车外温度传感器G17的信号，还使用全自动空调J255的车外温度信号，把这两个温度值中较低的那个值显示出来。

⑥读取J285第4组第1区显示G17测量的车外温度值为30℃，第2区显示通过CAN-BUS传递的J255的车外温度信号为16℃，明显第2区数据为错误信号。全自动空调J255通过新鲜温度传感器测量车外温度。

更换新鲜温度传感器，故障解决。

2. 案例二

(1)故障现象

现有一辆行驶里程约5万km，搭载CDE发动机和5挡手动变速器的大众朗逸1.6手动舒适型品雅版轿车。用户反映：该车空调突然出现不制冷现象。

(2)故障原因

车外温度传感器的线路断路。

(3)故障诊断与排除

维修人员进行基本检查，发现发动机怠速运转时冷却风扇旋转，仪表台中央出风口吹出的是热风。连接制冷剂加注机测量空调系统压强，高压侧为1.0 MPa，低压侧为0.9 MPa，说明系统内没有产生制冷循环。

使用故障诊断仪查询网关列表，屏幕界面显示发动机控制单元J220无故障码存储。读取发动机数据块50组4区的测量值，为压缩机关闭。在压缩机流量调节电磁阀N280的插接器处，用发光二极管试灯检测，没能点亮。在空调继电器J32（126）的85号端子上引出导线，用万用表测量该端子的电压，为13.25 V。人为地将该端子搭铁，继电器吸合，压缩机工作，空调系统开始制冷。

看来故障是控制方面的原因造成的，是发动机控制单元不允许空调运行。但是发动机控制单元内无故障信息，到底是何种因素导致了压缩机的关闭呢？

从网关列表上看到仪表和车身控制单元呈故障状态，由此联想到车外温度传感器可能有问题。使用车上中央显示屏信息调取开关，查询仪表内的车外温度信息，显示为“---℃”，异常。用故障诊断仪查询仪表控制单元故障内存，发现故障码00779——外部温度传感器G17断路，2组4区外部环境温度的测量值为-50℃，问题就在这里。

检查前保险杠内车外温度传感器G 17，发现线路被老鼠咬断。传感器电阻过大意味着温度很低，因此不满足制冷条件。该信息经仪表通过数据总线发送到发动机控制单元，从而关闭了空调压缩机。

修复车外温度传感器的线路，空调恢复制冷。

任务三 控制电路

一、鼓风机控制电路

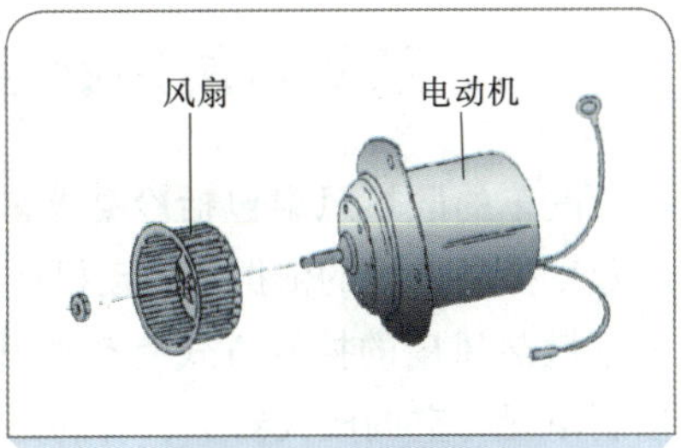

图 4-34 笼型鼓风机

鼓风机工作时，电动机驱动一个笼型风扇，推动空气通过蒸发器和加热器，如图4-34所示。目前汽车空调中均是通过外接鼓风机电阻或功率晶体管的方式来控制电动机转速的。

1. 外接鼓风机电阻控制方式

鼓风机电阻串联在鼓风机开关与鼓风机电动机之间，其电压降被用于改变电动机的端电压，控制电动机转速和调节空气流量。

当电动机运转时，变阻器会变热，需要冷却，因此，它被安装在鼓风机电动机前蒸发箱内使之通风良好，如图4-35所示。

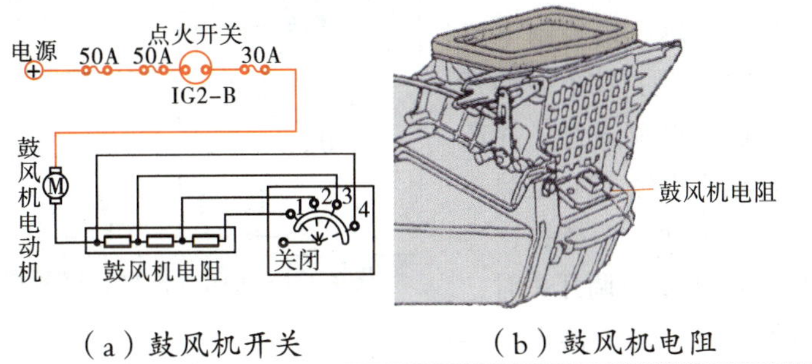

图 4-35 鼓风机开关与电阻

2. 外接功率晶体管控制方式

这种控制方式，利用了晶体管可放大的特性。空调控制器通过改变晶体管基极电流的大小使鼓风机在不同转速下工作，如图 4-36 所示。

3. 晶体管与鼓风机电阻组合型

鼓风机控制开关有自动挡和不同转速的选择模式，如图 4-37 所示，鼓风机转速由空调电脑控制，一旦人为操纵开关选择不同转速后，便自动取消空调电脑的控制功能。

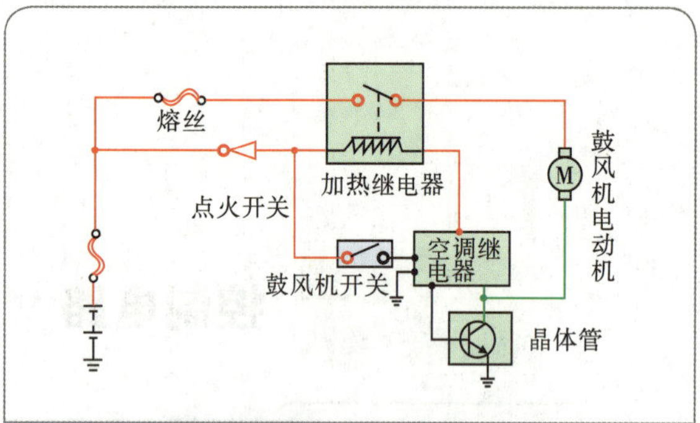

图 4-36 鼓风机转速的外接功率晶体管控制方式

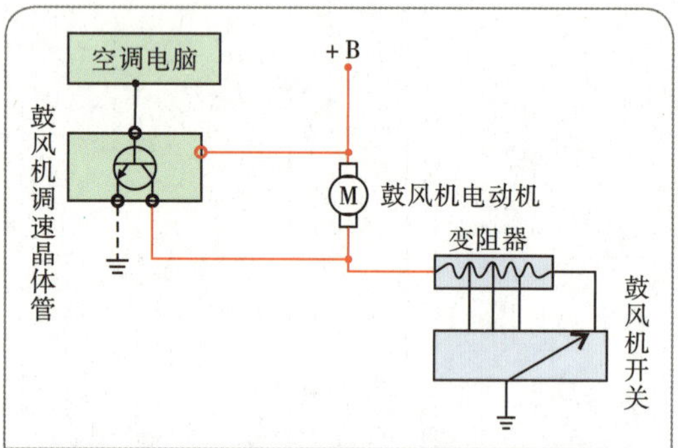

图 4-37 晶体管与鼓风机电阻组合型

二、散热风扇控制电路

汽车的散热风扇包括冷凝器散热风扇和散热器散热风扇。散热风扇具有高低挡，开启散热风扇及变换高低挡的依据是发动机冷却液温度、空调工作状态（有没开空调）、空调制冷管路压力。根据散热风扇的控制方式有空调开关直接控制式和电控模块控制式，这个电控模块有的是指空调控制单元（空调放大器），有的是指发动机 ECU。

1. 空调开关直接控制式

空调开关直接控制散热风扇是一种原始的控制方式，一般用的货车空调上。这种控制方式比较简单，接通空调开关时，冷却风扇便同时为发动机散热器和空调冷凝器降温。

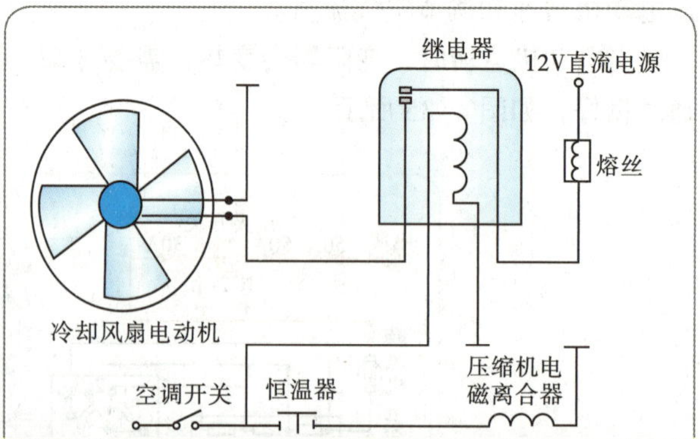

图 4-38 空调开关直接控制式散热风扇控制电路

空调开关直接控制式散热风扇控制电路如图 4-38 所示。其工作原理是：按下空调开关，继电器的电磁线圈就有电流通过，并产生磁力吸合触点，这时电流流经 12V 电源→继电器的触点→冷却风扇电动机→搭铁，冷却风扇电动机便通电运转；关闭空调开关时，继电器电磁线圈无电流通过，磁力消失，继电器触点断开，冷却风扇电动机停止运转。

2. 电控模块控制式

（1）空调模块控制式

图 4-39 所示为典型的大众车系散热风扇控制电路。由图可知，散热风扇分为左、右两个，散热风扇内部附加一个电阻，因而具有高低挡供选择：风扇与电阻串联时为低速挡，电流直接通过风扇电动机则为高速挡。

空调模块（空调放大器 J293）根据冷却液温度、空调开启信号和压力开关信号控制散热器风扇转速。开启空调系统时，空调放大器即控制左、右散热风扇同时低速运转，当制冷剂压力升高、中压开关闭合时，空调放大器将接通散热风扇高速挡，实现快速散热。

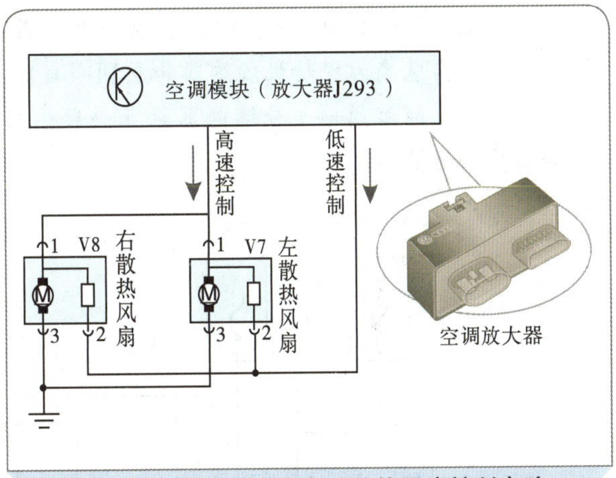

图 4-39　典型的大众车系散热风扇控制电路

（2）发动机 ECU 控制式

与大众车系不同的是，日韩车系常采用发动机 ECU 接通不同继电器的方式控制散热风扇运转。

图 4-40 所示为散热风扇电机低速运转电路，当发动机冷却液温度达到 95℃或开启空调系统（发动机 ECU 收到空调请求信号）时，发动机 ECU 给 3 号风扇继电器通电，电流流经熔丝→3 号继电器触点→冷凝器风扇→2 号继电器触点 3→2 号继电器触点 4→散热器风扇→搭铁。冷凝器风扇与散热器风扇串联，以低速散热。

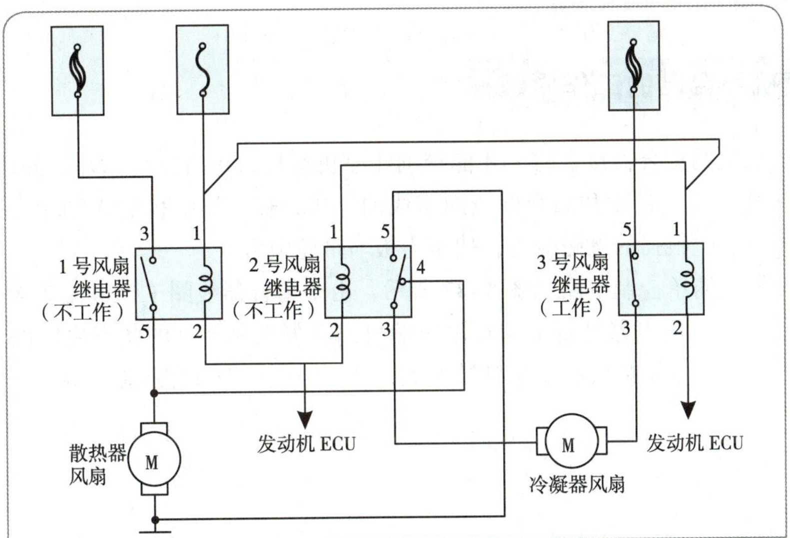

图 4-40　散热风扇电动机低速运转电路

图 4-41 所示为散热风扇电动机高速运转电路，当发动机冷却液温度达到 105℃或制冷管路上的中压开关闭合（如制冷剂压力为 1 700kPa，达到预设的制冷剂压力）时，发动机 ECU 使所有风扇继电器工作，冷凝器风扇与散热器风扇各自独立通电（相当于并联），高速起动。

这时的风扇电机供电电路如下：

①电流流经熔丝→3 号继电器触点→冷凝器风扇→2 号继电器触点 3→2 号继电器触点 5→搭铁，冷凝器风扇为发动机散热器和空调冷凝器高速散热。

②电流流经熔丝→1 号继电器触点→散热器风扇→搭铁，散热器风扇为发动机散热器和空调冷凝器高速散热。

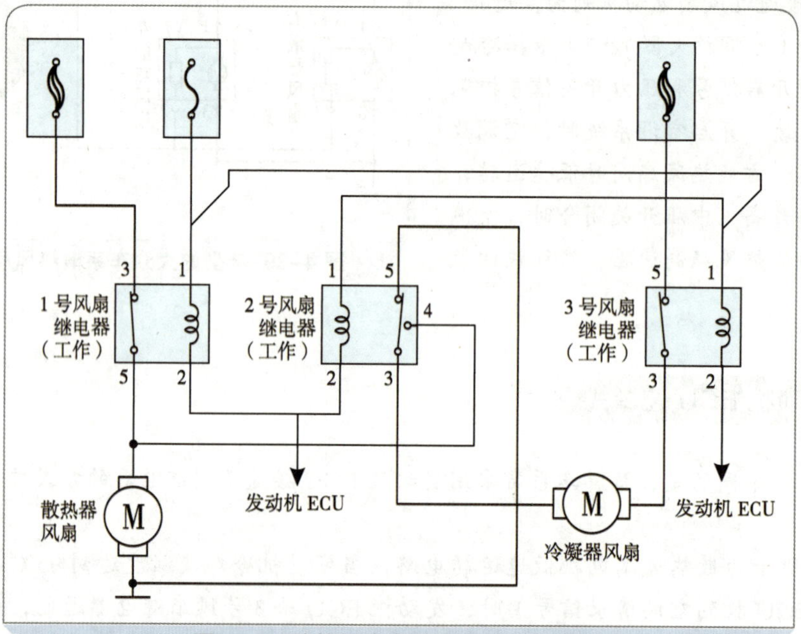

图 4-41 散热风扇电动机高速运转电路

三、压缩机控制电路

1. 压缩机离合器的工作原理

汽车空调压缩机的离合器接合时，才能带动压缩机运转，进行制冷循环。如图 4-42 所示，压缩机离合器是由压力板、带轮和离合器线圈组成的。压力板与压缩机输入轴相连，当离合器线圈通电时，通过带轮产生很强的电磁吸力，使压力板与带轮吸合。

压缩机离合器的简单控制电路如图 4-43 所示，由于离合器线圈工作电流较大，故采用继电器用小电流控制大电流。继电器是否工作是由压缩机离合器控制元件的状态决定的，这些元件包括空调开关、压力开关、空调模块和发动机模块等，共同组成一个回路控制系统。

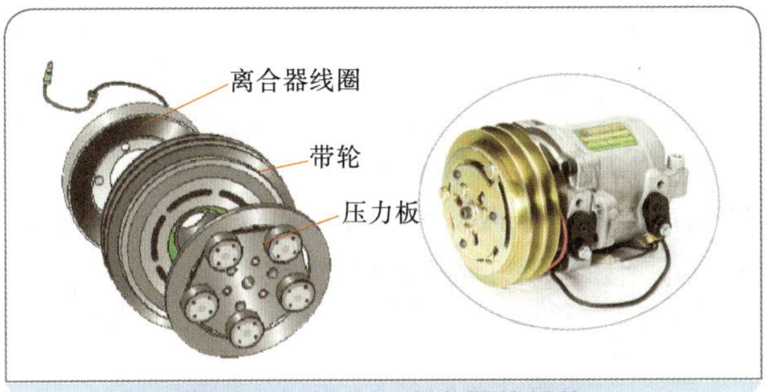

图 4-42 压缩机离合器的结构

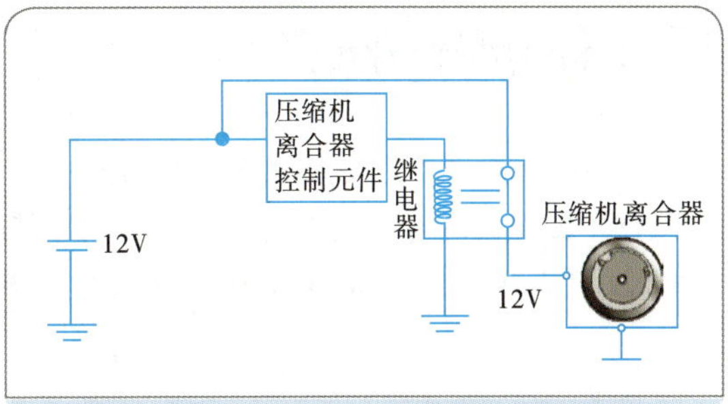

图 4-43 压缩机离合器的简单控制电路

2. 压缩机离合器的控制

电控时代的汽车空调都是由微处理器（空调 ECU、发动机 ECU 或 PCM）来起动和停止 A/C 电路，控制压缩机和冷凝风扇的。从各个传感器发出的，有关发动机转速、行驶速度、制冷剂温度、A/C 开关起动、压力开关、加速踏板位置以及变速器挡位等数字或模拟信号，一直由 ECU 或 PCM 来监测。这些信号在微处理器中进行转化，完成需要的计算。

图 4-44 所示为手动空调系统电路图，空调系统对压缩机离合器控制内容如下。

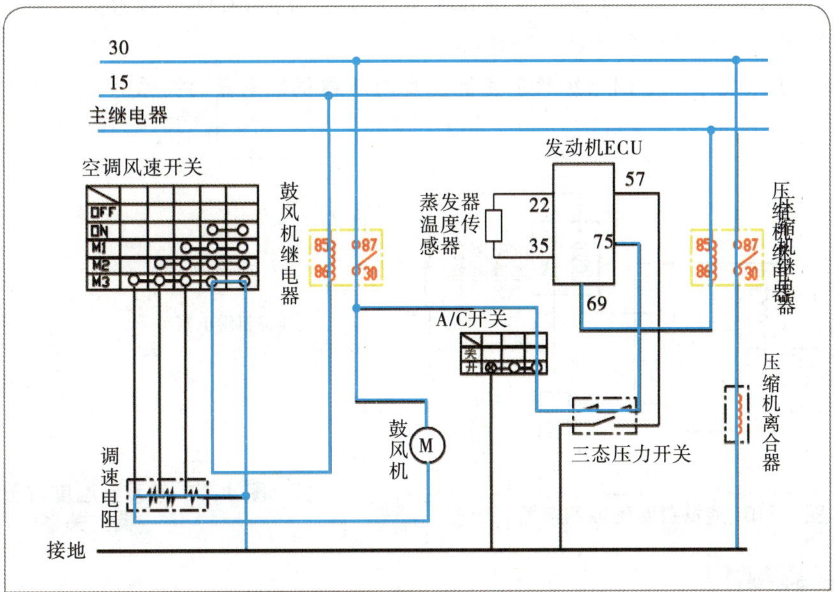

图 4-44 手动空调系统控制电路图

（1）空调开关与鼓风机开关控制

由空调控制电路可以看出，开启空调前，首先得打开鼓风机调速开关，才能使鼓风机继电器工作，从而接通 A/C 开关电路和鼓风机供电电路。然后按下 A/C 开关，A/C 开关指示灯亮，发出 A/C 请求信号。

（2）制冷压力控制

A/C 请求信号需要经过三态压力开关中的高、低压开关，在系统压力较高或较低时，将停止 A/C 压缩机运行，这是由于系统压力过高或过低都说明制冷剂系统中存在问题，需要切断压缩机工作电源。图 4-45 所示为某车型空调系统的制冷剂压力与压缩机继电器的关系。

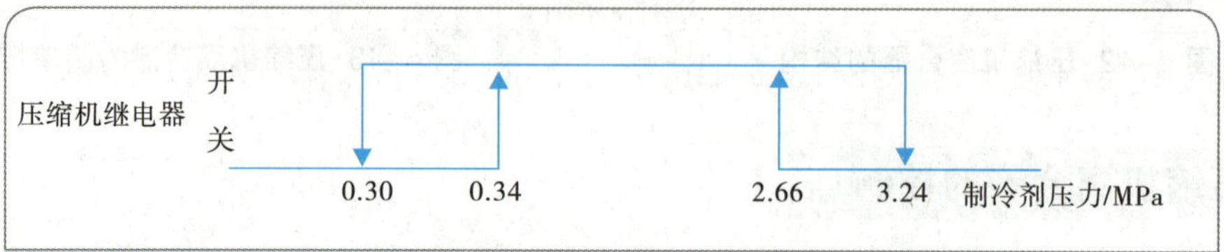

图 4-45 制冷剂压力与压缩机继电器的关系

（3）蒸发器温度控制

图 4-46 所示为蒸发器温度控制电路，蒸发器温度传感器安装在蒸发器表面，当蒸发器表面温度低于某个设定值时，热敏电阻阻值发生变化，在发动机 ECU 中转换成低温信号，发动机 ECU 控制继电器切断压缩机电磁离合器电路。

图 4-47 所示为某车型空调系统的蒸发器温度与压缩机继电器的关系。

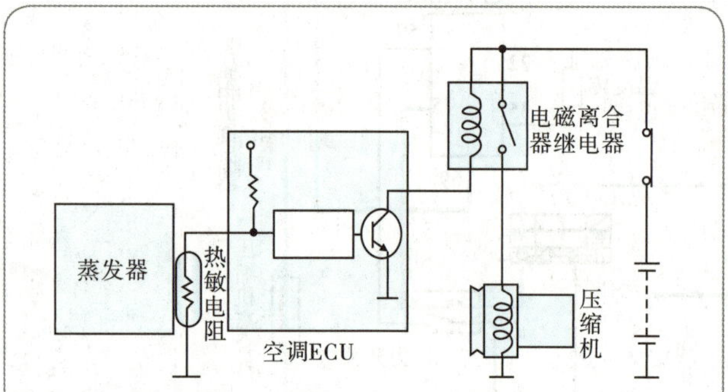

图 4-46 蒸发器温度控制电路

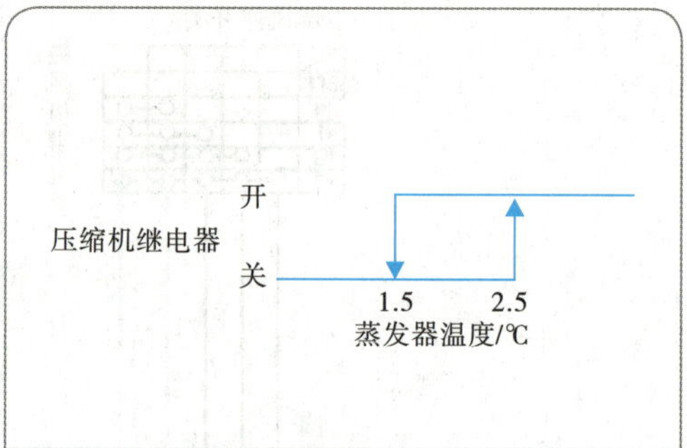

图 4-47 蒸发器温度与压缩机继电器的关系

（4）延迟控制

当发动机在怠速工况下运行时按下空调 A/C 开关，空调 ECU 或发动机 ECU 在收到空调请求信号后不会立即接通压缩机继电器，而是留出一个 1s 之内的短暂延时，使发动机 ECU 有足够时间控制提高发动机转速，满足开启空调循环系统的动力需求。

（5）发动机转速控制

汽车空调开启时，如果发动机转速过低可能导致发动机熄火。发动机 ECU 通过曲轴转速与位置传感器检测到发动机转速过低信号，断开压缩机继电器电路，使空调压缩机停止工作。当发动机转速较高时，发动机 ECU 同样停止运行空调压缩机。

发动机转速与压缩机继电器的关系如图 4–48 所示，当发动机转速高于 650r/min 时，压缩机继电器打开，压缩机运行，但低于 500r/min 时，压缩机停止运行；当发动机转速高于 6 250r/min 时，压缩机继电器断电，压缩机停止运行，在转速下降到 6 050r/min 时又可以恢复运转。

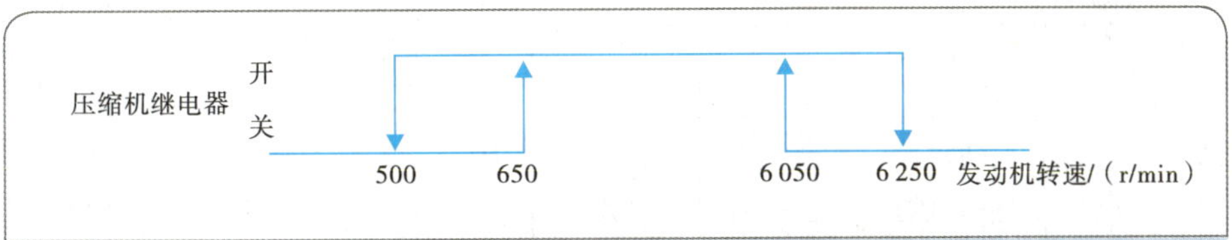

图 4–48　发动机转速与压缩机继电器的关系

（6）发动机动力输出控制

当汽车急加速或者需要发动机输出大功率大转矩时，空调模块或发动机 ECU 将关闭空调压缩机。出于车辆特殊行驶状况对发动机动力的需求，使车辆的全部动力用于驱动车辆。

图 4–49 所示为发动机动力输出控制示意图。在空调系统正常工作的情况下急加速时，发动机 ECU 通过节气门位置传感器或加速踏板位置传感器可以检测到驾驶员的急加速或超车意图，从而短暂关闭空调压缩机，使压缩机停止工作。

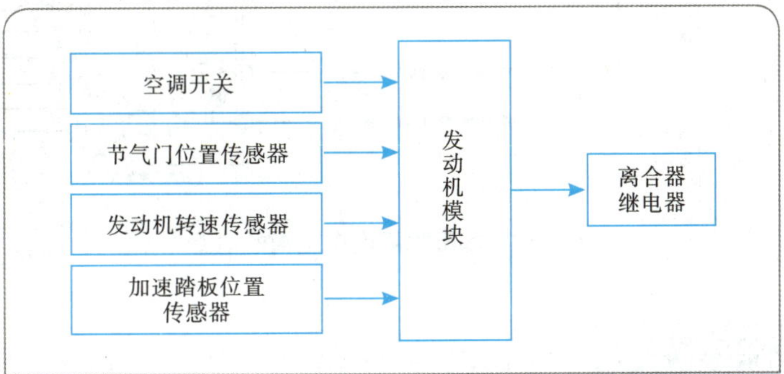

图 4–49　发动机动力输出控制示意图

当节气门开度达到 90% 或者全开的时候，发动机 ECU 停止向空调压缩机继电器供电，切断压缩机离合器线圈的电源；有的汽车则在加速踏板下面安装了位置检测开关，当加速踏板几乎全部踩下时，位置检测开关闭合，发动机 ECU 检测到这一开关信号变化，从而切断空调压缩机继电器，使空调系统停止运行 8s 或更长时间。发动机的全部输出功率用来克服加速时的阻力，从而提高了车速。当踏板行程小于 90% 或加速开关打开后延时十几秒钟，则自动接通离合器继电器，使压缩机又自动恢复工作。

除上述因素之外，在装备外界温度开关（环境温度开关）的车辆上，影响空调压缩机工作的还有外界温度开关，该开关在外界温度低于 1℃时断开，高于 5℃时闭合，防止压缩机低温起动。

四、电路案例解析

以本田雅阁汽车空调为例，其电路如图 4-50 所示。

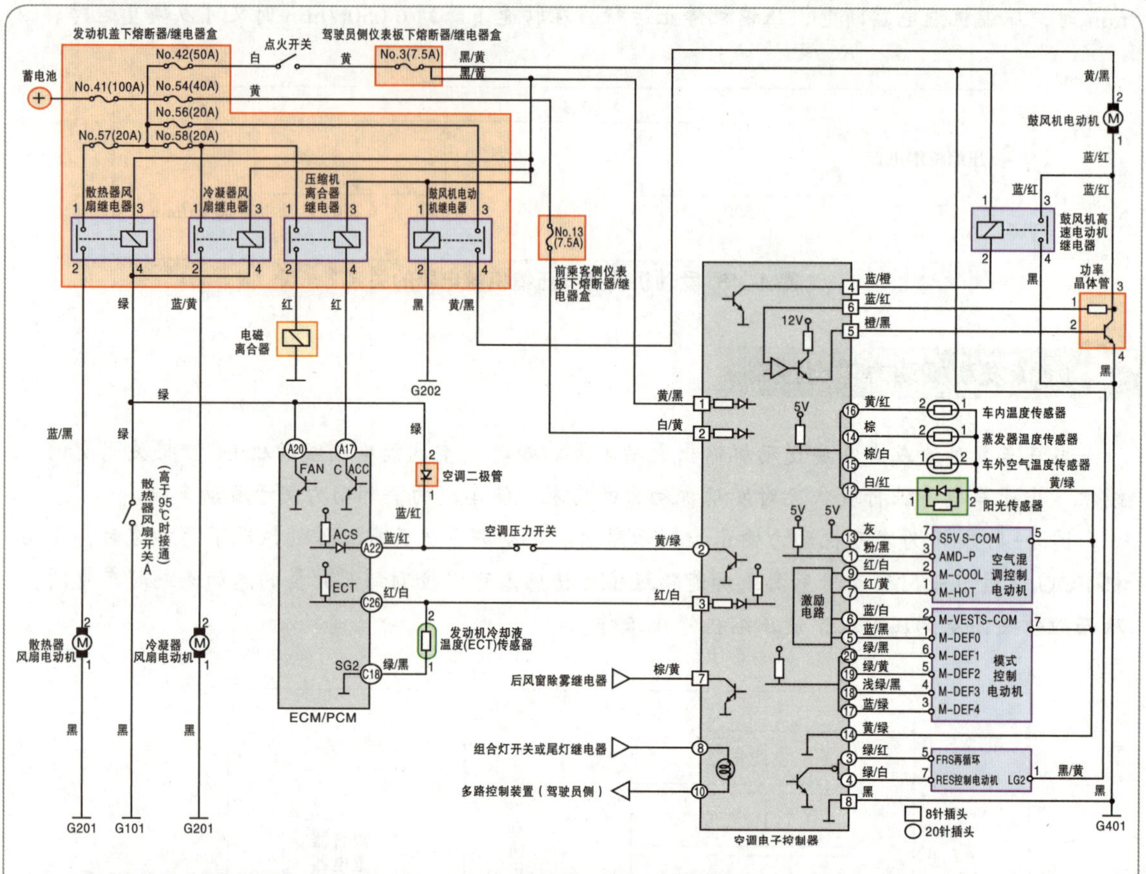

图 4-50 本田雅阁汽车空调的电路

1. 鼓风机控制电路

蓄电池正极→ No.41（100A）熔丝→ No.42（50A）熔丝→点火开关→ No.3（7.5A）→鼓风机电动机继电器线圈→搭铁。

蓄电池正极→ No.41（100A）熔丝→ No.56（20A）熔丝→鼓风机电动机继电器触点→鼓风机电动机分两路：一路通过受空调电子控制器 ECU 控制的功率晶体管搭铁，从而实现鼓风机变速；另一路通过鼓风机高速电动机继电器触点搭铁，从而实现鼓风机高速运转。

高速电动机继电器线圈电路如下：

蓄电池正极→ No.41（100A）熔丝→ No.42（50A）熔丝→点火开关→ No.3（7.5A）→高速电动机继电器线圈→空调电子控制器 ECU →搭铁。

2. 冷却风扇控制电路

（1）散热器风扇电动机控制电路

蓄电池正极→ No.41（100A）熔丝→ No.57（20A）熔丝→散热器风扇继电器触点→散热器风扇电动机→ G201 搭铁点。

若要使散热器风扇继电器触点闭合，需要散热器风扇继电器线圈通电，有两个回路可使风扇继电器线圈通电，从而使风扇电动机工作：一是冷却液温度控制回路，二是空调压力控制回路。

①冷却液温度控制回路：蓄电池正极→ No.41（100A）熔丝→ No.42（50A）熔丝→点火开关→ No.3（7.5A）→散热器风扇继电器线圈→散热器风扇开关 A（冷却液温度高于 95℃时接通）→ G101 搭铁点。

②空调压力控制回路：蓄电池正极 → No.41（100A）熔丝→ No.42（50A）熔丝→点火开关→No.3(7.5A)→散热器风扇继电器线圈→空调二极管→空调压力开关→空调电子控制器→搭铁。

（2）冷凝器风扇电动机控制电路

蓄电池正极→ No.41（100A）熔丝→ No.58（20A）熔丝→冷凝器风扇继电器触点→冷凝器风扇电动机→ G201 搭铁点。

控制冷凝器风扇电动机工作的也是冷却液温度控制回路和空调压力控制回路两个回路。

①冷却液温度控制回路：蓄电池正极 → No.41（100A）熔丝→ No.42（50A）熔丝→点火开关→ No.3（7.5A）→冷凝器风扇继电器线圈→散热器风扇开关 A（冷却液温度高于 95℃时接通）→ G101 搭铁点。

②空调压力控制回路：蓄电池正极→ No.41（100A）熔丝→ No.42（50A）熔丝→点火开关→No.3(7.5A)→冷凝器风扇继电器线圈→空调二极管→空调压力开关→空调电子控制器→搭铁。

此外，散热器风扇继电器线圈、冷凝器风扇继电器线圈还可以通过 ECM/PCM 控制搭铁。

3. 压缩机离合器控制电路

蓄电池正极→ No.41（100A）熔丝→ No.42（50A）熔丝→点火开关→ No.3（7.5A）→压缩机离合器继电器线圈→ ECM/PCM →搭铁。

蓄电池正极→ No.41（100A）熔丝→ No.58（20A）熔丝→压缩机离合器继电器触点→压缩机电磁离合器→搭铁。

4. 温度控制电路

蓄电池正极→ No.41（100A）熔丝→ No.42（50A）熔丝→点火开关→ No.3（7.5A）→空调电子控制器 ECU →搭铁。

车内温度、蒸发器温度、车外空气温度、阳光传感器和发动机冷却液温度（ECT）传感器传回温度控制所需要的各种信号。

蓄电池正极→ No.41（100A）熔丝→ No.42（50A）熔丝→点火开关→ No.3（7.5A）→压缩机离合器继电器线圈→ ECM/PCM →搭铁。

五、维修实例

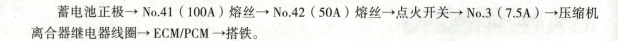

点火开关一打开鼓风机就以最高转速，不受空调控制面板控制故障

1. 案例一

（1）故障现象

现有一辆行驶里程约 8.2 万 km 的宝马 520Li 轿车。用户反映：该车空调不制冷。

（2）故障原因

控制单元故障。

（3）故障诊断与排除

起动发动机，测试空调制冷功能，发现空调压缩机电磁离合器不吸合。用故障检测仪检测，无故障码存储；观察空调控制按键工作状态的数据流，A/C 开关、温度旋钮及风量按键的控制状态均正常，说明空调操作面板控制系统工作正常；对空调压缩机电磁离合器进行主动测试，空调压缩机电磁离合器无法吸合；读取空调压力，为 −1 bar（ 1 bar=100 kPa ），异常，由此可知空调压缩机电磁离合器不吸合的原因为空调压力过低。

用歧管压力表组测量空调压力，高、低压侧压力均约为 7 bar，说明空调系统并不缺制冷剂，由此怀疑空调压力传感器及其线路存在故障。测量空调压力传感器的供电（参考电源为 5V）及搭铁，均正常；测量信号线上的电压，为 1.68 V，对比同型号车辆，发现当空调压力为 7 bar 时，空调压力传感器信号线上的电压也为 1.68 V，说明故障车空调压力传感器信号线上的电压也正常。诊断至此，怀疑电子接线盒（JBE）控制单元损坏，虽然空调压力传感器信号电压正确，但 JBE 控制单元内部转换出的空调压力错误。

更换 JBE 控制单元，故障排除。

2. 案例二

（1）故障现象

一辆凯越 1.8L 轿车，鼓风机不工作。

（2）故障原因

鼓风机导线插接器故障。

（3）故障诊断与排除

接车后检查发动机室内熔丝盒中的鼓风机熔丝，未发现异常；在空调面板上调节鼓风机风速，鼓风机无反应；接通空调，空调压缩机可以吸合；在打开鼓风机的状态下测量鼓风机的电源线（黄色），发现无电压，初步判断从EF3到鼓风机导线插接器1端子之间存在线路问题。这段线路中有3个导线插接器和1个继电器。选择线路中间的导线插接器C202测量，在导线插接器C202中找到55端子的红色线，测量其电压，发现无电压。将导线插接器C202拔下，测量插座上与55端子对应的引脚，发现有电压，仔细观察发现55端子的插接件接合不牢靠。

修理导线插接器C202的插接件后装复试车，鼓风机工作正常，故障排除。

3. 案例三

（1）故障现象

现有一辆行驶里程约16.5万km，配置2.0L CCZ发动机的大众途安。用户反映：该车打开空调制冷开关，空调制冷系统不工作，无冷气吹出，散热电风扇没有转动。

（2）故障原因

压缩机插接器插错位置。

（3）故障诊断与排除

首先接上空调压力表，检查空调系统是否有足够的制冷剂，结果显示空调高、低压力都是600kPa左右，说明空调制冷剂是比较充足的。如果在静态时低于200kPa或者更低会认为制冷剂不足，空调压力开关会切断空调制冷系统，此时要查找系统是否存在泄漏点。起动发动机，打开制冷开关，空调压力表没有变化，电风扇也没有反应。

该车的空调制冷剂显然是没有问题的。于是接上诊断仪，对自动空调系统和发动机电控系统进行故障诊断，发动机系统没有故障记忆，而空调系统有故障内容，故障码为00898（空调压缩机控制电路断路或者短路）。

于是检查空调压缩机电路，该车采用的是无电磁离合器、带扭转弹性耦合器的可变排量压缩机，靠压缩机尾部的电磁阀N280调节低压端的压力，从而调节蒸发器中的温度达到可变排量的作用。拔下空调压缩机电磁阀N280的插头，测量其电阻为12.6Ω（该车的正常参考值为11～15Ω），如果电阻值过大、过小或者为无穷大，都说明电磁阀有故障，需要更换，并且空调控制单元会记录空调压缩机电磁阀 N280 短路、断路的故障码。

根据该车的相关空调电路图得知，空调压缩机电磁阀 N280 的 2 根线，一根接空调控制单元，另一根是接地线。经过测量，空调压缩机电磁阀的接地线和接地不通，电磁阀的控制线和空调控制单元之间也不通，这就有点奇怪了。电磁阀的控制线和空调控制单元之间如果有接触不良还能理解，接地线是和其他电器集中搭铁的，而其他的汽车电器功能都正常。

仔细查看空调压缩机电磁阀的电线颜色，发现细的黄色和绿色线与电路图中空调压缩机电磁阀的电线颜色（绿夹黑、棕色线）不一致，并且电线的线直径也比较细。难道有插头插错或者漏插了？但发动机系统和其他的控制单元也没有明显的故障码。回头仔细查看空调压缩机电磁阀 N280 的插头始终有点别扭，还有点插不到位。再查看周围各电线插头，发现发电机上方的爆燃传感器插头也有点不自然。拔下来测量后一根接地，一根接空调控制单元。而原来插在空调压缩机电磁阀 N280 上的插头对应的两根黄线和绿线，经过电表测量是和发动机控制单元上对应的爆燃传感器输入信号线位置一致的，于是互换空调压缩机电磁阀和爆燃传感器的插头。

清除空调控制单元的 00898 空调压缩机控制电路断路或者短路的故障码，起动车辆，打开制冷开关，空调压缩机很快制冷，散热电风扇也正常运转，故障排除。

任务四　自动空调的组成与工作原理

一、自动空调系统的功能

现代汽车自动空调系统，不仅能按照乘员的需要送出温度和湿度最适宜的空气，而且可以根据需要自动调节风速、风量，还极大地简化了乘员的操作工作，现代汽车自动空调系统主要用在高级轿车上。

二、自动空调系统的基本组成

汽车自动空调系统的基本工作模式是：传感器（检测信号）→空调器放大器（或空调控制单元ECU）→控制执行器。其中通过传感器来检测汽车工作中的一些信息（如车内、车外、导风管及环境日照辐射的温度和压缩机工况等），并将其检测到的信息以相应的物理量（电阻、电压、电流等），传送到空调放大器（或空调控制单元ECU）中，经分析、比较、运算等处理，再由执行器完成其相应工作，如图4-51所示。

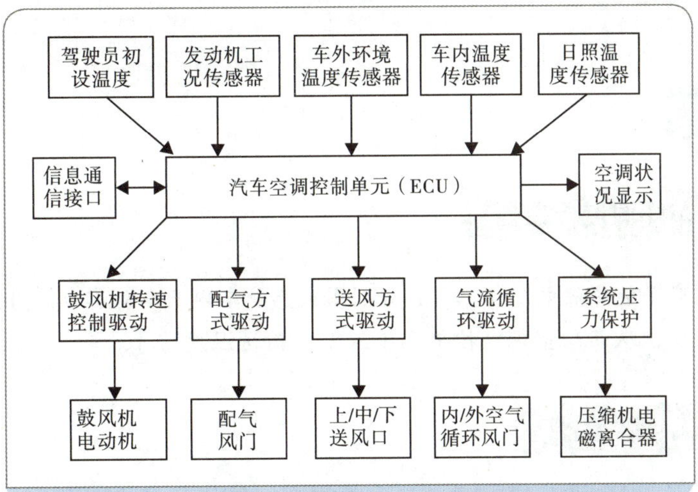

图4-51　汽车自动空调系统的基本组成及控制原理图

图4-52所示是自动空调的结构组成及控制示意图。自动空调和手动空调的机械部分基本是一致的。机械部分的故障诊断和修理方法也基本相同。自动空调和手动空调的区别是空调的控制系统不同。自动空调系统在普通（手动）空调系统的基础上，采用各种传感器、程序装置、伺服电动机和控制模块等带动执行机构。驾驶员通过操作控制器总成上的键来选择空调系统的工作模式和鼓风机转速。自动空调系统通过程序装置检测空气温度，调节气流混合门位置来达到并保持驾

驶员预先设置的舒适程序。自动空调可以分为半自动和全自动空调两种，两者的主要差别在于是否有自诊断功能，半自动空调系统没有提供故障码存储器，全自动空调系统具有监控系统，监控系统随机存储器（RAM）存储诊断码；其他的差别是所有的执行机构的形式和传感器数量。

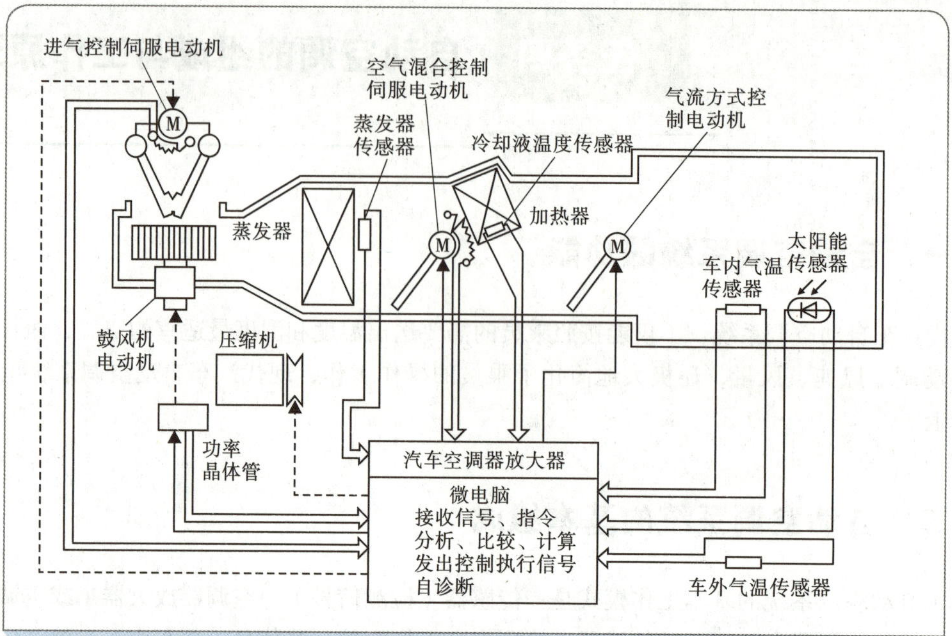

图 4-52 自动空调的结构组成与控制示意图

自动空调系统由制冷、暖风、送风、操纵控制等分系统组成。自动空调与手动空调的最大结构组成差别在于控制系统，自动空调电子控制系统主要由传感器、执行元件和空调电控单元（ECU）3 部分构成。

1. 传感器

（1）车内及车外温度传感器

它们都是负温度系数热敏电阻传感器，分别用来感受车内及车外温度。当温度发生变化时，热敏电阻的阻值改变，从而向空调电控单元（ECU）输送温度信号。

（2）蒸发器温度传感器

这种传感器用来检测通过蒸发器的空气温度或者蒸发器表面的温度变化，并依此来控制压缩机电磁离合器的接合或断开。

（3）冷却液温度传感器

冷却液温度传感器直接安装在热交换器底部的水道上，用来检测冷却液温度，产生的冷却液温度信号输送给电控单元（ECU），控制低温时鼓风机的转速。

（4）阳光传感器

阳光传感器是一个光敏二极管，利用光电效应，把阳光照射量变化转换为电流值变化的信号并输送给空调电控单元，用来调整空调吹出的风量与温度。

2. 执行元件

自动空调的执行元件一般包括伺服电动机、鼓风机及压缩机电磁离合器等。

（1）进气伺服电动机

进气伺服电动机控制进气方式，电动机的转子经连杆与进气风门相连。当驾驶员使用进气方式控制键选择“车外新鲜空气导入”或“车内空气循环”模式时，空调 ECU 即控制进气伺服电动机带动连杆顺时针或逆时针旋转，从而带动进气风门闭合或开启，达到改变进气方式的目的。

（2）空气混合伺服电动机

当驾驶员进行温度控制时，空调电控单元首先根据设置的温度及各传感器输送的信号计算出所需的出风温度，并控制空气混合伺服电动机连杆顺时针或逆时针转动，改变空气混合风门的开启角度，从而改变冷、暖空气的混合比例，调节风温至与计算值相符。电动机内电位计的作用是向空调 ECU 输送空气混合风门的位置信号。

（3）出风模式伺服电动机

出风模式伺服电动机也叫气流方式伺服电动机。当驾驶员操纵面板上的某个出风模式键时，空调电控单元电动机上的相应端子接地，而电动机内的驱动电路据此使电动机连杆转动，将送风控制风门转到相应的位置，打开某个送风通道。

（4）最冷控制伺服电动机

最冷控制伺服电动机的风门有全开、中开和全闭 3 个位置。当空调电控单元使某个位置的端子接地时，电动机驱动电路使电动机旋转，带动最冷控制风门位于相应的位置上。

3. 空调电控单元（ECU）

空调电控单元又称空调控制器。控制器总成上的键是控制器的输入装置。控制器首先接收来自车内温度传感器和车外温度传感器的输入信号，然后根据来自传感器和控制器总成上各键的输入，输出用于控制压缩机、电磁离合器、暖风加热器、热水阀等的工作情况，以及模式门位置的信号。

二、自动空调系统的工作原理

微机控制自动空调系统的控制功能主要包括送风温度控制、鼓风机转速控制、工作模式控制、进气模式控制、压缩机控制等。

1. 送风温度控制

温度控制的目的是使车内空气温度达到车内人员设定温度的要求，并保持稳定。如图 4-53 所示，微机控制自动空调系统的温度控制系统的基本组成包括车内温度传感器、车外温度传感器、太阳能传感器、蒸发器温度传感器、冷却液温度传感器、设定温度电阻器、自动空调控制 ECU 和空气混合伺服电动机等。

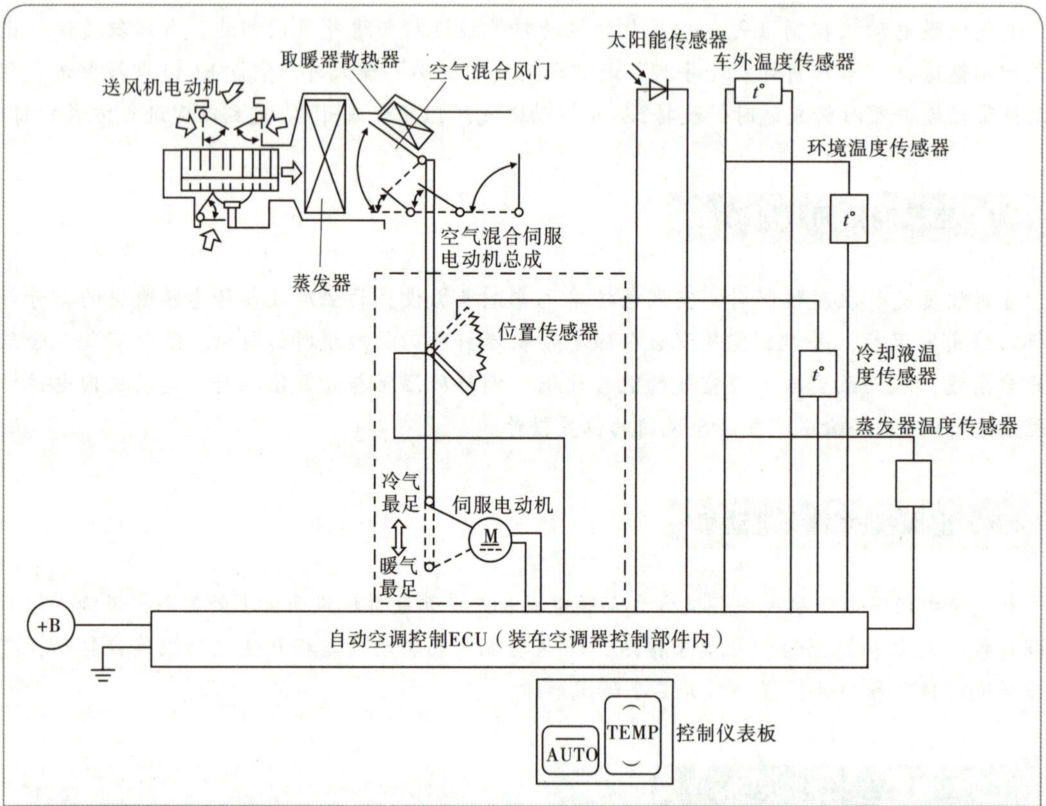

图 4-53 微机控制自动空调系统的温度控制系统

ECU 根据设定温度和车内温度传感器、车外温度传感器和太阳能传感器等信号，自动调节混合风门的位置。一般来说，车内温度越高、车外温度越高、阳光越强，混合风门就越接近“全冷”位置。ECU 根据车内温度和车外温度控制空气混合风门的位置，如图 4-54 所示。若车内温度 35℃，则混合风门处于最冷位置：若车内温度 25℃，则混合风门处于 50% 的位置。

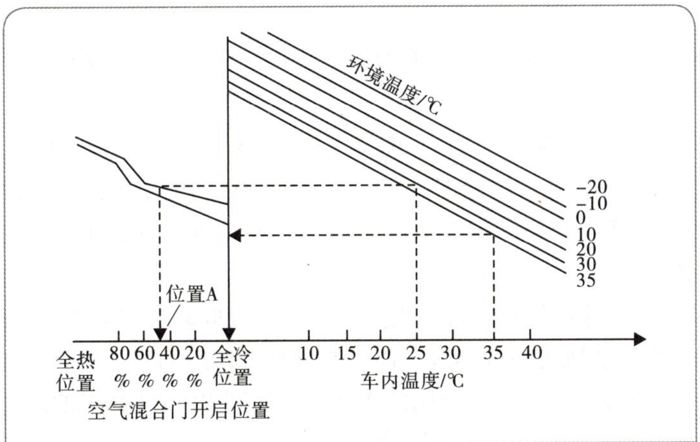

图 4-54　温度控制的控制规律

空气混合风门伺服电动机的控制电路如图 4-55 所示。

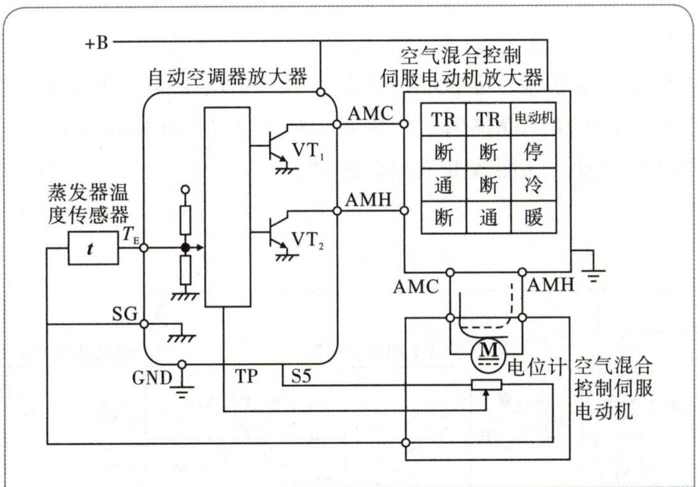

图 4-55　空气混合风门伺服电动机的控制电路

温度控制系统的工作过程如下：

① T_{AO} 值是车内温度保持在设定温度所必需的鼓风机出风口空气温度，是空调控制器根据输入信号（车内温度传感器、车外温度传感器、阳光传感器）和温度设定计算出来的。空调控制器参照 T_{AO} 值对执行器进行控制。T_{AO} 值可由下面公式计算出：

$$T_{AO}=A\times T_{SET}-B\times T_R-C\times T_{AM}-D\times T_S+E$$

式中：T_{SET} ——设定温度；

T_R——车内温度；

T_{AM}——车外温度；

T_S——太阳辐射强度；

A、B、C、D、E ——常数。

特殊的是，当温度控制开关或控制杆置于 MAX COOL（最大冷风）或 MAX WARM（最大暖风）位置时，ECU 采用某一固定值，不按上述公式计算。

② ECU 将计算所得的 T_{AO} 值与蒸发器温度信号 T_E 进行比较，通过空气混合风门伺服电动机控

制空气混合风门位置。

当 T_{AO} 和 T_E 近似相等时，ECU 控制断开 VT_1 和 VT_2。伺服电动机断电停止，空气混合风门保持在当时的位置。

当 T_{AO} 小于 T_E 时，ECU 控制接通 VT_1，断开 VT_2。伺服电动机转至 COOL 侧，带动空气混合风门移至 COOL 侧，降低鼓风机空气温度。同时空气混合风门伺服电动机内的电位计检测空气混合风门实际移动速度和位置，当空气混合风门实际位置达到 ECU 计算出的理论位置时，ECU 关断 VT_1，伺服电动机停转。

当 T_{AO} 大于 T_E 时，ECU 控制断开 VT_1，接通 VT_2。伺服电动机转至 WARM 侧，带动空气混合风门移至 WARM 侧，提高鼓风机空气温度。同时空气混合风门伺服电动机内的电位计检测空气混合风门实际移动速度和位置，当空气混合风门实际位置达到 ECU 计算出的理论位置时，ECU 关断 VT_2，伺服电动机停转。

2. 鼓风机转速控制

鼓风机转速控制的目的是调节降温或升温速度，稳定车内温度。如图 4–56 所示，鼓风机转速控制系统主要由冷却液温度传感器、蒸发器传感器、鼓风机电阻器、功率晶体管、ECU、鼓风机电动机和控制面板等组成。其中功率晶体管的作用是根据 ECU 的 BLW 端子输出的鼓风机驱动信号，改变流至鼓风机电动机的电流，从而改变鼓风机的转速。

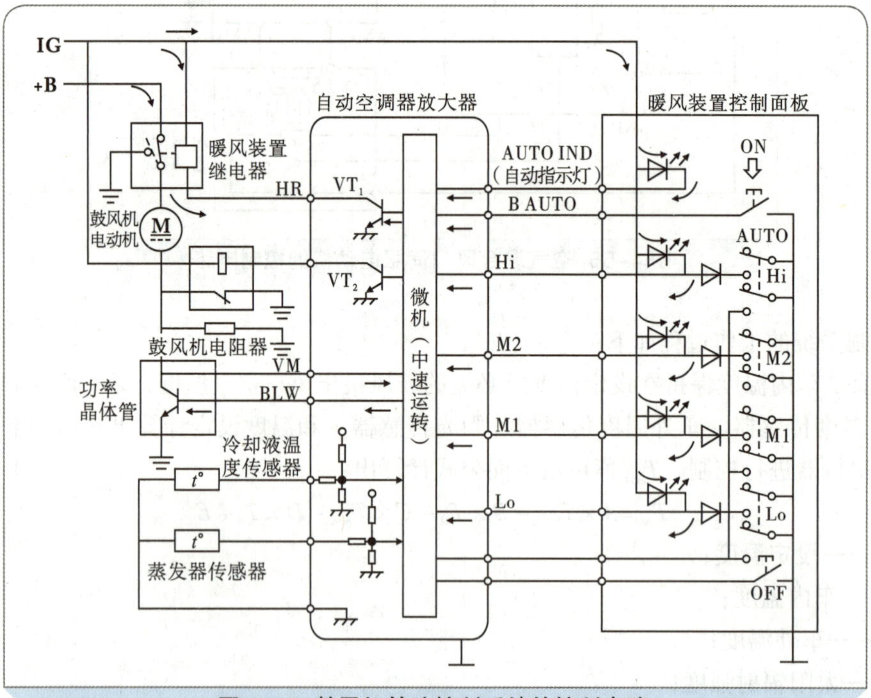

图 4–56 鼓风机转速控制系统的控制电路

（1）自动控制

当控制面板上AUTO（自动）开关接通时，ECU根据T_{AO}值自动控制鼓风机转速。控制规律如图4–57所示，随冷却液温度的升高，鼓风机工作电压逐渐增大，转速增大，风力增强。

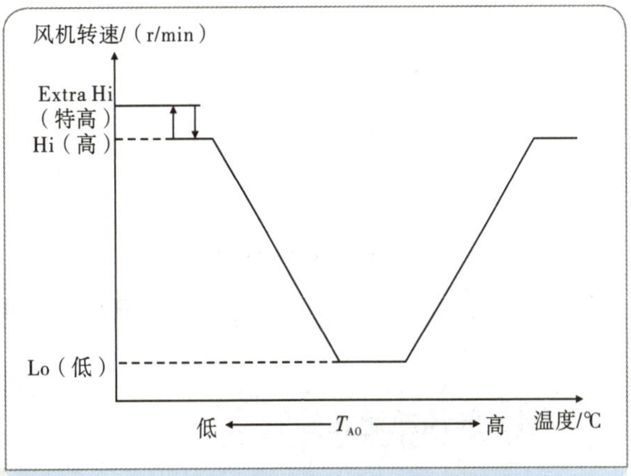

图4–57　鼓风机转速与T_{AO}信号值的关系

鼓风机低速运转时，ECU接通VT_1，暖风装置继电器通电闭合，电流方向为蓄电池→暖气装置继电器→鼓风机电动机→鼓风机电阻器→搭铁，鼓风机低速运转。同时控制面板AUTO（自动）指示灯和Lo（低速）指示灯均亮。

鼓风机中速运转时，ECU接通VT_1，使暖风装置继电器通电闭合，ECU根据计算出的T_{AO}值，从BLW端子输出信号至功率晶体管，电流方向为蓄电池→暖气装置继电器→鼓风机电动机→鼓风机电阻器和功率晶体管→搭铁，鼓风机中速运转。同时ECU从与功率晶体管相连的VM端子接收反馈信号，检测鼓风机实际转速，依此修正鼓风机驱动信号。此时控制面板AUTO（自动）指示灯亮；Lo（低）、M1（中1）、M2（中2）、Hi（高）指示灯根据鼓风机转速点亮。

鼓风机以特高速度运转时，ECU接通VT_1和VT_2，使暖风装置继电器和鼓风机继电器闭合。电流方向为蓄电池→暖风装置继电器→鼓风机电动机→鼓风机风扇继电器→搭铁，鼓风机以特高速度运转，同时控制面板AUTO（自动）和Hi（高速）指示灯亮。

（2）预热控制

冬天，车辆长时间停放后，若马上打开鼓风机，则吹出的是冷空气而不是想要的暖风，因此，鼓风机要在冷却液温度升高时，才能逐步转向正常工作。鼓风机预热控制时，控制面板AUTO（自动）开关接通，工作模式设为FOOT或BILEVEL，ECU根据冷却液温度传感器检测发动机冷却液的温度。当冷却液温度低于30℃时，鼓风机停转；当冷却液温度高于30℃时，鼓风机正常运转。

（3）时滞控制

夏天，汽车长时间停驻在炎热太阳下，若马上打开鼓风机，则吹出的是热风而不是想要的冷风，因此鼓风机不能马上工作，而是滞后一段时间，待蒸发器温度降低后才工作。当发动机运转，压缩机已工作，控制面板AUTO（自动）开关接通，工作模式设置在FACE或BILEVEL时，ECU对鼓风机的时滞控制过程如下：

①当蒸发器温度传感器检测到蒸发器温度高于30℃时，ECU控制鼓风机电动机关断4s，使冷风装置内的空气冷却降温。此后ECU控制鼓风机低速运转5s，使冷却的空气送至乘客室，如图4–58（a）所示。

②当蒸发器传感器检测到蒸发器温度低于30℃时，ECU控制鼓风机低速运转5s，如图4–58（b）所示。

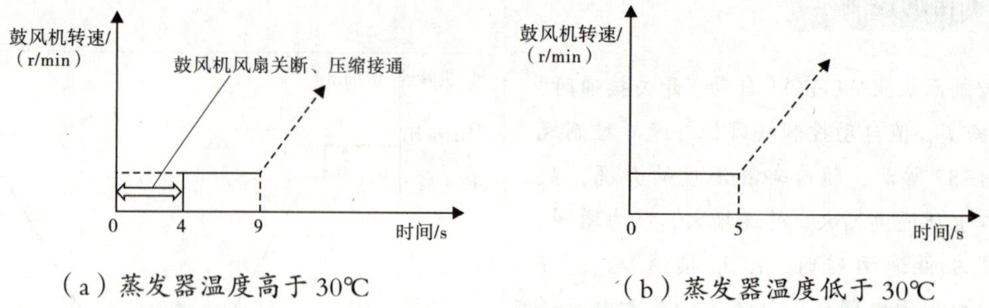

图 4-58 时滞控制

（4）鼓风机起动控制

鼓风机在起动时，工作电流会比稳定工作时大很多，为了防止烧坏鼓风机控制模组，不论鼓风机目标转速是多少，在鼓风机起动时均应为低速运转，然后才逐步升高，直至目标转速。当鼓风机起动，ECU 控制暖风装置继电器闭合时，电流流过鼓风机电动机和电阻器，电动机低速运转，2s 后 ECU 通过 BLW 端子向功率晶体管输出驱动信号，从而防止功率晶体管被起动电流损坏。

（5）车速补偿

车速高时，迎面风冷却强度大，鼓风机的转速可适当降低，使之与低速时具有一样的感觉，如图 4-59 所示。

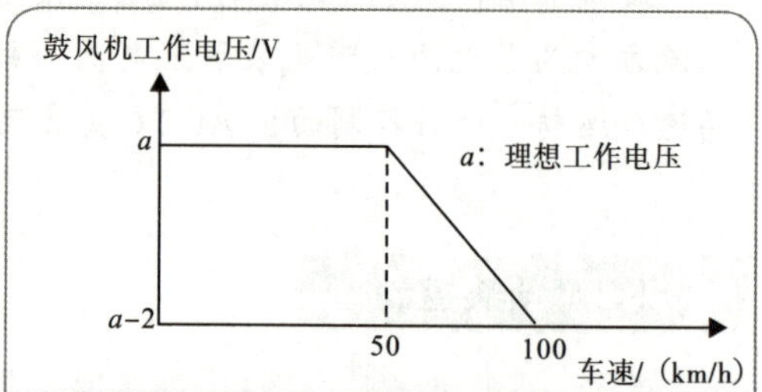

图 4-59 车速补偿控制规律

（6）岛极速控制

有些车型，当设定温度处于最低（18℃）或最高（32℃）时，鼓风机转速会固定为高速运转。这种方式称为岛极速控制。

（7）手动控制

ECU 根据控制面板手动开关的操纵信号，将鼓风机驱动信号送至功率晶体管，相应地控制鼓风机的转速。

3. 工作模式控制

工作模式控制的目的是调节送风方向，提高舒适性。工作模式控制系统主要由传感器、ECU、工作模式控制伺服电动机和控制面板等组成。在手动模式中，模式风门有吹脸、双层、吹脚、吹脚 / 除雾、除雾 5 种位置。在自动模式中，模式风门一般有吹脸、吹脚、双层 3 种位置，ECU 根据传感器信号按照“头冷脚热”的原则自动调节模式风门的位置。ECU 根据 T_{AO} 值控制工作模式，其控制规律如图 4-60 所示，控制电路如图 4-61 所示。

当 T_{AO} 从低变至高时，原来气流方式控制伺服电动机内的移动触点位于 FACE 位置。

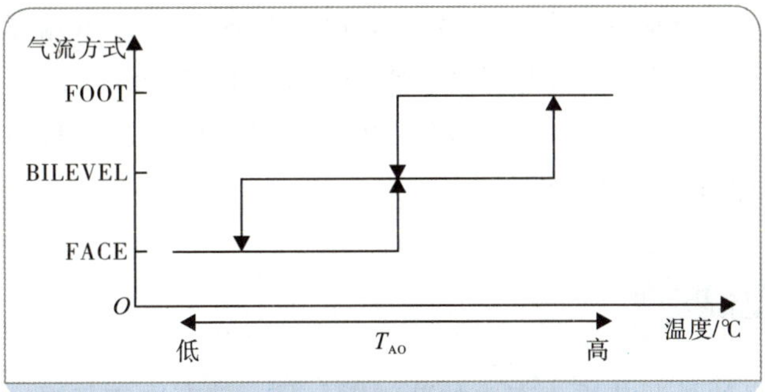

图 4-60　工作模式控制规律

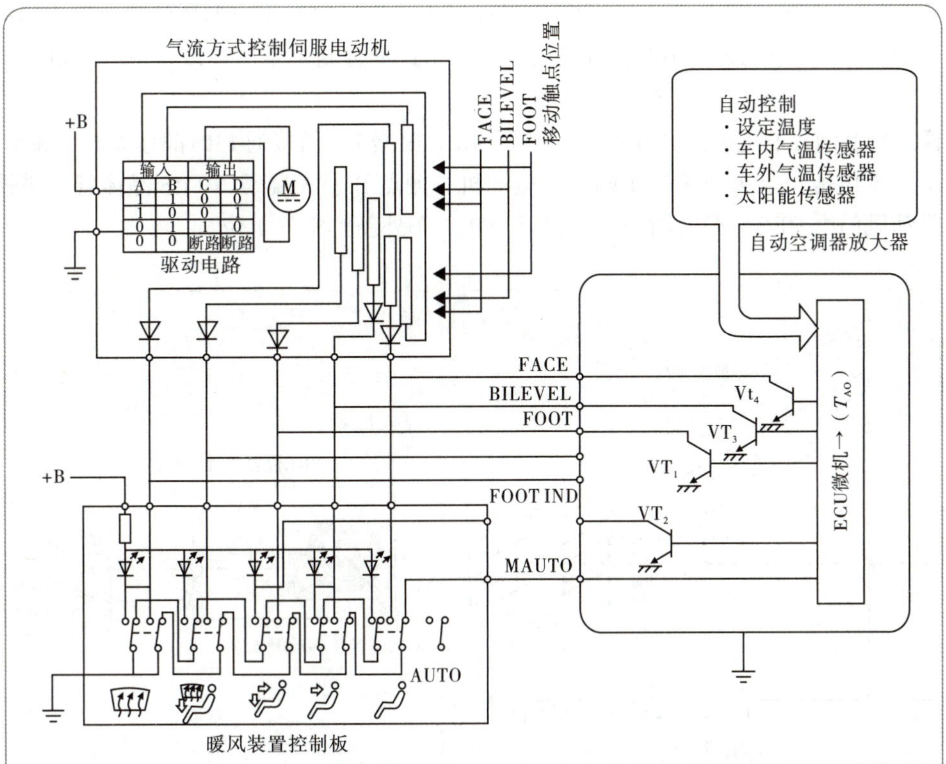

图 4-61　工作模式控制电路

ECU 接通 VT_1，使驱动电路输入信号端 8 端子通过 VT_1 搭铁为 0，A 端子断路为 1。此时驱动电路输出端 D 端子为 1，C 端子为 0，电流由 D 端子输出，C 端子流回，电动机旋转，内部触点由 FACE 位移到 FOOT 位，电动机停转，出气方式由 FACE 方式转为 FOOT 方式。同时 ECU 接通 VT_2，使控制面板上的 FOOT 指示灯点亮。

当 T_{AO} 已从高变至中时，原来气流方式控制伺服电动机内的移动触点位于 FOOT 位置。ECU 接通 VT_3，使驱动电路输入信号端 A 端子通过。VT_3 搭铁为 0，B 端子断路为 1。此时驱动电路输出端 C 端子为 1，D 端子为 0，电流由 C 端子输出，D 端子流回，电动机旋转，内部触点由 FOOT 位移到 BILEVEL 位，电动机停转，出气方式由 FOOT 方式转为 BILEVEL 方式。同时 ECU 控制控制面板上的 BILEVEL 指示灯点亮。

当 T_{AO} 已从中变至低时，原来气流方式控制伺服电动机内的移动触点位于 BILEVEL 位置。ECU 接通 VT_4，使驱动电路输入信号端 A 端子通过 VT_4 搭铁为 0，B 端子断路为 1。此时驱动电路输出端 C 端子为 1，D 端子为 0，电流由 C 端子输出，D 端子流回，电动机旋转，内部触点由 BILEVEL 位移到 FACE 位，电动机停转，出气方式由 BILEVEL 方式转为 FACE 方式。同时 ECU 控制控制面板上的 FACE 指示灯点亮。

4. 进气模式控制

进气模式控制的目的是调节进入车内的新鲜空气量，使车内空气温度和质量达到最佳。在手动模式中，进气门只有内循环和外循环两种位置。在自动模式中，进气门一般有内循环（REC）、20% 新鲜空气 120%（FRE）和外循环（FRE）3 种位置。ECU 根据传感器信号自动调节进气门的位置，其控制规律如图 4-62 所示。若车内温度为 35℃，进气门处于内循环位置，以快速降温；若车内温度为 30℃，进气门处于 20% 新鲜空气位置，引进部分新鲜空气以改善空气质量；若车内温度为 25℃，进气门处于外循环位置。

进气模式控制的控制电路如图 4-63 所示。当 ECU 根据 T_{AO} 值接通 FRS 晶体管时，触点 B 搭铁，电流方向为：蓄电池→点火开关→1 端子→电动机→触点 B→3 端子→FRS 晶体管→搭铁，电动机旋转，带动风门由 REC（车内循环）位移至 FRE（车外新鲜空气）位。

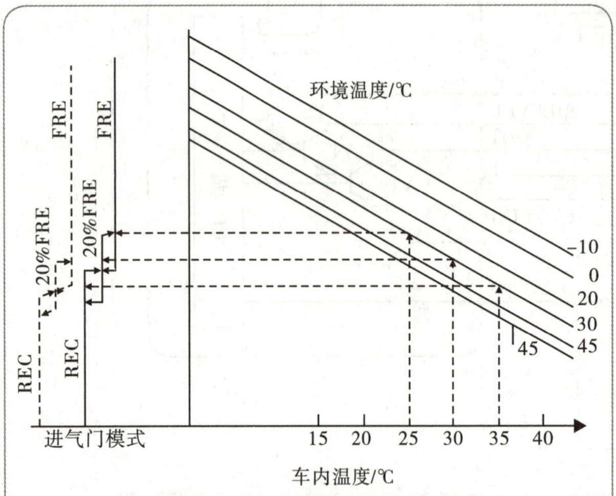

图 4-62 进气模式控制的控制规律

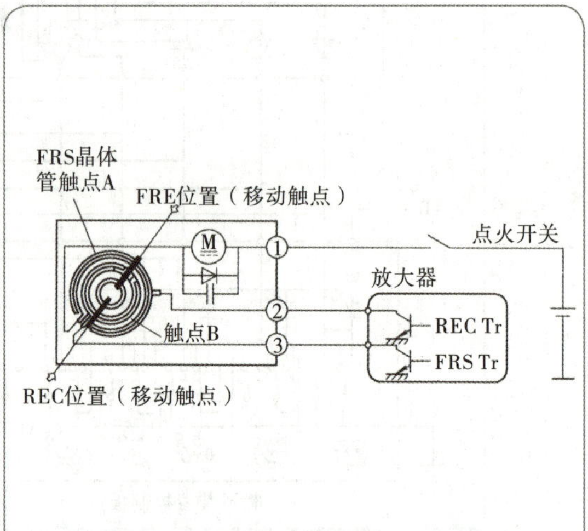

图 4-63 进气模式控制的控制电路

该控制系统还有一种新鲜空气强制进气控制功能，当手动按下 DEF 开关时，将进气方式强制转变为 FRE 方式，以清除风窗玻璃上的雾气。除此之外，进气模式控制还可改变新鲜空气与循环空气的混合比例。

5. 压缩机控制

（1）基本控制

ECU 根据车内温度、车外温度、蒸发器温度和设定温度等参数，自动控制压缩机的通断，调节蒸发器表面温度，并防止蒸发器表面结冰。

（2）低温保护

当车外环境温度低于某值（3℃或 8℃）时，压缩机停止工作，防止压缩机的损耗。

（3）高速控制

当发动机转速超过某转速时，压缩机停止工作，防止因压缩机转速过高而造成损坏。

（4）加速切断

当发动机处于急加速工况时，为了保证发动机足够的动力，压缩机暂时停止工作。

（5）高温控制

当发动机冷却液温度超过某值（109℃）时，压缩机停止工作，防止发动机冷却液温度进一步上升。

（6）打滑保护

当压缩机卡死导致传动带打滑时，压缩机停止工作，防止传动带负荷过大而断裂，进而影响水泵、发电机等的工作。

（7）低速控制

当发动机转速低于某转速（600r/min）时，压缩机停止工作，防止发动机失速。

（8）低压保护

当制冷系统压力低于某值（500kPa）时，压缩机停止工作，防止压缩机在系统制冷剂不足条件下工作，造成压缩机损坏。

（9）高压保护

当系统压力超过某值（2800kPa）时，压缩机停止工作，防止空调系统瘫痪。

（10）可变排量压缩机的控制

可变排量压缩机有全容量（100%）运转、半容量（50%）运转和压缩机停止3种工作模式。ECU根据空调系统冷气负荷的大小，控制压缩机的排量变化，以减少能量的浪费。可变排量压缩机的控制系统主要有两种类型：一种是根据冷却液温度进行控制，另一种是根据蒸发器表面温度进行控制。

根据冷却液温度进行控制的方法如下：当发动机冷却液温度过高时，ECU根据冷却液温度传感器信号，控制压缩机按半容量模式运转，防止发动机过热；反之，当发动机冷却液低于某一值时，ECU控制压缩机按全容量模式运转，满足制冷需要。

根据蒸发器表面温度进行控制的方法如下：当蒸发器温度大于某一值（40℃）时，ECU控制压缩机按全容量模式运转，降低蒸发器温度；当蒸发器表面温度低于某一值（40℃）时，ECU控制压缩机按半容量模式运转，以降低能耗；当蒸发器温度低于3℃时，ECU控制压缩机停止运转，防止损坏压缩机。

思考与练习

一、填空题

1.____________开关又叫恒温开关，它是汽车空调电路控制系统中用做____________的一种基础元件。

2.蒸发器温度传感器是____________型传感器。其作用是提供____________温度信号给空调____________。

3.空气质量传感器是的功能是检测外界空气中____________的含量，用于________________，保护____________的健康。

4.____________是检测车外温度并输出至____________，用于____________和____________，一般安装在____________或发动机____________之前。

二、选择题

1.鼓风面（　　）电阻是调节制冷量的一个辅助元件。

A.调速　　B.调控　　C.调整　　D.调温

2.压力开关动作时，切断的电路是（　　），以防止制冷系统受到损坏。

A.鼓风机电路　　B.电磁离合器电路

C. 温控器电路　　　　　　　　D. 冷凝器风机电路

3. 低压开关安装在高压管路上，制冷系统正常工作时为闭合状态，当(　　)时为断开状态。

A. 系统压力超高时　　　　　　B. 系统压力波动时

C. 系统制冷剂严重泄漏时　　　D. 以上均不正确

4. 温度控制器开关起调节车内温度的作用，其控制的电路是（　　）。

A. 鼓风机电路　　　　　　　　B. 电磁离合器电路

C. 混合温度门电路　　　　　　D. 冷凝器风机电路

5. 制冷系统安装怠速提高装置的目的是：当开启空调且发动机处于怠速运行时，（　　）。

A. 降低发动机怠速　　　　　　B. 加大节气门开度，提高发动机转速

C. 切断空调电磁离合器电源　　D. 以上均不正确

6. 加速控制装置在汽车行驶急加速或超车加速时应（　　）。

A. 稳定发动机怠速　　　　　　B. 加大节气门开度，提高发动机转速

C. 切断空调电磁离合器电源　　D. 以上均不正确

7. 蒸发器鼓风机电动机为一直流电动机，其转速的改变是通过（　　）来实现的。

A. 调整电动机电路的电阻值　　B. 改变电动机的匝数

C. 改变电源的电压值　　　　　D. 以上均不正确

三、判断题

1. 高压开关安装在高压管路上，低压开关安装在低压管路上。（　　）

2. 高压卸压阀安装在压缩机排气口处，当系统压力过高时，阀门打开，制冷剂溢出而卸压。（　　）

3. 温度控制器开关起到调节车内温度、防止蒸发器因温度过低而结霜的作用。（　　）

4. 制冷系统安装发动机怠速控制装置，目的是保证汽车的怠速性能。（　　）

四、问答题

1. 制冷系统中的压力开关有何功用，其工作原理是什么？

2. 车内温度传感器与车外温度传感器的功用是什么？

3. 自动空调鼓风机转速控制有哪些？

课题五 空调系统常用工具与基本操作

[学习任务]

1. 掌握汽车空调制冷剂回收、净化、加注工艺规范。
2. 熟悉汽车空调常用检测工具类型、作用。
3. 熟悉汽车空调常用工具仪器的操作方法。
4. 培养工作过程中的安全意识、团队合作意识。

[技能要求]

1. 能够灵活运用汽车各检测维修工具。
2. 能够独立运用检测工具、仪器对空调系统进行故障诊断、排除。
3. 能够对检测工具进行检测。

任务一 汽车空调制冷剂回收、净化、加注工艺规范

一、工艺过程及流程

1. 工艺过程

空调系统抽真空认知

(1) 制冷剂回收作业

制冷剂回收作业执行 5 个工艺过程的操作。

回收作业准备 → 制冷剂回收原则判断 → 制冷剂检测 → 制冷剂回收操作 → 完成回收作业

（2）制冷剂净化作业

制冷剂净化作业执行 4 个工艺过程的操作。

净化作业准备 → 纯度指标检测 → 制冷剂净化操作 → 完成净化作业

（3）制冷剂加注作业

制冷剂加注作业执行 8 个工艺过程的操作。

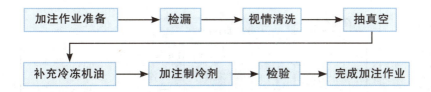

加注作业准备 → 检漏 → 视情清洗 → 抽真空 → 补充冷冻机油 → 加注制冷剂 → 检验 → 完成加注作业

2. 工艺流程

制冷剂回收作业、制冷剂净化作业和制冷剂加注作业应按图 5–1 所示的工艺流程进行。可根据作业的需要，按作业项目独立操作或连续操作。

二、工艺要求

1. 制冷剂回收作业

（1）回收原则

在汽车维修过程中，凡涉及制冷剂循环系统的作业，在维修前，均应对制冷装置中的制冷剂进行回收。

（2）制冷剂检测

制冷剂回收、净化和加注设备与制冷装置连接前，应进行制冷剂类型的鉴别和纯度的检测。

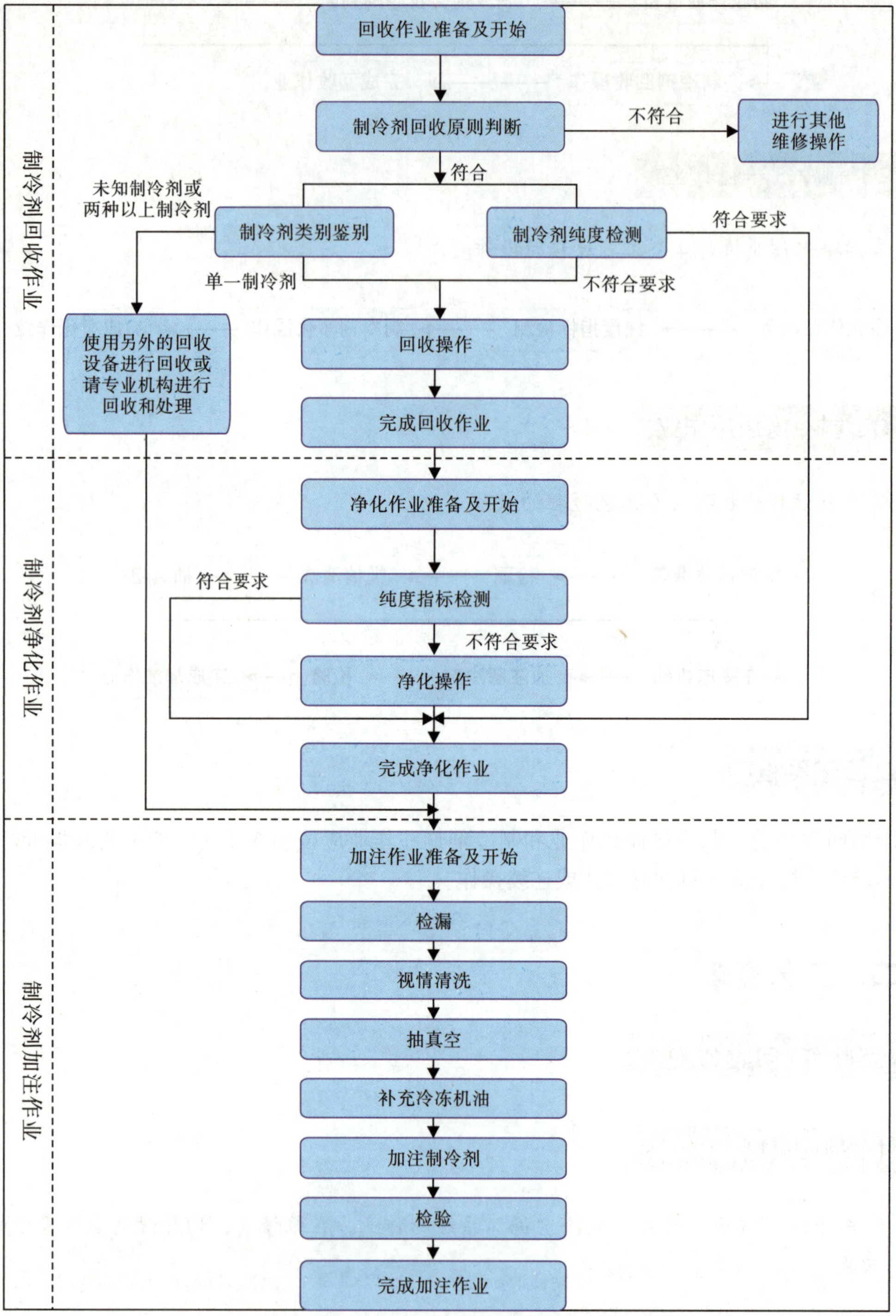

图 5-1 制冷剂回收、净化、加注作业工艺流程

① 类型鉴别

制冷剂类型的鉴别可采用查阅《车辆使用手册》，确认制冷装置规定的制冷剂类型（HFC-134a 或 CFC-12）；检查汽车发动机舱内的空调系统标识、标牌或标签，查看压缩机、膨胀阀等部件上的标牌或标识，确认制冷装置规定的制冷剂类型（HFC-134a 或 CFC-12）；按前两点做初步判别后，还应采用制冷剂鉴别设备检测制冷装置中制冷剂的类型，确认是否与其规定的制冷剂类型一致。

② 纯度检测

采用制冷剂鉴别设备对制冷装置中的制冷剂纯度进行检测。

（3）检测结果

根据制冷剂的检测结果确定作业方式：

①制冷装置中存在一种制冷剂（HFC-134a 或 CFC-12），且与制冷装置规定的制冷剂类型相符，应进行回收。纯度低于 96% 时，应按要求进行净化；

②制冷装置中存在一种制冷剂（HFC-134a 或 CFC-12），但与制冷装置规定的制冷剂类型不符，应进行回收。纯度低于 96% 时，应按制冷剂净化作业的要求进行净化；

③制冷装置中存在“未知制冷剂”或两种以上类型的制冷剂，表明制冷装置中是多种制冷剂的混合物，这种情况下，不应使用作业用的回收 / 净化 / 加注设备进行操作，应采用另外的制冷剂回收设备进行回收或请专业机构进行回收和处理。

（4）回收操作

①启动制冷装置运行 3 ~ 5 min。

②采用回收 / 净化 / 加注设备进行制冷剂回收，按设备使用手册进行管路连接及操作。回收前，应将软管中的空气排尽。

③按设备的操作提示结束回收操作。

操作要点：

①回收 / 净化 / 加注设备的适用介质应与所回收的制冷剂类型一致。

②不应采用单系统的回收 / 净化 / 加注设备对两种或两种以上类型的制冷剂进行回收。

③ 按制冷剂的类型分类回收，不应将 HFC-134a 与 CFC-12 混装在一个贮罐中。

④回收时，贮罐内的制冷剂质量应不超过罐体标称装灌质量的 80%。

⑤不应自行维修制冷剂贮罐阀门和贮罐。

⑥因被污染或其他原因不能确定其成分而不能净化利用的制冷剂，应用带有文字标识的贮罐贮存，不应排放到大气中。

2. 制冷剂净化作业

（1）纯度指标检测

根据制冷剂检测结果：制冷剂纯度低于96%时，在完成回收操作后，应再次采用制冷剂鉴别设备检测已回收到贮罐中的制冷剂纯度，当纯度仍低于96%时，应按净化操作的要求进行净化操作；当纯度不低于96%时，可不执行净化操作过程。

（2）净化操作

①采用回收/净化/加注设备进行制冷剂的净化，具体操作参见设备使用手册。

②如设备功能允许，制冷剂净化操作可与抽真空操作同步进行。

③当制冷剂纯度不低于96%时，可结束净化过程。

完成制冷剂净化操作后，应将分离出来的冷冻机油排入排油壶中，并进行计量。工作在自动模式下的设备，将自动完成排冷冻机油过程，半自动或手动型设备需要人工干预操作。

操作要点

①如制冷剂的回收与净化是连续的操作，在回收操作完成后，应尽快进行纯度指标检测，以保证检测结果的准确性。

②制冷剂的净化是对回收的制冷剂进行循环过滤，去除其中的非凝性气体、油、水、酸和其他杂质，使其能够重新利用的过程，净化操作过程应最大程度地排除上述物质。

③制冷剂的净化在回收过程中已完成一次净化循环，为提高净化效果，在制冷剂回收过程全部结束后，如纯度仍低于96%时，应再次对回收的制冷剂进行净化循环，并符合纯度要求。

④制冷剂净化过程所需时间的长短，取决于回收的制冷剂中水分等杂质的含量及净化装置的吸收（干燥）能力，应按设备养护要求，定期更换干燥过滤器等相关部件。

⑤按照环境保护的相关法规处理被分离的废冷冻机油。

3. 制冷剂加注作业

（1）检漏

① 真空检漏

启动回收/净化/加注设备的真空泵，抽真空至系统真空度低于−90 kPa。关闭歧管表阀门，停止抽真空，并保持真空度至少15 min，检查压力表示值变化：

- 如压力未回升，继续按要求进行微小泄漏量的检查；
- 如压力回升，则继续抽真空，如累计抽真空时间超过30 min，压力仍回升，则可以判定制冷装置有泄漏，应检修制冷装置，并重复进行真空检漏的操作。

② 微小泄漏量检漏

选择以下适宜的方法进行微小泄漏量的检漏：

●电子检漏：制冷装置中充入 0.5 ~ 1.5 MPa 的氦气或 0.35 ~ 0.5 MPa 的制冷剂（以检漏设备要求的介质压力为准），采用相应的制冷剂检漏设备进行检漏，应反复检查 2 ~ 3 次；

●加压检漏：用加压设备在制冷装置中充入 1.5 MPa 的氮气，保持压力 1h，如压力表示值下降，则制冷装置存在泄漏，应在各接头处和可疑位置涂抹肥皂水作进一步检查；

●荧光检漏：制冷装置中充入含有荧光剂的制冷剂，运行 10 ~ 15 min 后，用紫外线灯照射各接头处和可疑位置，如有黄绿色或蓝色荧光，证明该处存在泄漏。

③ 补漏

通过检漏操作确定泄漏点后，应进行补漏，并按微小泄漏量检漏的要求重复进行微小泄漏量检漏，直到确认制冷装置无泄漏。

操作要点

①检漏前，应清洗检测部位的污物和结霜，防止阻塞制冷剂检漏设备探头。

②检漏时，应重点检查以下部位：

●制冷装置的主要连接部位，如管接头及喇叭口、连接件、三通阀、压缩机轴封、软管表面、维修阀及充注口等；

●拆装或维修过的部件的连接部位；

●压缩机的轴封、密封件和维修阀；

●冷凝器和蒸发器被划伤的部位；

●软管易摩擦的部位；

●有油迹处。

③使用制冷剂检漏设备进行检漏时，其探头不应直接接触元器件或接头，应置于检测部位的下部。

④应定期检查检漏设备的灵敏性。

⑤不宜使用卤素检漏设备进行检漏。

（2）空调系统的清洗

在对汽车空调制冷剂检测时，如检测结果不符合要求，在加注制冷剂前，应对制冷装置内部进行清洗。

清洗汽车制冷系统一般采用回收、净化、加注设备或其他适宜的设备进行制冷装置内部清洗。

操作要点

①应使用清洁、环保的清洗剂。

②不应使用 CFC-12、HFC-134a 等制冷剂对制冷装置进行开放性清洗。

(3)抽真空

抽真空前，检查压力表示值，制冷装置中的压力应低于 70 kPa，如超过该压力，应重新进行回收操作，直到压力达到要求。抽真空至系统真空度低于 −90 kPa。在达到要求的真空度时，应继续抽真空操作，持续时间应不少于 15 min，以充分排除制冷装置中的水分。大型车辆及空调管路较长的车辆，抽真空时间可适当延长。

操作要点

①不应采用回收 / 净化 / 加注设备的压缩机进行抽真空作业。

②当回收、净化、加注设备工作在全自动模式时，应根据湿度等具体情况和需要，预设抽真空的持续时间并符合要求。

(4)补充冷冻机油

①在加注制冷剂前，应补充冷冻机油，建议的补充量为：制冷剂净化时的排出量 +20 ml。

②采用回收 / 净化 / 加注设备进行冷冻机油的补充，具体操作参见设备使用手册。

操作要点

①冷冻机油的种类应符合制冷装置的规定。

②不应过量补充冷冻机油。

③补充冷冻机油时，制冷装置应处于真空状态。当制冷装置中存有高压时，不应打开注油阀。

(5)加注制冷剂

①查阅《车辆使用手册》，确认制冷装置的制冷剂的类型及加注量。

②检查制冷剂贮罐中的制冷剂质量，不足 3kg 时，应予以补充。

③按设备使用手册进行管路连接及操作。

④按设备提示结束加注作业。

操作要点

①加注时，应确保贮罐中的制冷剂不少于 3kg，以保持足够的充注压力。

②应按制冷装置要求的加注量定量加注。

③制冷剂的加注是在制冷剂贮罐与制冷装置间的压差下进行。高压端加注时，应关闭发动机（压缩机停止运转），防止制冷剂贮罐压力过高；不建议采用低压端加注，以避免产生“液击”现象，损坏压缩机。

④完成制冷剂加注，断开设备与制冷装置的连接后，用检漏设备检测加注阀处有无泄漏。

三、汽车空调制冷效果检验

完成制冷剂加注作业后，应进行检验。在制冷装置工作状态下，用检漏设备检测加注阀处有无泄漏。制冷装置高、低压侧压力及空调出风口温度检测应根据汽车制造厂商的要求进行。可参照以下方法：

①车辆停放在阴凉处，将干湿球温度计放置在空调进风口位置；

②打开车窗、车门；

③打开发动机盖；

④打开所有空调出风口，调节到全开；

⑤设置空调控制器：外循环位置；强冷；A/C 开；风机转速最高（HI）；若是自动空调应设为手动并将温度设定为最低值。

⑥将温度计探头放置在空调出风口内 50 mm 处；

⑦起动发动机，将发动机转速控制在（1 500 ~ 2 000）r/min，使压力表指针稳定；

⑧待温度计显示数值趋于稳定后，读取压力表和温度计的显示值，将所测得的高、低侧压力、相对湿度、空调进风温度、出风温度与汽车制造商提供的空调性能参数或图表上的参数比较(图 5-2、图 5-3)，如压力表、温度计显示的高、低侧压力和空调出风温度不在规定的范围内，应对制冷装置做进一步的诊断和检修。

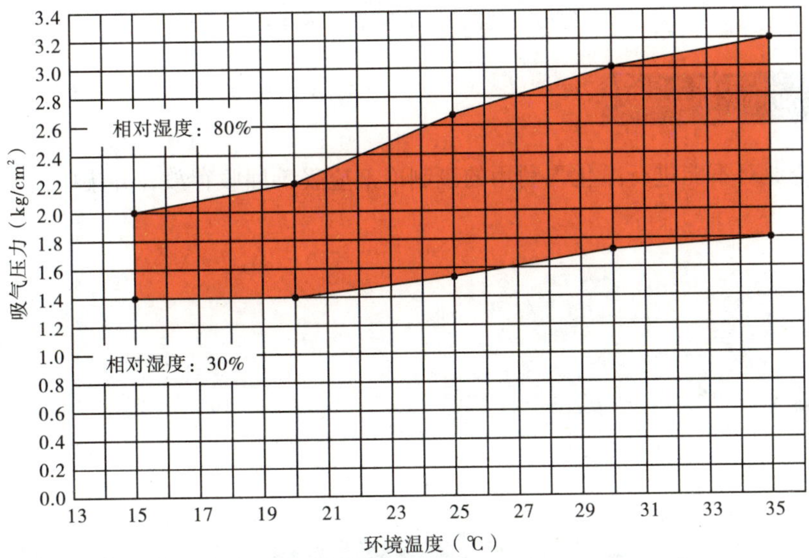

图 5-2　吸气压力与环境温度

四、制冷剂的贮存及处理

1. 制冷剂的贮存

①制冷剂贮罐应竖直向上放置，不应倾斜或倒置。

②制冷剂贮罐应分类分区贮存，标识明显清晰，存放场地应保持阴凉、干燥、通风。

③制冷剂贮罐的存放温度不应超过 50℃。

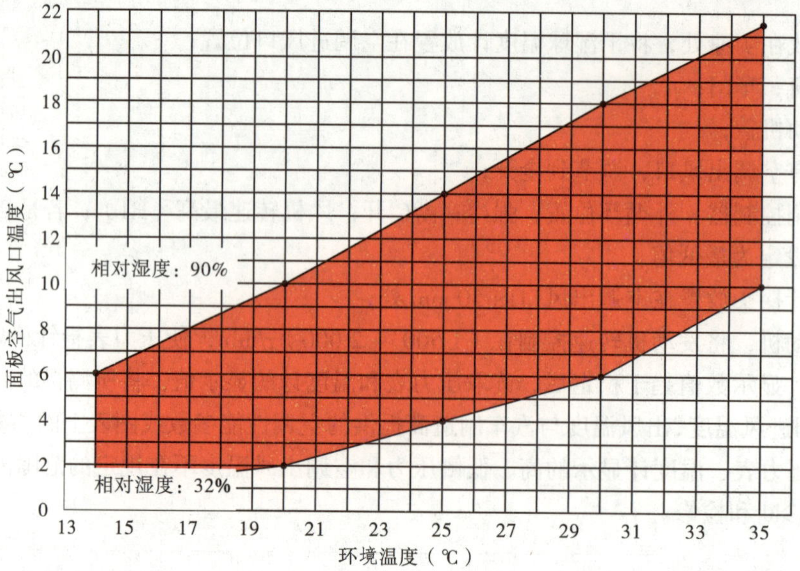

图 5-3 空调出风温度与环境温度

2. 制冷剂的处理

汽车维修企业对不能进行净化再利用的废制冷剂应妥善回收存放，并集中由专门机构进行无害化处理。

任务二 空调系统检修工具

一、通用工具

通用工具即普通的汽修工具，主要有各种扳手、各种锉刀、各种螺钉旋具及各种钳子、手锤、钢锯、钻头等。

二、专用工具

检修汽车空调故障时，需配备检漏仪、歧管压力表、真空泵、制冷剂注入阀等专用工具。

检漏仪：用于检查制冷系统内的制冷剂是否泄漏，目前常用的是电子检漏仪。

歧管压力表：主要用于检查和判断制冷系统内的工作状态和故障情况，由高、低压表组成，其上有 3 个接头分别与 3 根橡胶软管相接，分别完成制冷系统抽真空、灌注制冷剂等操作。

制冷剂注入阀：当向制冷系统充注制冷剂时，可将注入阀装在制冷剂罐上，旋动开关，阀针将制冷剂罐刺穿，就可充注制冷剂。

真空泵：在安装或维修之后，充注制冷剂之前，必须对制冷系统进行抽真空；否则，制冷系统中的空气和水分会引起系统内压力升高和膨胀阀处冰堵，影响制冷系统正常工作。

其他维修工具：除了上述工具和设备外，还需要切管器、扩管器、检修阀扳手、万用表等。另外，维修空调压缩机还需要离合器扳手、离合器毂拉出器、锁紧螺母套筒、六角套筒、气缸盖拆卸器等专用工具。

1. 检漏仪

（1）电子检漏仪的工作原理

电子检漏仪是根据卤素原子在一定的电场中极易发生电离而产生电流的原理制成的。

电子检漏仪的工作原理如图 5-4 所示。有一对电极，加热由铂金做的阳极，并在它附近放一个阴极，这对电极放在空气中时，由于空气的电离度很低，检测电路不通，电流表没有电流指示。当有制冷剂气体流经阳极与阴极之间时，在催化下迅速电离，电路中有电流通过，制冷剂浓度越大，电离越大，电路的电流也越大。这些可以通过串联在回路中的电流表反映出来，也可以由蜂鸣器的声音大小反映出来。由此检测出制冷剂气体的浓度，达到检漏的目的。

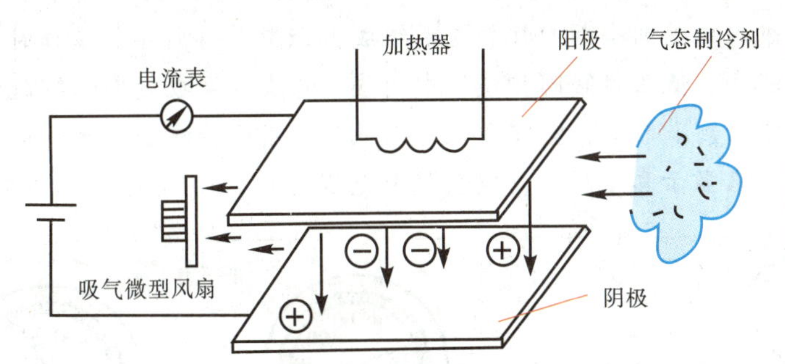

图 5-4　电子检漏仪的工作原理

（2）电子检漏仪的结构

实际使用中的电子检漏仪如图 5-5 所示。在圆筒状铂金阳极里放一个加热器，使阳极温度达 800℃左右，在阳极外侧放一只圆筒状的阴极，在阴、阳极之间加直流电压。为使气体在电极间流过，设有一只吸气微型风扇，通过吸气管将泄漏部位的气体吸入电极，若有制冷剂气体通过电极，就会产生几微安的电流，通过放大器放大后，通过电流表指示或蜂鸣器发出警告声音，且蜂鸣器发出的声音频率随制冷剂的泄漏量而变化。

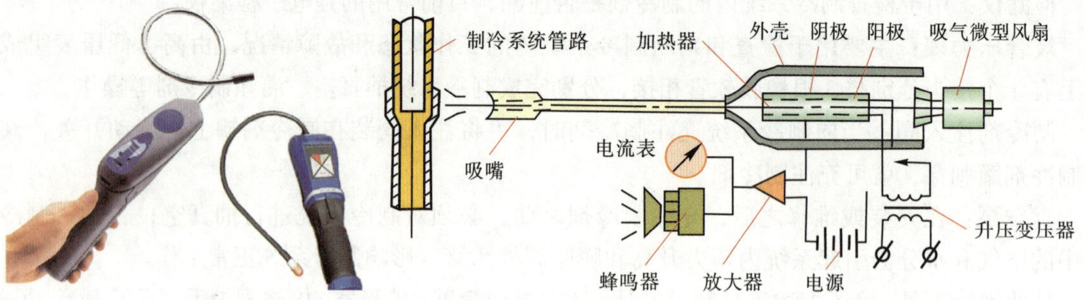

（a）检漏仪的外形　　（b）检漏仪的结构

图 5-5 电子检漏仪

电子检漏仪的使用十分简单，使用时，只需将电源开关打开，经短时预热后，将探头伸入需要检测的部位即可，通过声音或仪表指针便可方便地判断出泄漏量。电子检测仪检测灵敏度高，并且使用方便、安全。

2. 歧管压力表

（1）歧管压力表的结构

歧管压力表由 1 个表座、2 个压力表（低压表和高压表）、2 个手动阀（低压手动阀和高压手动阀）、3 个软管接头（外接 3 根橡胶软管：一根接低压维修阀，一根接高压维修阀，一根接制冷剂罐或真空泵吸入口或制冷剂回收装置）组成，如图 5-6 所示。工作时，高、低压接头分别通过软管与压缩机高、低压维修阀相接，中间接头与真空泵或制冷剂钢瓶相接，分别完成检测压力、抽真空、充注制冷剂及排空回收操作。低压表用于检测制冷系统低压侧的压力，既可以显示压力，也可用来显示真空度，真空度读数范围为 0 ~ 0.10kPa，压力刻度从“0”开始，

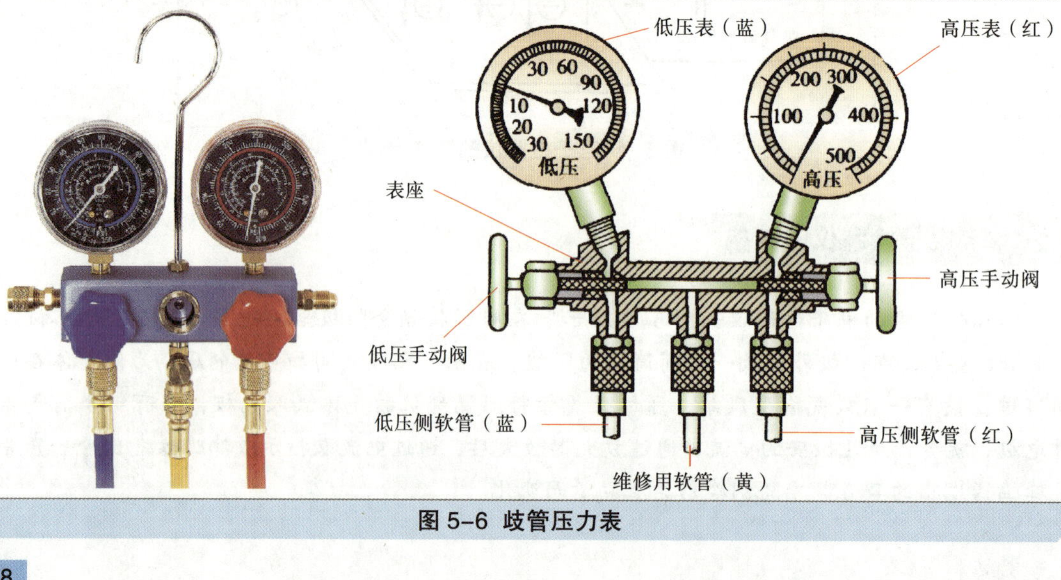

图 5-6 歧管压力表

量程不少于 0.42MPa；高压表用于检测制冷系统高压侧的压力，测量的压力范围从“0”开始，量程不小于 2.110MPa。

（2）歧管压力表的功能

歧管压力表的功能如下：

① 双阀关闭测压力

检测制冷系统高、低压侧压力。当高压手动阀和低压手动阀同时关闭时，可对高压侧和低压侧进行压力检查，检测制冷系统的高、低压侧的压力，如图 5-7（a）所示。

② 双阀打开抽真空

对制冷系统抽真空。当高压手动阀和低压手动阀同时全开时，全部管路接通，在中间接头接上真空泵，便可以对制冷系统进行抽真空，如图 5-7（b）所示。

③ 单阀打开做充注

充注制冷剂和加注冷冻机油。若高压手动阀关闭，低压手动阀打开，中间接头接到制冷剂罐上或冷冻机油瓶上，则可以从低压侧向系统充注制冷剂或冷冻机油。若高压手动阀打开，低压手动阀关闭，则可以从高压侧充注制冷剂。加注制冷剂如图 5-7（c）所示。

④ 先高后低放排空

制冷系统放空或排出制冷剂。先打开高压手动阀，当压力下降到 350kPa 时，再打开低压手动阀，则可使系统向外放空或排出制冷剂，如图 5-7（d）所示。

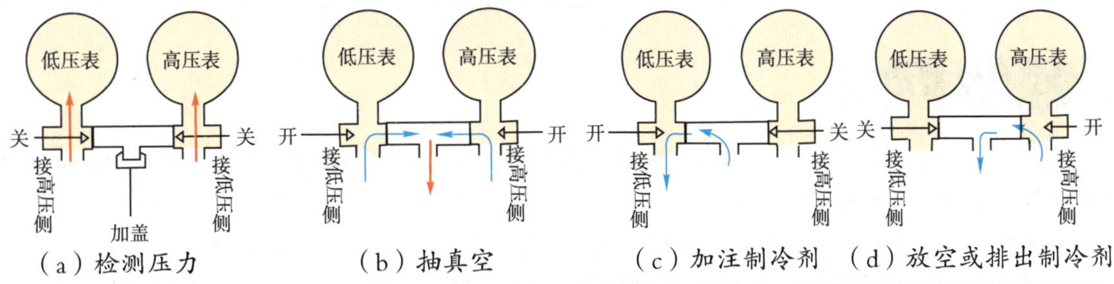

图 5-7　歧管压力表的功能

（3）歧管压力表的连接

通常，歧管压力表上的3个接头已分别与注入软管接好。当制冷系统管路内有制冷剂时，可按如下步骤将歧管压力表与空调制冷系统检修阀连接起来。

①用工具卸下装在压缩机上的检修阀压力表接口及调节杆上的螺母。注意动作要缓慢，以防制冷剂漏出伤人。

②关闭歧管压力表上的两个手动阀。

③把歧管压力表上的低压软管连接到低压侧检修阀上，高压软管连接到高压检修阀上，中间软管的另一端用布包好后放在一块干净的布片上。各软管接头只能用手拧紧。

④使用阀门扳手把检修阀调到“中位”（气门阀无须进行此步骤）。

⑤把歧管压力表上的低压手动阀稍微打开几秒钟，其目的是利用系统内的制冷剂将低压软管内的空气排出，然后将其关闭，再用同样的方法排出高压软管内的空气。这样，歧管压力表与空调制冷系统就连接起来了，如图5–8所示。当要卸下歧管压力表时，应先将检修阀调到“后位”，然后卸下注入软管，并将其与备用接头连接起来，以免软管内部受到污染。

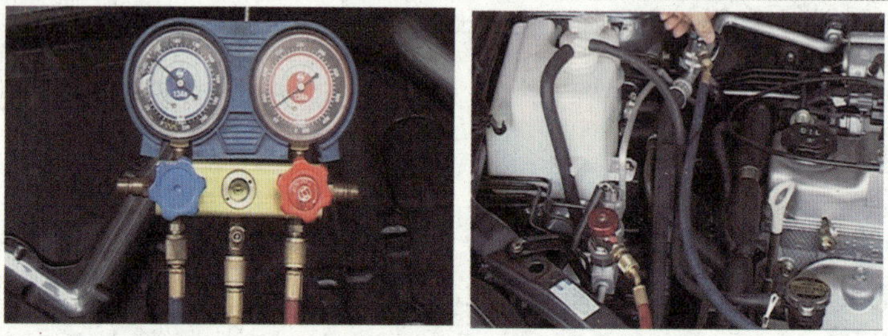

图5–8 歧管压力表的连接

（4）使用注意事项

①歧管压力表是一个精密仪表，必须细心维护，不得损坏，且要保持清洁。

②不使用时，要防止水或脏物进入软管；使用时，要把管中的空气排出。

③压力表接头与软管连接时，只能用手拧紧，不能用工具拧紧。

④高、低压软管不能混用，低压软管一定不能接入高压系统中。

3. 真空泵

真空泵是汽车空调制冷系统安装、维修后抽真空所不可缺少的设备，可以去除系统内的空气和水分等有害物质。实物图如图5–9所示。

常用的真空泵有滑阀式和刮片式两种。刮片式真空泵的结构如图5–10所示。它主要由定子、转子、排气阀和刮片等组成。工作时，弹簧弹力将两只刮片紧贴在气缸壁上，以保证其密封性。定子上的进、排气口被转子和刮片分隔成两部分。

当转子旋转时，一方面周期地把进气口附近的容积逐渐扩大而吸入气体；另一方面又逐渐缩小排气口附近的容积，将吸入的气体压出排气阀，从而达到抽真空的目的。

图 5-9　真空泵实物图

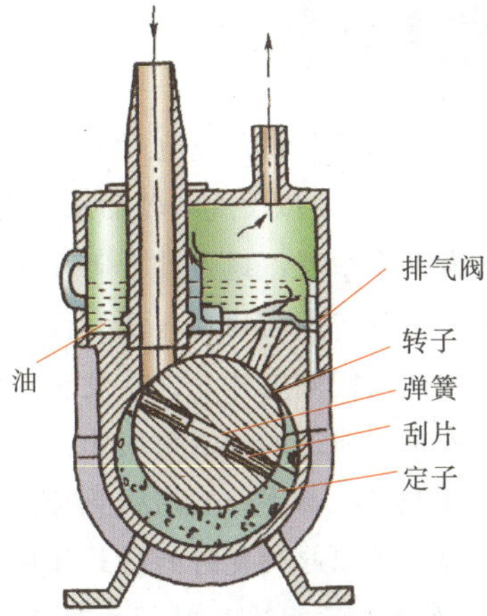

图 5-10　刮片式真空泵的结构

4. 制冷剂注入阀

为便于维修汽车空调和随车携带方便，制冷剂生产企业制造了一种小罐制冷剂（一般为 250g 左右），但要将它注入汽车空调制冷系统中，需要有注入阀才能配套开罐。

当向制冷系统灌注制冷剂时，可将注入阀装在制冷剂罐上，旋动制冷剂注入阀手柄，阀针刺穿制冷剂罐，即可充注制冷剂。图 5-11 为制冷剂注入阀实物图，其结构如图 5-12 所示。制冷剂罐内装有制冷剂，注入阀接头用软管与歧管压力表的中间接头相连。

图 5-11　制冷剂注入阀实物图

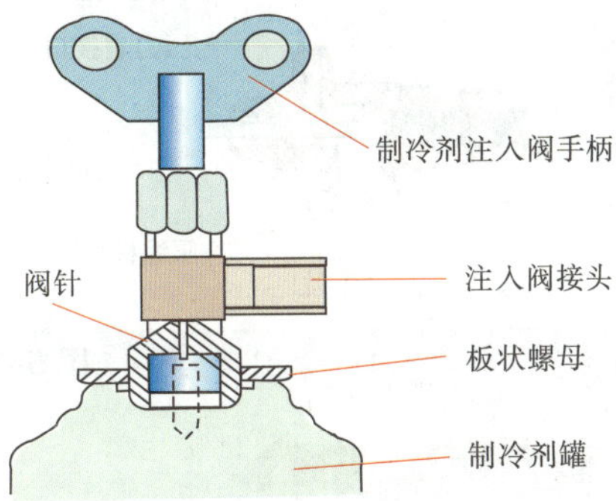

图 5-12　制冷剂注入阀的结构

5. 维修阀

汽车空调制冷系统是一个封闭的系统，为检修方便，通常在制冷系统管路上设置维修阀，它可以与歧管压力表等检修设备连接，以便进行故障诊断与维修操作，而不用打开制冷系统管路。大多数汽车空调制冷系统中都有两个检修阀，分别设置在高压侧和低压侧。某些汽车空调上还装有 3 个检修阀。常用的检修阀有气门阀（自动阀）和手动阀两种。

（1）气门阀

气门阀又称阀芯型检修阀，也称自动阀，其结构如图 5-13 所示。此阀芯类似于汽车轮胎上的气门芯结构。它有开启和闭合两个位置，通常处于闭合状态。当要检修制冷系统时，把带有顶销的注入软管接头连接在气门阀上，顶销就把气门阀阀芯顶开，系统管路便与注入软管相连通，制冷剂就能进入检测用软管，这时就可以进行检测和维修作业了。卸去检测用软管时，气门阀会自动关闭系统接口，可以起到良好的密封作用。

将检测用软管与该阀连接时，应注意的是：只有注入软管一端连接在歧管压力表上之后，另一端才能连接在气门阀上。当连接好之后，软管的另一端不能从歧管压力表上拆除，否则将会引起制冷剂流失。

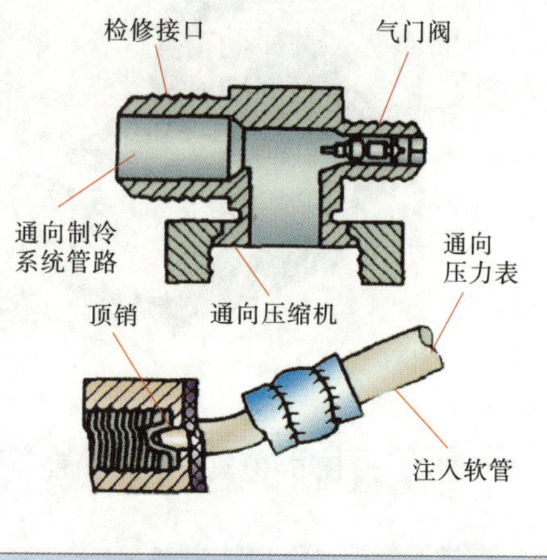

图 5-13 气门阀的结构

（2）手动阀

手动阀是一种以手动方式控制制冷剂流向的三通阀，通常布置在压缩机上。卸下检修阀的保护帽后，可以看到一个方形调节杆，用合适的扳手拧动调节杆时，可使阀处于 3 种不同的位置，即前位、中位和后位，如图 5-14 所示。

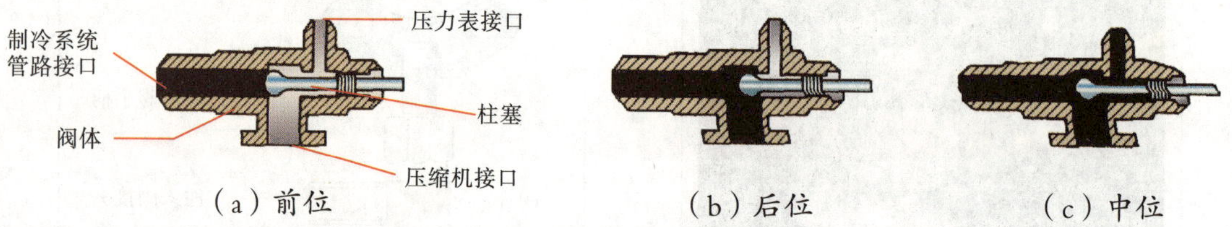

图 5-14 手动检修阀

① 前位

将调节杆顺时针旋到底时，检修阀即处于前位，这时制冷剂不能流到压缩机。压缩机从制冷系统中隔离出来，以便对它进行检修或更换。在这一位置时，压缩机仅与压力表接口相通，如果压力表接口保护帽未去掉而运转压缩机，高压制冷剂将无法排出，会导致压缩机损坏，如图 5-14（a）所示。

② 后位

将调节杆逆时针旋转到底时，检修阀即处于后位。后位是检修阀的正常工作位置，制冷剂能通过压缩机正常循环，压力表接口被关闭，制冷剂到达不了压力表，歧管压力表不能测出制冷剂压力值，如图 5-14（b）所示。

③ 中位

从后位顺时针（或从前位逆时针）旋转调节杆 1 ~ 2 圈，检修阀即处于中位（三通位置）。制冷剂可在整个系统内流通，制冷剂可到达压力表口，以便测量压力。中位主要用于对制冷系统进行检修作业，如充注、放出制冷剂和抽真空，又可用歧管压力表来判断故障等，如图 5-14（c）所示。

注意

在打开手动检修阀上的压力表接口之前，或从检修阀上拆除注入软管时，一定要保证检修阀处于后位，否则会造成制冷剂流失。

6. 其他维修工具

（1）切管器

切管器又叫割刀，是专门切断铜管、铝管等金属管的工具。切管器一般可以切割直径 3 ~ 25mm 的金属管。直径 4 ~ 12mm 的铜管不允许用钢锯锯断，必须使用切管器切断。切管器如图 5-15 所示。

（2）扩管器

扩管器又称为胀管器，主要用于制作铜管的喇叭口和圆柱形口。喇叭口形状的管口用于螺纹接头或不适于对插接口时的连接，目的是保证接口部位的密封性和强度。圆柱形口则在两个铜管连接时，一个管插入另一个管管径内使用。扩管器如图 5-16 所示。扩管器的夹具分成对称的两半，夹具的一端用销连接，另一端用紧固螺母和螺栓紧固。两半对合后形成孔不同的管径，制成螺纹状，目的是便于紧夹住铜管。孔的上口制成 60° 的倒角，以利于扩出适宜的喇叭口。

图 5-15　切管器

图 5-16　扩管器

（3）检修阀扳手

检修阀扳手又称方榫扳手或棘轮扳手，是专门用于快速旋动制冷装置各类阀门的工具，其结构如图 5-17 所示。检修阀扳手的一头是活方榫扳孔，它的外圆是一个棘轮，旁边有一个撑牙，由弹簧支撑着，只能单向旋转扳手的另一端。一大一小的两个固定方榫孔，可用来调节膨胀阀的阀杆。

（4）万用表

万用表是一种应用范围很广的测量仪表，是制冷设备电气检修中最常用的工具。它可以测量交流或直流电压、电流、电阻等。常用的有指针式万用表和数字万用表两种，指针式万用表如图 5-18 所示。

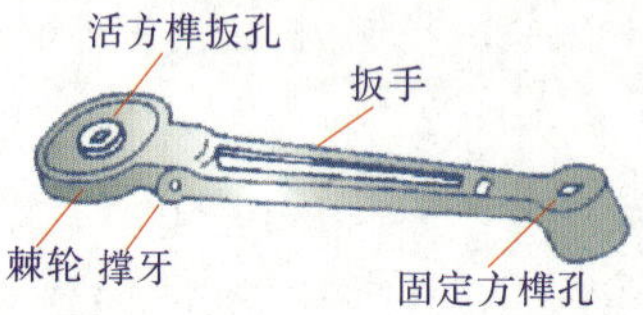

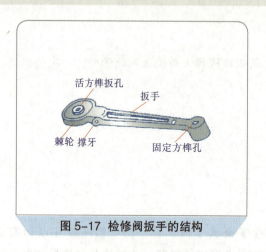

图 5-17 检修阀扳手的结构

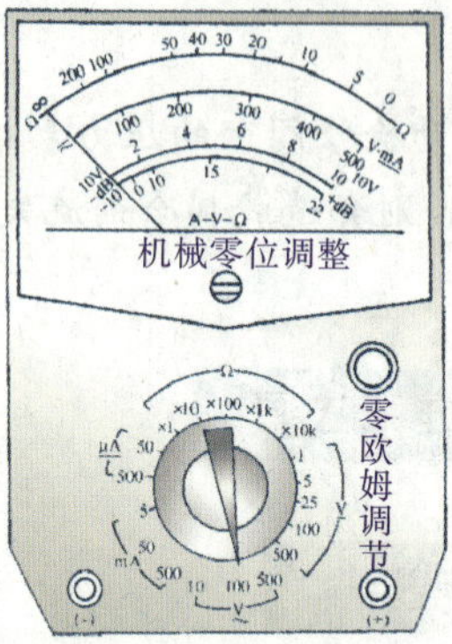

图 5-18 指针式万用表

任务三　空调系统检测设备

一、电子式卤素检漏仪

1. 外观及操作面板

图 5-19 所示为电子式卤素检漏仪的外观及操作面板。

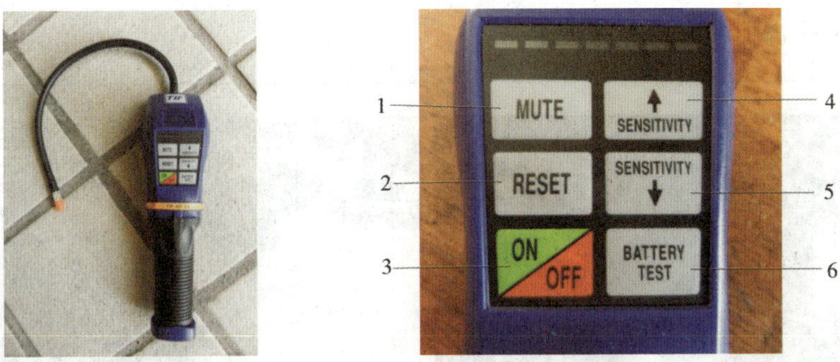

（a）外观　　（b）操作面板

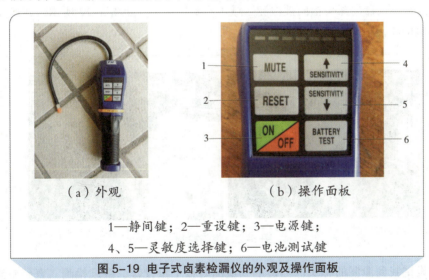

1—静间键；2—重设键；3—电源键；
4、5—灵敏度选择键；6—电池测试键

图 5-19　电子式卤素检漏仪的外观及操作面板

空调系统的检测

按下静间键 1 不再声音报警，而是 LED 灯闪烁。声音的大小反应泄露的大小和强弱（浓度）。

利用重设键 2 可以找到泄露的源头。当检测到泄露时按下该键，继续检测，直到检测到比原来浓度更大的地方才会再次报警，这样一步步进行下去即可精确地找到泄露的源头。

电源键 3 用于打开和关闭仪器。

灵敏度选择键 4 用于调高灵敏度，分为 7 个等级，等级越高，LED 灯亮的数目越多。

灵敏度选择键 5 用于调低灵敏度，分为 7 个等级，等级越低，LED 灯亮的数目越少。

按下电池测试键 6，指示灯点亮的颜色表示不同的电池电量。

另外，LED 灯还有两项重要的功能。

①显示电池电量。最左边的灯是常亮的，绿色表示电量充足，橙色表示不足，红色表示应立即更换。

②显示泄露的大小和强弱。绿色表明泄露较小，橙色表明泄露一般，红色表明泄露很大。

2. 操作步骤

空调制冷系统渗漏检测

①开机。按电源键，开机，如图 5-20 所示。

②调节灵敏度。按灵敏度选择键，调节灵敏度，使第一个 LED 灯点亮，其他 LED 灯熄灭，仪器发出频度不高的声音，如图 5-21 所示。

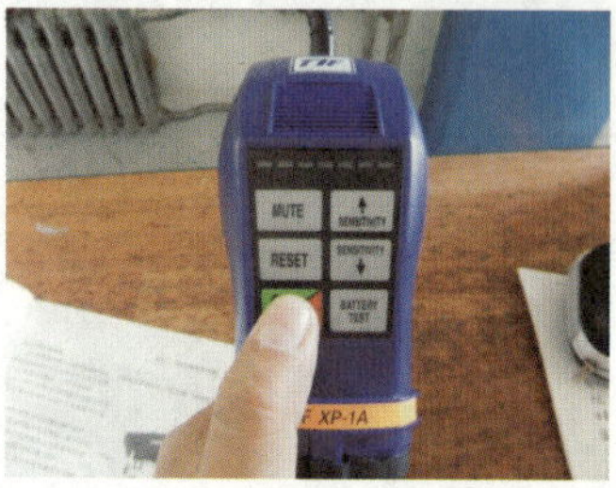

图 5-20 开机

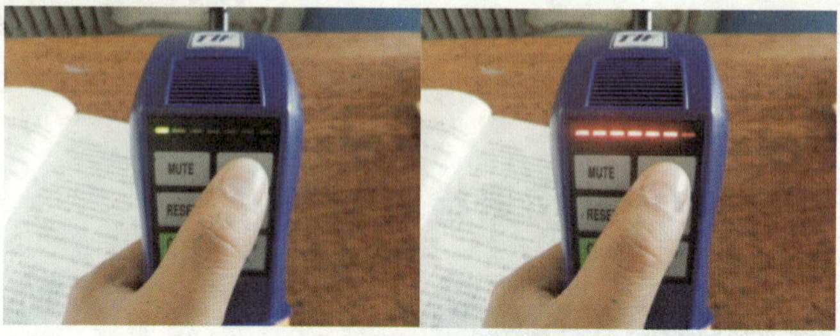

图 5-21 调节灵敏度

③检测泄漏。将仪器的探头指向被检测区域（不要接触），如图 5-22 所示，其点亮的 LED 灯增多，声音频率增高，则说明有泄漏现象。

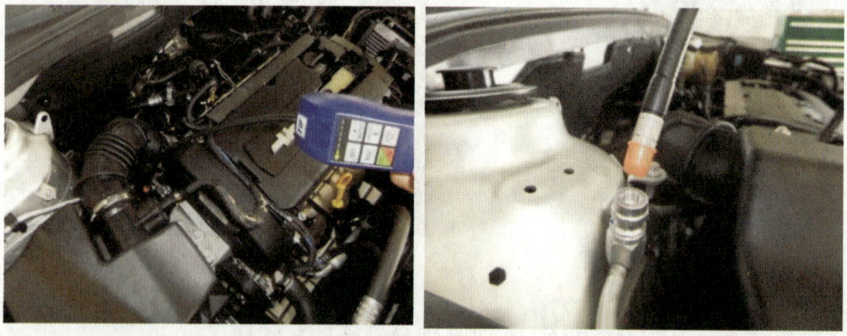

图 5-22 泄露检测

④利用重设键找到泄漏的源头。当检测到泄漏时按下重设键，继续检测，直到检测到比原来浓度更大的地方才会再次报警。

二、荧光检漏仪

1. 外观及组成

荧光检漏仪的外观及组成如图 5-23 所示。

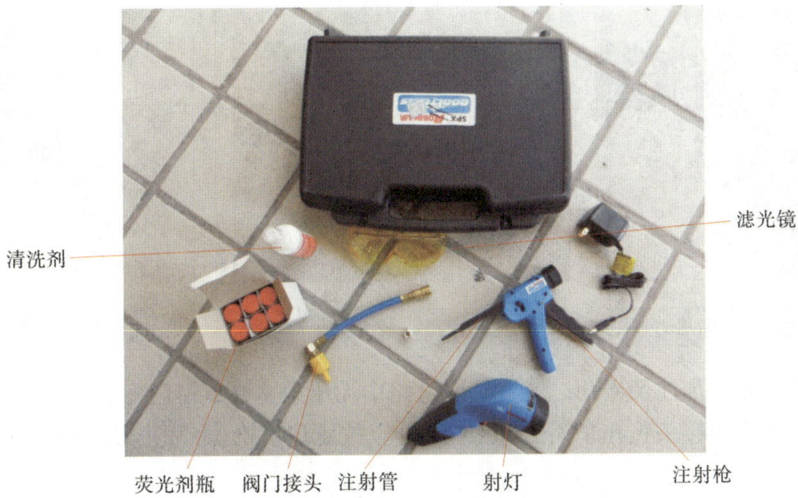

图 5-23　荧光式检漏仪的外观及组成

2. 操作步骤

①取出荧光剂瓶，撕开荧光剂瓶的封口，将荧光剂瓶装在注射枪上，如图 5-24 所示。

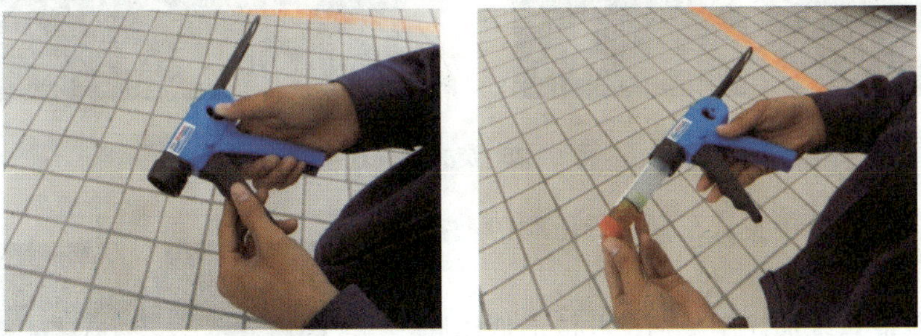

图 5-24　荧光剂瓶的安装

②在注射管前部装好阀门接头，如图 5-25 所示，并将注射管安装在荧光剂瓶上，如图 5-26 所示。

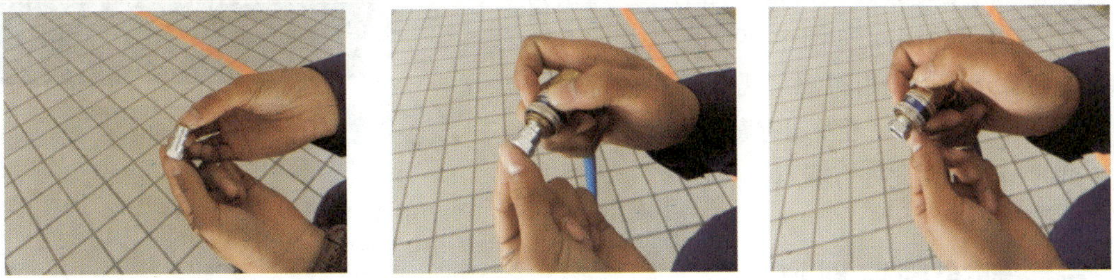

图 5-25　阀门接头的安装

③按压注射枪，使注射枪压紧荧光剂瓶的活塞，如图 5-27 所示。注：若需要释放荧光剂，可扳动注射枪侧部的黑色拨杆。

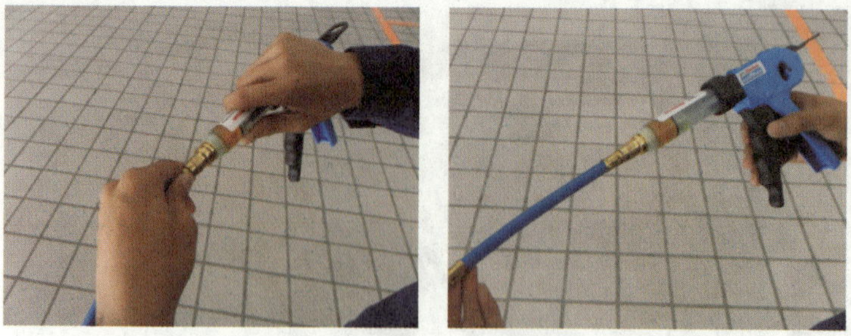

图 5-26 注射管的安装

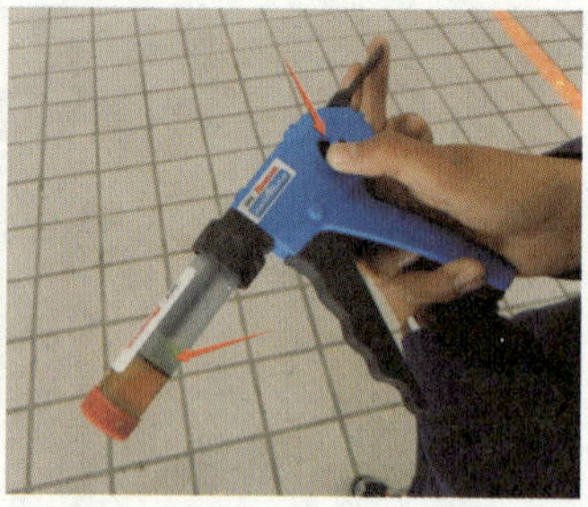

图 5-27 注射枪活塞的调整

④在向制冷管路中加注荧光剂之前，确保管路中无压力（释放掉制冷剂或已抽完真空）。

⑤将注射管的阀门接头装在车辆的低压阀门上。按压注射枪，推进一格，使荧光剂注入管路中，如图 5-28 所示。

图 5-28 荧光剂的注射

⑥将注射管的阀门接头从车辆的低压阀门上拆下。

⑦向空调制冷系统加注制冷剂，并清洁低压阀门处的荧光剂。

⑧起动发动机，打开空调系统，空调压缩机运转 10min 以上，使荧光剂充分循环。

⑨将射灯的电源夹连接在蓄电池上。按压射灯开关，射灯要有光射出，如图 5-29 所示。

⑩戴上滤光镜，用射灯照射需要检查的部件及管路，如图 5-30 所示。若发现有黄绿色的痕迹（荧光剂渗出），则表明此处有漏点。

图 5-29 射灯亮起

三、制冷剂鉴别仪

制冷剂鉴别仪能鉴别制冷剂的类型并直接清除制冷剂中有破坏性的空气，可显示系统中制冷剂（R12、R134a、R22）和空气的准确含量，面板上的压力表可实时显示系统压力；探测到易燃物质会发出警报，可通过打印机端口连接打印机并打印测试结果。制冷剂鉴别仪的外观及组成如图 5-31 所示。

图 5-30　滤光镜的佩戴与漏点的检查

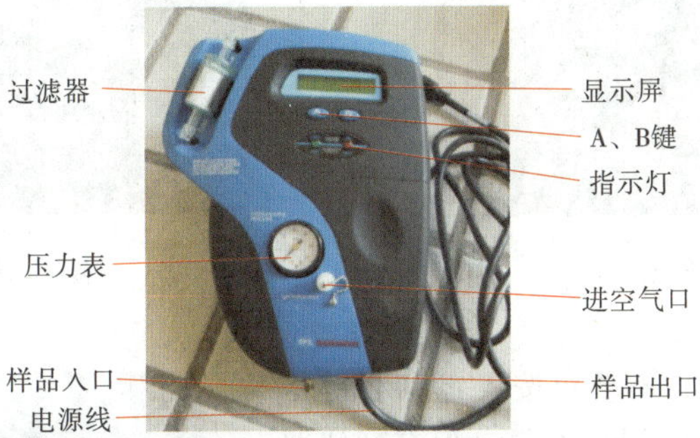

图 5-31　制冷剂鉴别仪的外观与组成

1. 操作前的检查

①检查仪器外面的圆柱形容器中的白色过滤芯上是否有红点。任何红色的出现都说明过滤器需要更换，以避免仪器失效。

②根据需要选择一根 R12 或 R134a 采样管。检查采样管是否有裂纹、磨损痕迹、脏堵或污染。绝对不可以使用任何有磨损的管子。把采样管安装到仪器的样品入口处。

③检查仪器头部的进气口，再检查仪器中部边缘的样品出口，以确保它们没有堵塞。

④检查空调系统或制冷剂罐上的样品出口处，确保出口处样品为气态，出口不允许有液态样品或油流出来。

⑤将仪器的电源插头连接到车载电源或民用电源上。通过夹子用车载电源供电（10 ~ 14V）或连接墙上的民用电源（220V）插座供电。

2. 操作步骤

①给仪器通电，仪器自动开机，如图 5-32 所示。

②让仪器预热 2min。

③在预热过程中，需要将当地的海拔输入仪器的内存中。仪器可以在海拔变化为 152m 的范围内自动调节，所以初次使用时必须输入当地的海拔。正常的气压变化不会影响仪器的运行。一般情况下只需输入一次海拔，只有当仪器在另一个地方使用时才需要重新输入海拔。

如果没有输入海拔，仪器在预热过程中会显示“USAGE ELEVATION NOTSET”。按照如下步骤设置海拔。

a. 在预热过程中，按住 B 键直到显示屏出现“USAGE ELEVATION，400FEET”（这是仪器的出厂设置，相当于海拔 122m）。

b. 使用 A 键和 B 键来调节海拔的设置，直到显示的读数高于但是接近当地的海拔值（图 5-33）。每按一下 A 键读数增加 30m。每按一下 B 键读数减少 30m。海拔在 0~2 730 都是可调的。

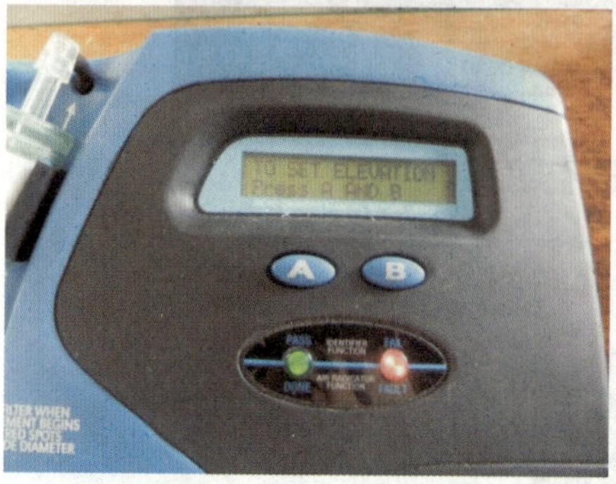

图 5-32 开机

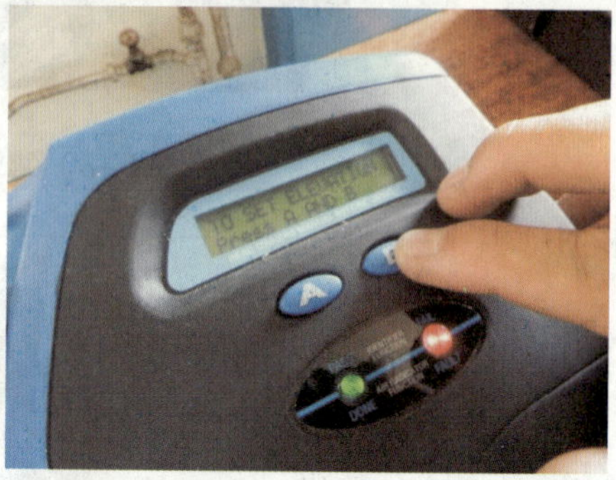

图 5-33 海拔调节

当选择好正确的海拔后，不要再按 A 键和 B 键，保持仪器处于待机状态约 20s，设置会自动保存到仪器的内存中。

注意：输入错误的海拔将导致仪器检测错误。

④系统标定。仪器将会通过进气口吸入环境空气约 1 min。环境空气是用于校正测试元件并排除残余的制冷剂气体，如图 5-34 所示

⑤根据仪器的提示把采样管的入口端接到车辆空调系统或制冷剂罐的出口上，如图 5-35 所示，按 A 键开始进行分析，如图 5-36 所示。

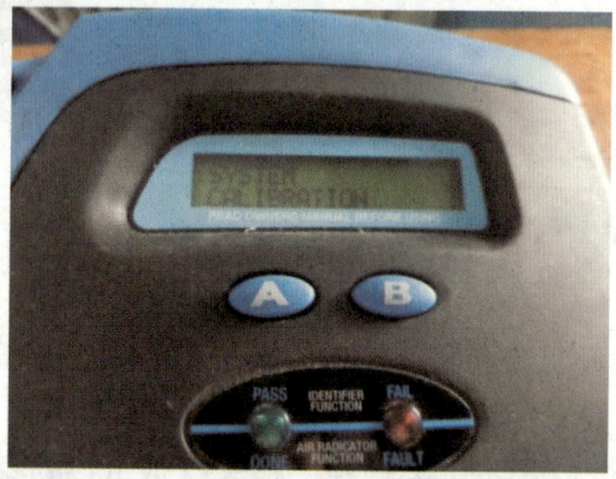

图 5-34 系统标定

图 5-35 空调管路的连接

制冷剂样品会立即流向仪器，注意调节器压力（图 5-37）。仪器对样品的分析过程需要大约 1min。

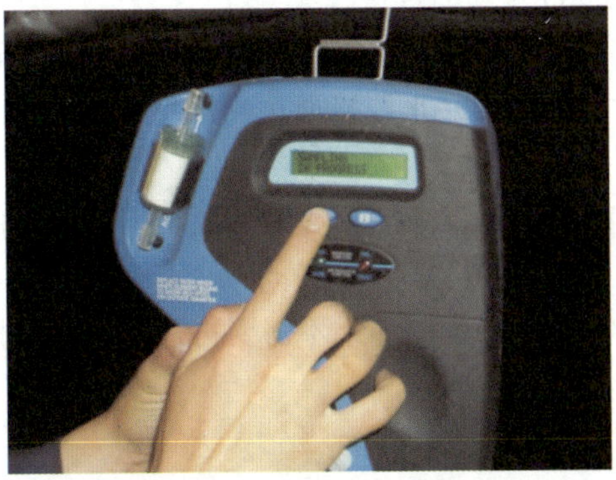

图 5-36　开始分析

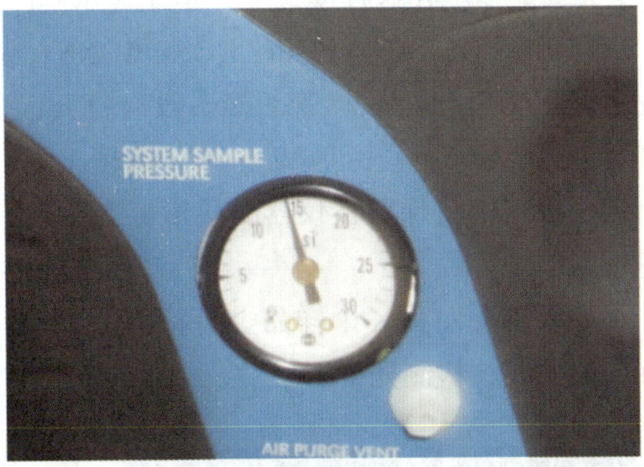

图 5-37　压力值

⑥当分析完成后，拆下采样管，如图 5-38 所示。

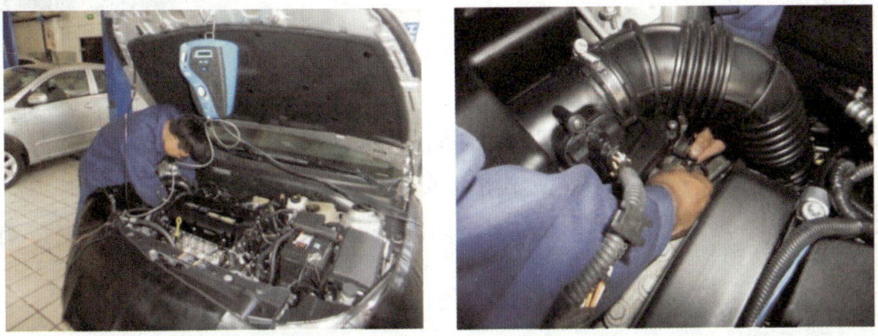

图 5-38　拆卸采样管

⑦分析的结果将在仪器的显示屏上以下列符号显示出来，如图 5-39 所示。

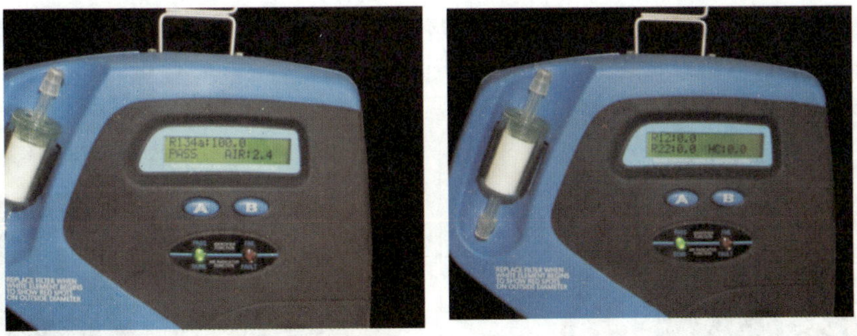

图 5-39　检测分析结构

PASS：说明样品的纯度达到 98%或更高。制冷剂的种类和空气的污染程度也会同时在显示屏上显示出来。

FAIL：说明样品被测定为 Rl2 或 Rl34a 的混合物，无论是 R12 还是 Rl34a，其纯度都没有达到 98%，或者混合物太多。同时还将显示 Rl2、Rl34a 和空气的百分比含量。

FAIL CONTAMINATED：说明测定的样品含有未知制冷剂，如 R22 或碳氢类在混合物中的含量占 4%或更多。在这种模式下，不能显示制冷剂或空气混合物的含量。

NO REFRIGERANT—CHK HOSE CONN：说明测定的样品中空气含量达到 90% 或更高。通常情况下是因为 R134a 采样管的接头没有打开，采样管没有与样品来源接通，或样品来源中没有制冷剂。

⑧分析结构将保留在仪器的显示屏上，直到使用者按下 A 键。按下 A 键后要根据显示屏的提示进行操作。

⑨如果需要对另一个样品进行检测，直接从步骤⑤开始操作。如果不需要再进行检测。拆下仪器的电源线，检测完毕。

3. 操作结束后的清理步骤

①从仪器样品入口拆下采样管。观察管子是否有磨损、裂纹、油堵或污染，并及时更换。擦净管子外表面，将管子卷起放入盒子中。

②检查样品过滤器是否有红点出现。如果发现任何红点，根据维护程序中的步骤更换样品过滤器。

③从仪器上拆下电源线，擦净，卷起收到存储盒中。

④用湿布清理仪器的外表面。不要使用溶剂或水直接清理仪器。将清理干净的仪器放入存储盒中，如图 5-40 所示。

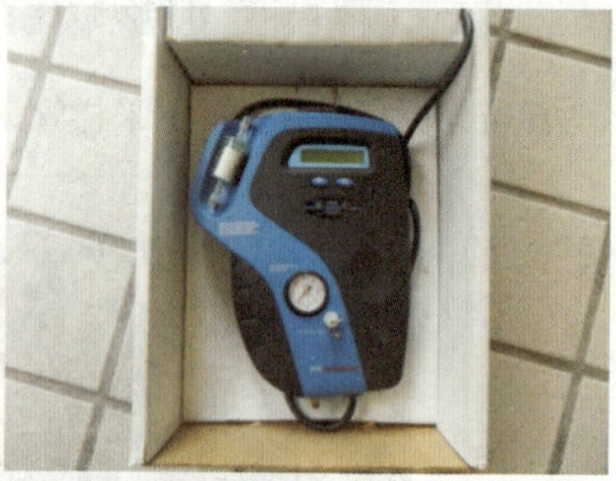

图 5-40 仪器放入存储盒

四、汽车空调诊断仪

1. 汽车空调诊断仪概述

汽车空调诊断仪的控制面板、接口说明和线路连接如图 5-41~ 图 5-43 所示。空调诊断仪的测量参数见表 5-1。

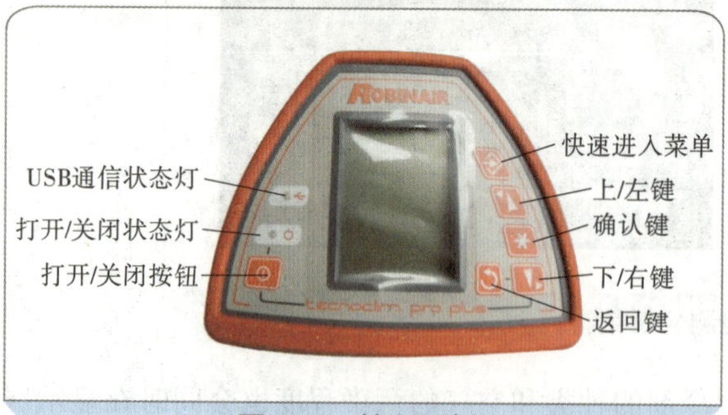

图 5-41 控制面板

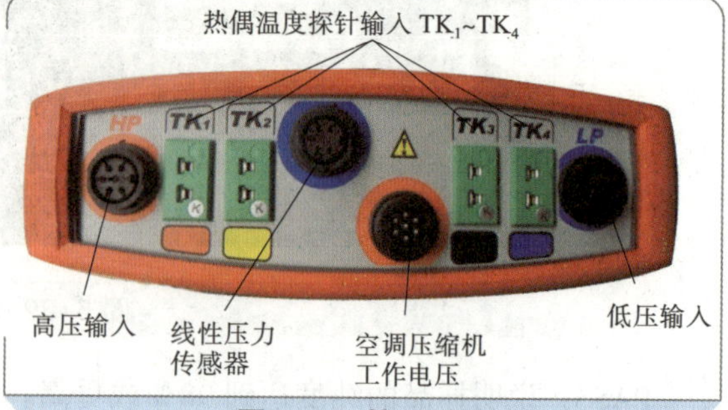

图 5-42 接口说明

图 5-43　线路连接

表 5-1　空调诊断仪的测量参数

项目	测量部位	测量元件	无线 / 有线
低压侧制冷剂压力	低压维修接口	低压快速插接器（蓝色）	有线
高压侧制冷剂压力	高压维修接口	低压快速插接器（红色）	有线
冷凝器入口温度	冷凝器入口金属管路	TK_1 探针（红色）	有线
冷凝器出口温度	冷凝器出口金属管路	TK_2 探针（黄色）	有线
蒸发器入口温度	蒸发器入口金属管路	TK_3 探针（黑色）	有线
蒸发器出口温度	蒸发器出口金属管路	TK_4 探针（蓝色）	有线
环境温度和相对湿度	距车辆 2m 部位	THR 传感器	无线
出风温度和相对湿度	中央出风口部位	THR 传感器	无线
制冷剂压力信号	制冷剂压力传感器的信号线	HP1000 电缆（选装）	有线
车辆电源	车辆供电电压	CRCO PSA 电缆（选装）	有线

2. 汽车空调诊断仪的操作步骤

（1）开机

①按打开/关闭按钮，开启诊断仪，如图 5-44 所示。
②使用方向键，选择菜单。
③按确认键，进入相应菜单。

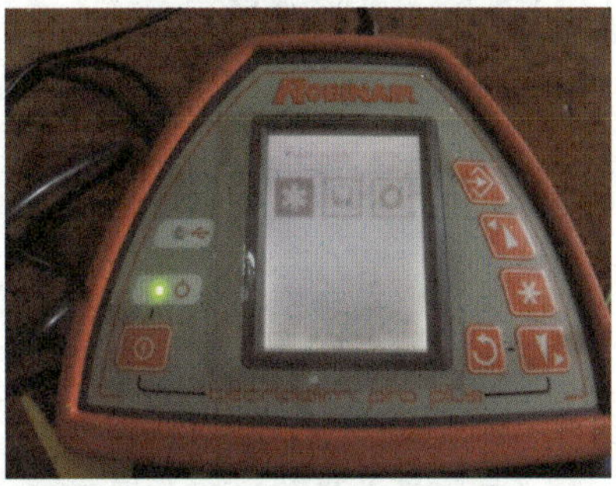

图 5-44　开启诊断仪

（2）数据保存菜单

使用光标键，选择数据保存菜单，进入下一级界面，进行数据保存，如图 5-45 所示。

（3）系统设置菜单

①使用光标键，选择系统设置菜单，进入下一级界面。
②使用光标键，选择英文，然后选择“Close”，返回主菜单，如图 5-46 所示。

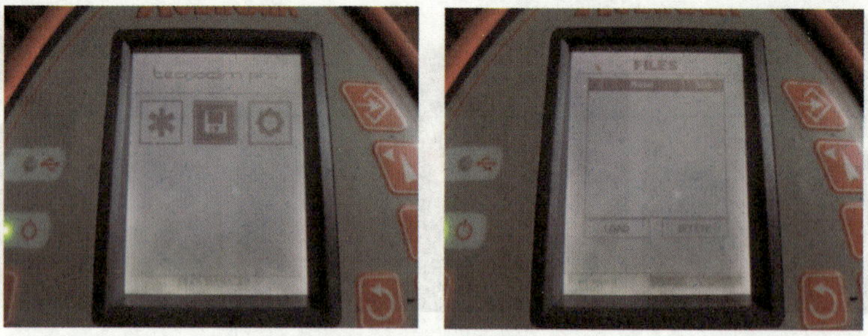

图 5-45 数据保存操作示意图

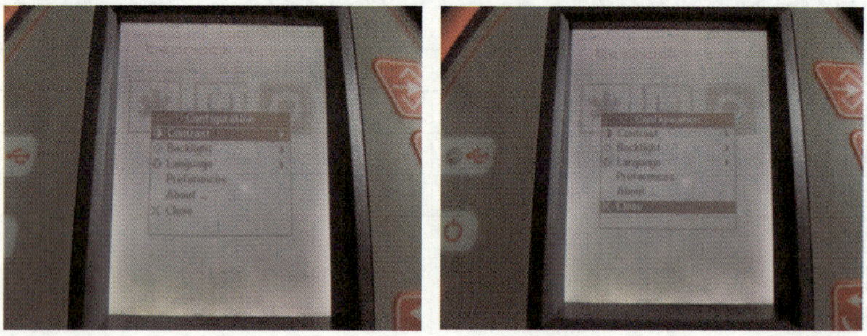

图 5-46 语言选择操作

（4）空调诊断菜单

① 菜单说明

a. 工作模式：测量模式、控制模式、自动诊断模式，如图 5-47 所示。

b. 车辆配置。不论选择的是何种模式，都要对待检空调系统的配置进行选择，选择界面如图 5-48 所示。

c. 工作模式操作流程如图 5-49 所示。

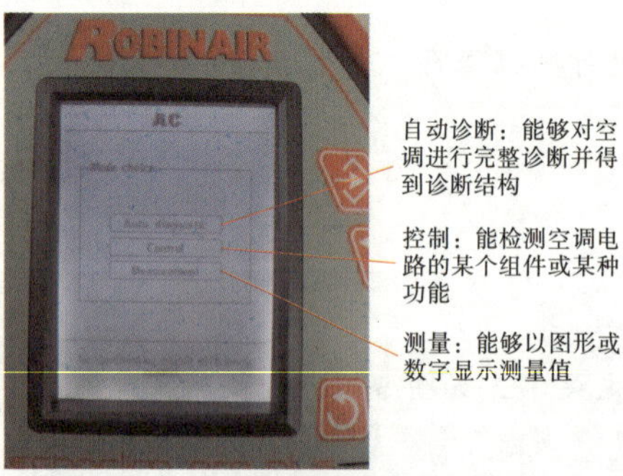
ROBINAIR
AC
自动诊断：能够对空调进行完整诊断并得到诊断结构
控制：能检测空调电路的某个组件或某种功能
测量：能够以图形或数字显示测量值

图 5-47 空调诊断菜单的工作模式

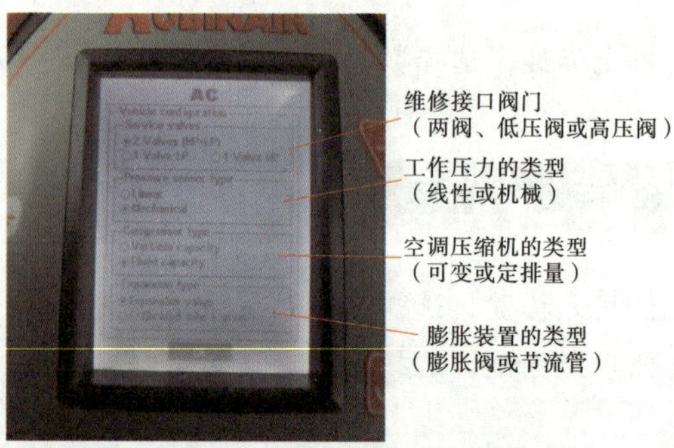
AC
维修接口阀门（两阀、低压阀或高压阀）
工作压力的类型（线性或机械）
空调压缩机的类型（可变或定排量）
膨胀装置的类型（膨胀阀或节流管）

图 5-48 车辆配置菜单说明

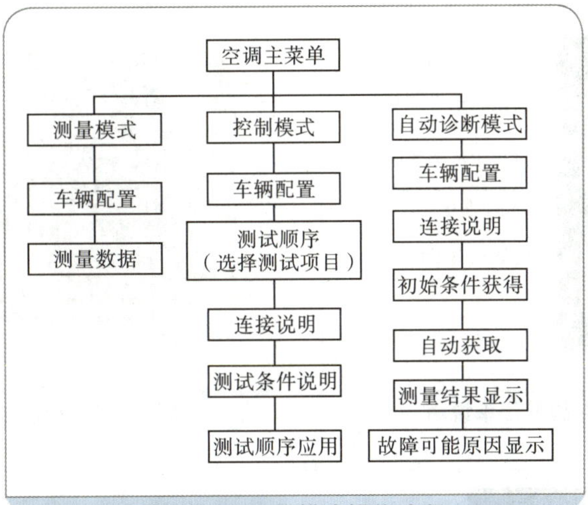

图 5-49　工作模式操作流程

② 自动诊断模式

在操作过程中，空调故障诊断仪会指导用户如何做，包括对测试每个阶段前要完成的连接说明，以及如何实施测试做出精确的说明。

a. 在空调主菜单中选择“Auto. diagnostic”项目。

b. 选择车辆配置。

c. 按提示信息进行连接，选择“Next"，按确认键，如图 5-50 和图 5-51 所示。

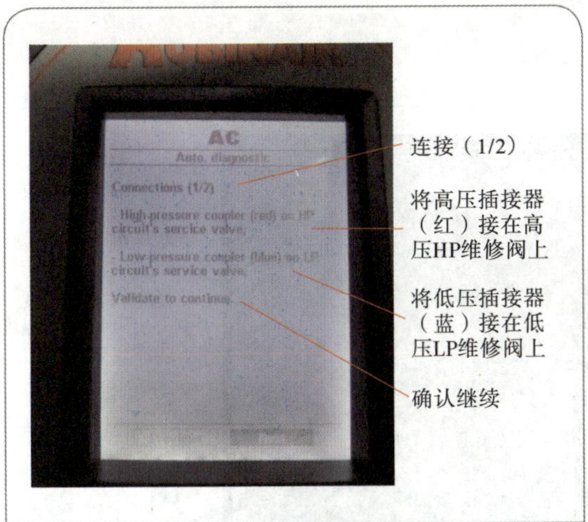

图 5-50　连接说明

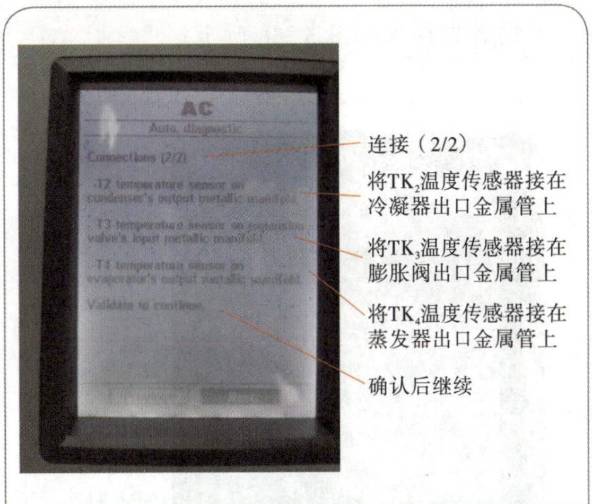

图 5-51　连接说明

d. 初始条件测量。按提示信息进行连接，选择“Next”，按确认键，如图 5-52 所示。

e. 读取环境空气温度和相对湿度数据，然后按确认键，如图 5-53 所示。

f. 设置测试条件。按提示信息进行连接，选择“Next”，按确认键，如图 5-54 所示。

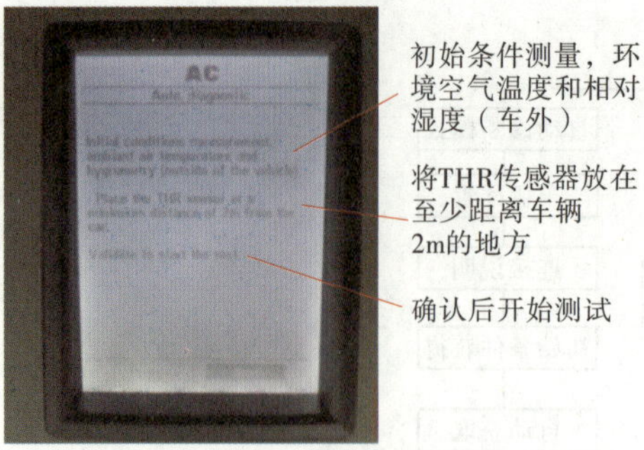

图 5-52 初始条件测量菜单说明

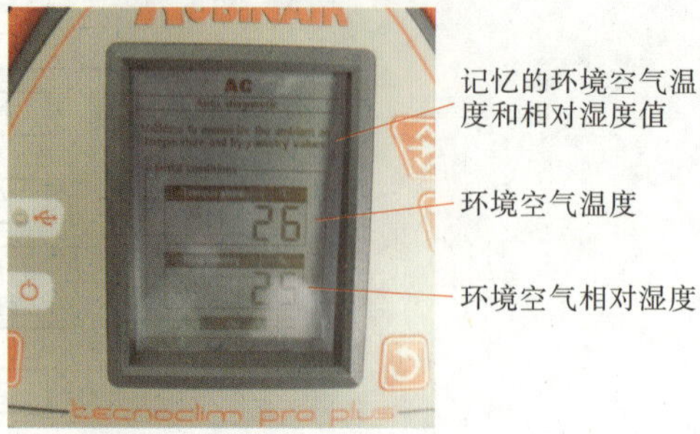

图 5-53 环境空气温度和相对湿度

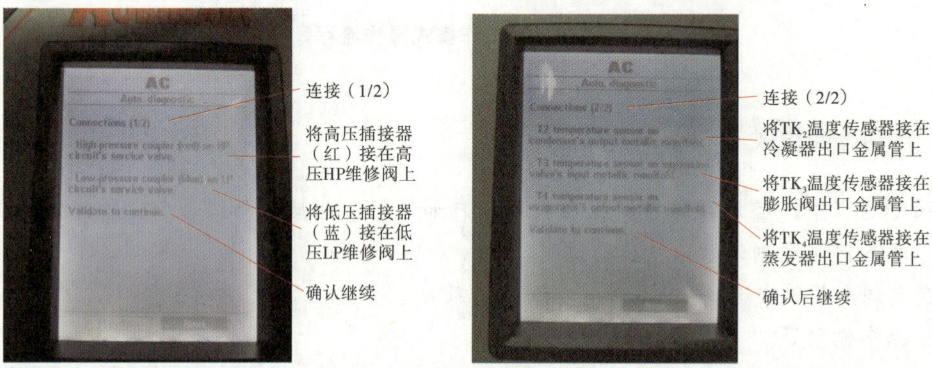

图 5-54 设置测试条件说明

g. 读取诊断数据。测试结果在 60s 后得出，如图 5-55 所示。

h. 诊断结果如图 5-56 所示。

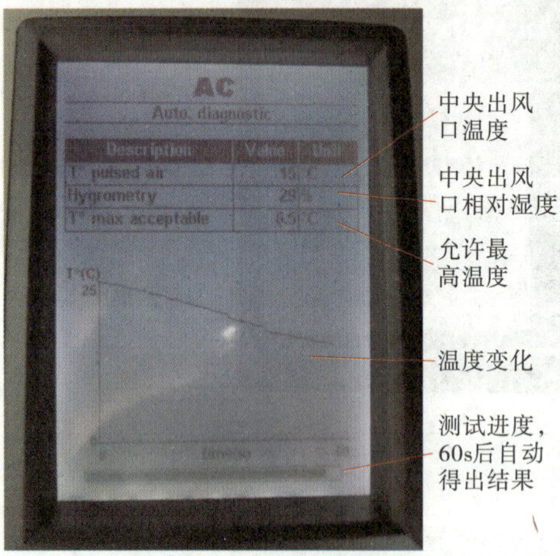

图 5-55 测试进度显示

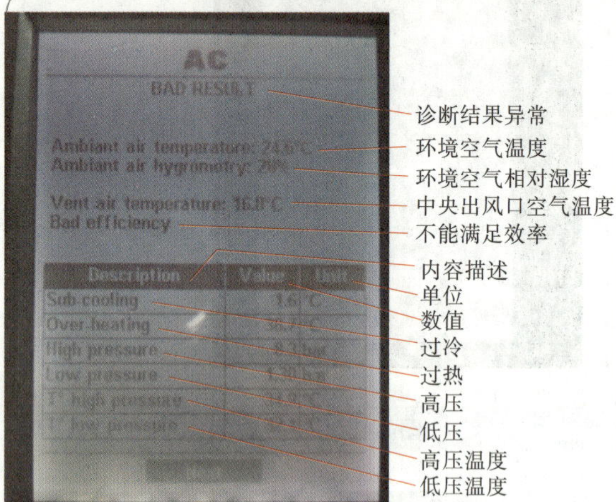

图 5-56 诊断结果显示

③ 测量模式

测量模式可启用某些物理值的图形或数字显示功能，例如：

a. 车辆空调电路的高压值和低压值。

b. 周围空气或系统排出空气的温度和相对湿度值。

c. 在管道内流动的，与热电偶夹子 TK_1~TK_4 接触的制冷剂温度。

在测量模式下，有两种显示模式可供选择：显示器模式（默认模式）和细节模式。

d. 显示器模式。这种显示器模式在大的数字显示框内显示全部可用数据。在空调诊断菜单中，使用方向键选择测量模式项目，按确认键，进入显示器模式页面，如图 5–57 所示。

e. 图形模式。图形模式以表格的形式列出所有可用的信号，并追踪选定的信号，如图 5–58 所示。

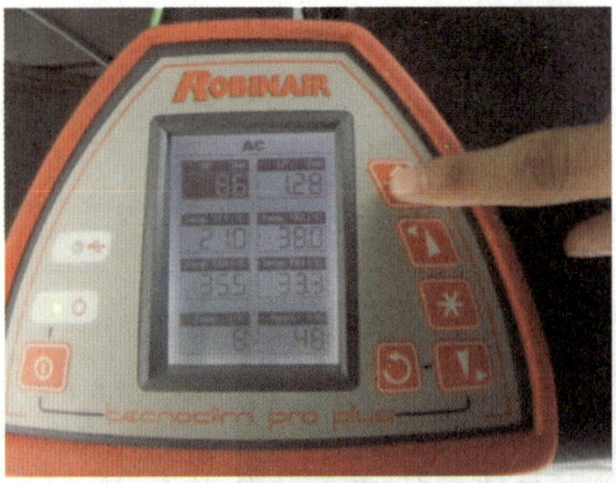

图 5–57　显示器模式示意图

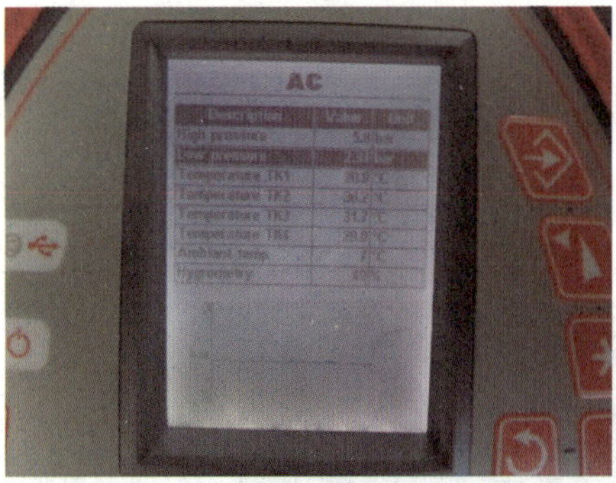

图 5–58　图形模式示意图

f. 细节模式。这种显示模式可以按以下方式显示选定值的详细信息。

——快速数字值。

——最大值、平均值和最小值。

——可视化的变化值：追踪功能。

使用方向键，选择某一项，按确认键，进行细节模式显示，如图 5–59 所示。

④ 控制模式

a. 说明。控制模式使用户能够执行测试序列，作为对意义明确的需要的回应，如图 5–60 所示。

b. 效率测试。通过测量出风口空气并根据测定的初始条件，确定空调系统的效率。初始条件是周围空气的温度和相对湿度值等。

理论最高温度随初始条件（周围空气的温度和相对湿度）的变化而变化，将以图形形式显示，分为 3 个区域，如图 5–61 所示。

c. 负载测试。从屏幕上得到 3 个物理值，如图 5–62 所示。

•用“巴”（bar）表示的高压值（1bar=105Pa）

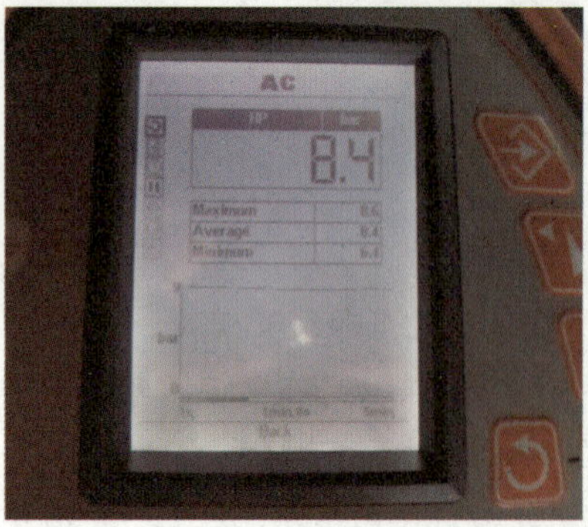

图 5-59 细节模式示意图

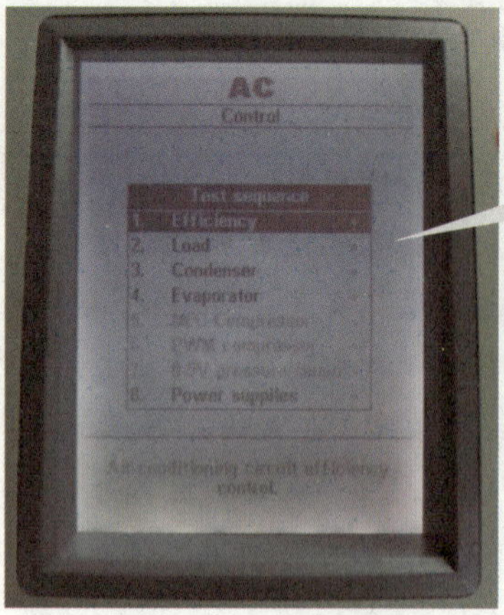

图 5-60 控制模式菜单

•用“摄氏温度”表示的高压液体的温度值。

•用“摄氏温度”表示的过冷值。

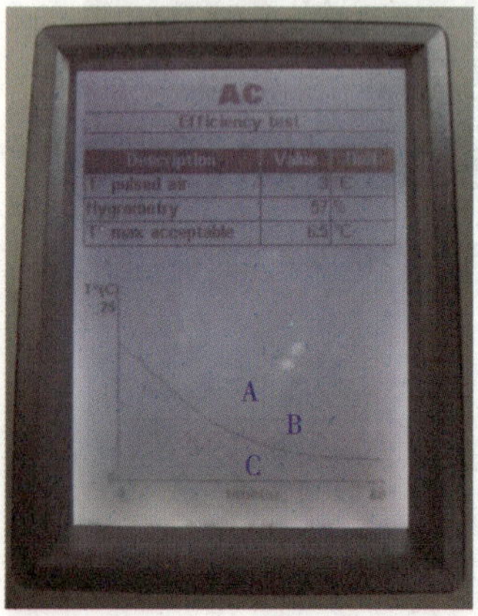

图 5-61 效率测试示意图

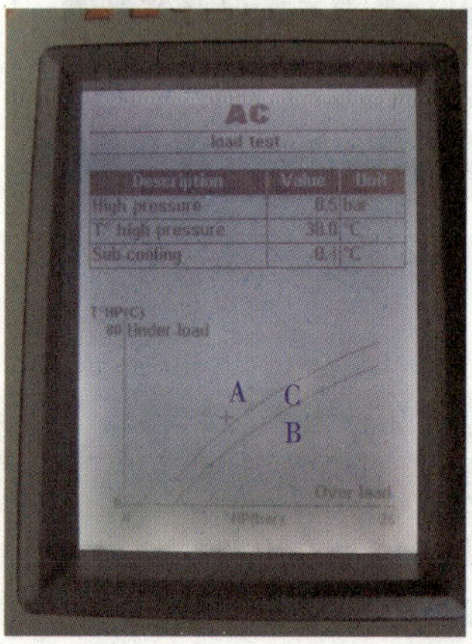

图 5-62 负载测试示意

d. 冷凝器测试。如图 5-63 所示，从屏幕上得到下列数值：

高压值、制冷剂流入冷凝器时的温度值、制冷剂流出冷凝器时的温度值、过冷值。

e. 蒸发器测试。如图 5-64 所示，从屏幕上获得下列数值：低压值、制冷剂离开蒸发器时的温度值、过热值。

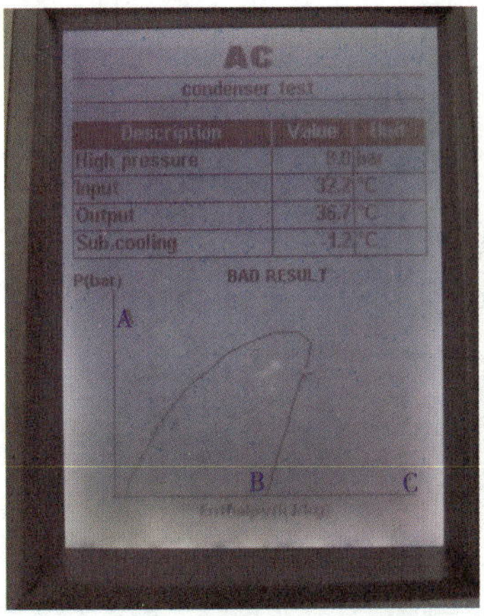

图 5-63 冷凝器测试示意

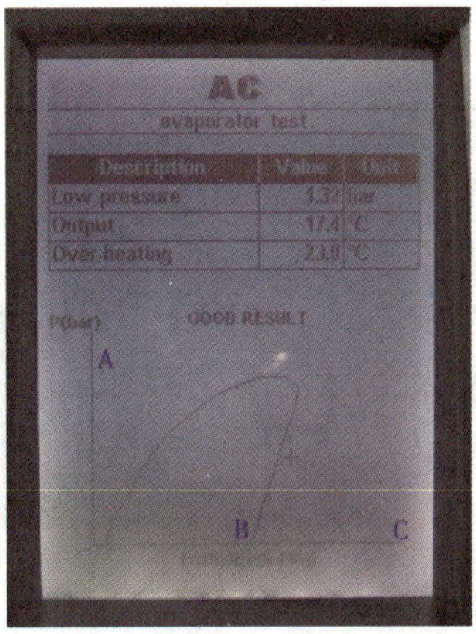

图 5-64 蒸发器测试示意

f. 机械压缩机测试。如图 5-65 所示，从屏幕上获得 2 个物理值：用“巴”表示的高压值及用“巴”表示的低压值。

另外，屏幕以图形显示压缩机的运行状态。光标的移动会划分出不同区域。

A 区：如果光标在这个区域内保持稳定，则表示压缩机此时容量最小。

B 区：如果光标在这个区域内保持稳定，则表示压缩机此时容量最大。

C 区：如果光标在这个区域内保持稳定，则表示压缩机此时处于调整阶段。

如果光标在这些区域之一内保持稳定，则表示压缩机出现故障。

g. 脉宽调制压缩机测试。

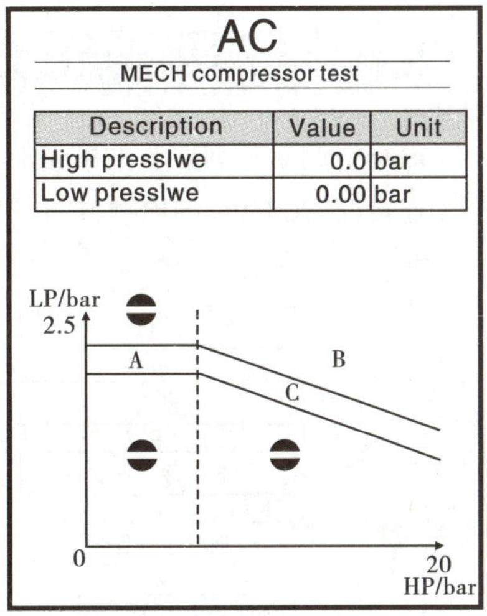

图 5-65 机械压缩机测试示意

五、制冷剂回收加注机

AC350C 空调制冷剂回收加注机（图 5-66）能够完成车辆空调制冷剂的回收、再生、充注和检漏操作，具有强大的功能。该机器有一个强大的数据库，覆盖了市场上绝大多数车型的所有服务信息。AC350C 空调制冷剂回收加注机只能对 R134a 或者 R12 其中一种制冷剂进行回收、再生和充注，即一旦选用了 R134a 或者 R12，系统就只能使用这一种制冷剂。 AC350C 空调制冷剂回收加注机的操作面板如图 5-67 所示。

图 5-66 空调制冷剂回收加注机

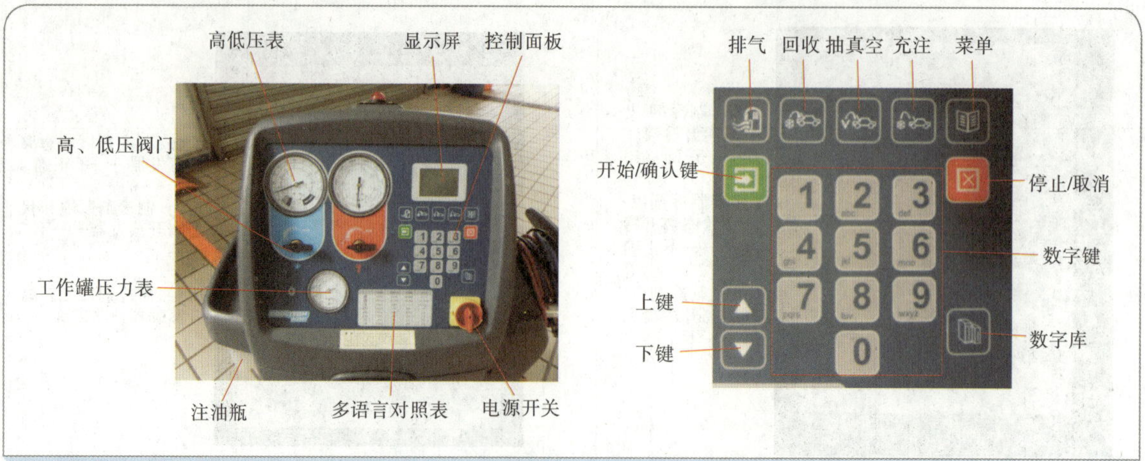

图 5-67 AC350C 空调制冷剂回收加注机的操作面板

制冷剂回收加注机（AC350C）为半自动控制系统，该设备的操作流程如图 5-68 所示。

1. 制冷剂回收前的准备工作

AC350 仪器的检查与空调管路的连接

对汽车空调制冷剂回收的准备具体操作如下：

①连接好 AC350C 的电源并打开电源开关，如图 5-69 所示。

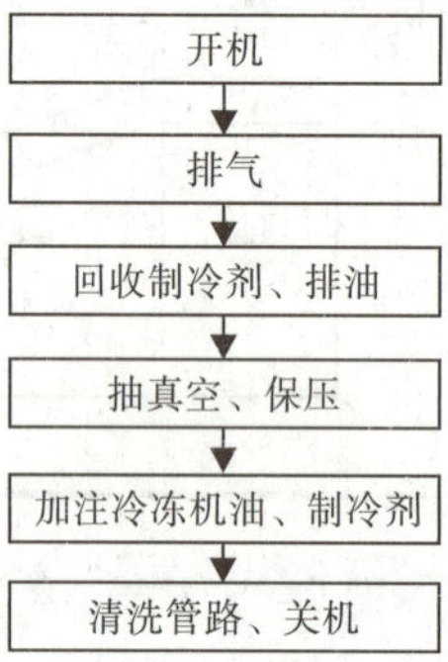

图 5-68 制冷剂回收加注机（AC350C）的操作流程

图 5-69 连接电源并打开电源开关

②制冷剂回收加注机（AC350C）开机后显示屏会显示工作罐制冷剂的质量，如图 5-70 所示。

提示：工作罐内制冷剂的质量不能超过罐体标称质量的 80%。AC350C 工作罐的制冷剂总储存量为 10 kg。开机后记录此时工作罐中制冷剂净重。

③对回收机管路的检漏。分别将高、低压软管接头顺时针连接在回收机接口上，如图 5-71 所示。

注意

红管为高压，蓝管为低压。高压接头比低压接头短。

④回收前使汽车空调制冷系统运行 3 ~ 5 min，并将空调控制面板设置为外循环，鼓风机风速

调至最大、温度设置最低、风向设置为吹头。如图 5–72 所示。

提示：在回收制冷剂之前运行汽车空调系统，其目的是最大限度地将汽车空调制冷系统中的制冷剂回收彻底。

⑤查询该车制冷剂规定加注量。车辆制冷剂的规定加注量可从维修手册上或者从汽车空调铭牌上获取，也可以从制冷剂回收加注机（AC350C）数据库里查找，如图 5–73 所示。

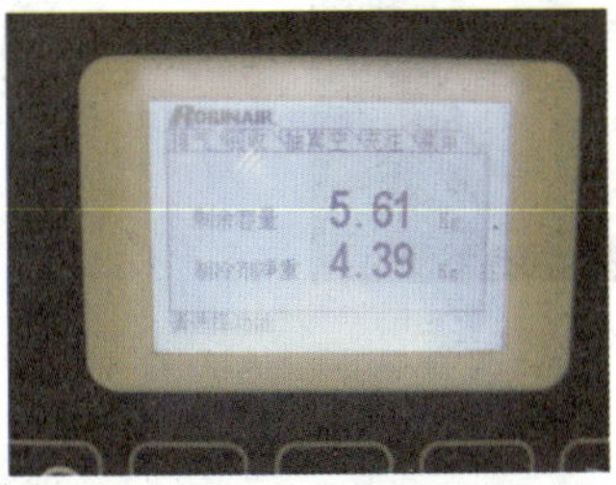

图 5–70　开机后屏幕显示

图 5–71　连接制冷剂回收加注机高低压管接头

图 5–72　空调面板设置

图 5–73　AC350C 数据库

进入制冷剂回收加注机（AC350C）数据库后，输入车辆相应的信息，制冷剂回收加注机的显示屏上会显示该车辆空调数据，如图 5–74 所示。

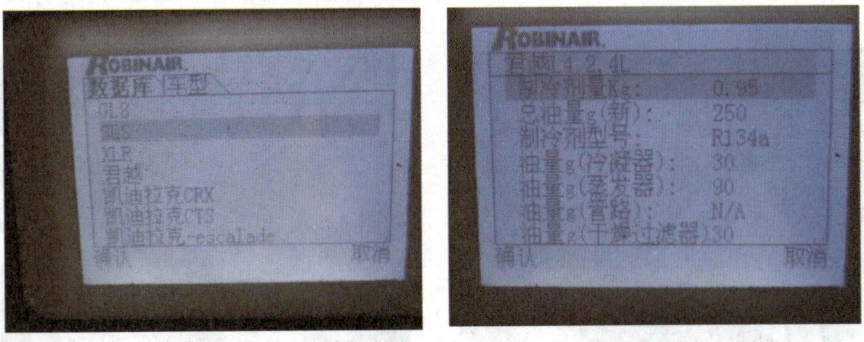

图 5–74　数据库车辆空调数据（AC350C）

2. 排气

此步骤是对空调制冷剂回收加注机自身进行排气、清理，应在 30s 内完成。操作方法如图 5–75 所示。

①按下排气键，设备进行排气，2s 后完成。

②按下确认键。

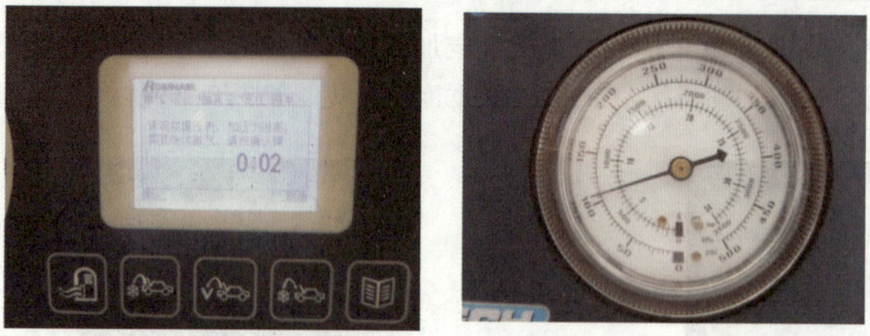

图 5-75 排气操作

空调制冷剂的排放

3. 空调制冷剂回收操作

回收制冷剂

①按下制冷剂回收加注机（AC350C）操作面板上的制冷剂回收按键，屏幕显示制冷剂回收界面如图 5-76 所示，通过操作面板上的数字键输入最大回收量。

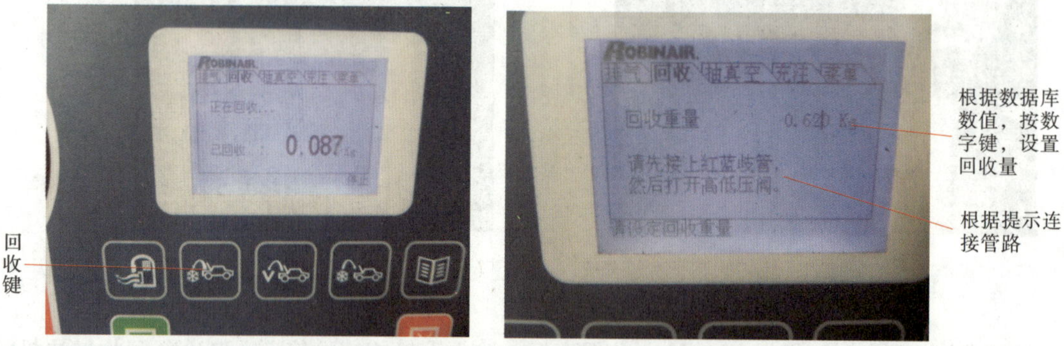

图 5-76 AC350C 回收设置界面

②按菜单要求，进行管路连接，将高、低压快速接头正确连接至制冷系统的检测接口，如图 5-77 所示。

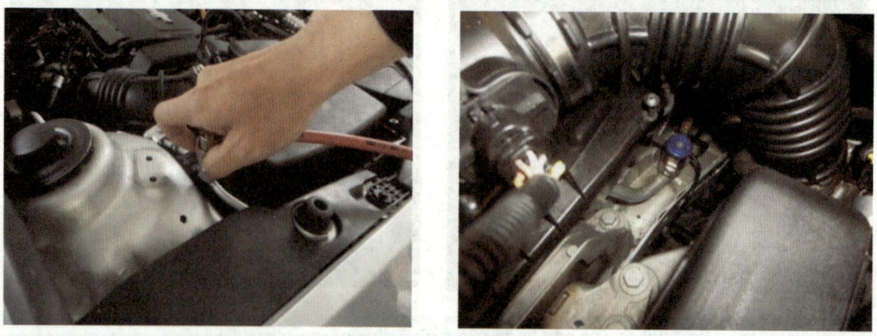

图 5-77 将接头连接到汽车空调系统中

注意

顺时针拧开高、低压开关时，速度应慢一些，防止冷冻机油被制冷剂带出系统。

③打开制冷剂回收加注机（AC350C）高、低压阀门，如图 5-78 所示。

④按下制冷剂回收加注机（AC350C）操作面板上的开始 / 确认键后，制冷剂回收加注机自动进行回收管路清洁。

⑤制冷剂回收加注机（AC350C）管路清洁完毕后自动进入制冷剂正在回收界面，同时屏幕上显示回收量，如图 5-79 所示。

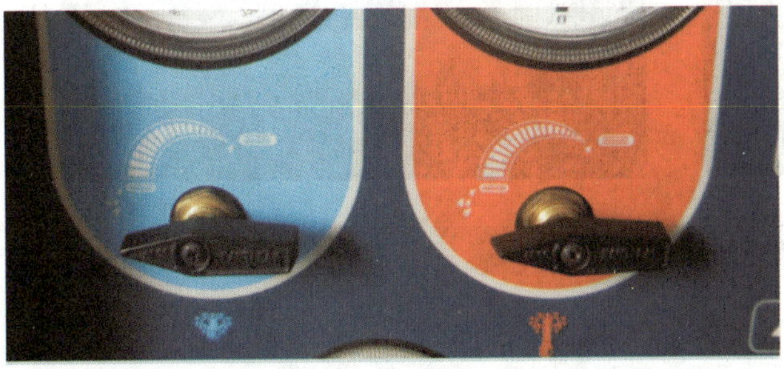

图 5-78　打开高、低压阀门

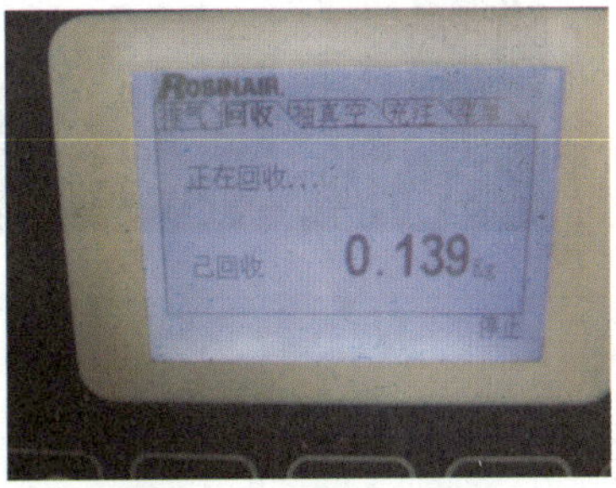

图 5-79　制冷剂回收界面

注意

在回收过程中，应不断地观察压力表指针（图 5-80），当压力到达负压时，压缩机在抽真空。应及时按取消键，停止回收，防止损坏回收机的压缩机。

⑥汽车空调制冷剂回收完后，制冷剂回收加注机（AC350C）会显示制冷剂回收量及提示排出废冷冻机油的操作，如图 5-81 所示。

图 5-80　观察压力表指针

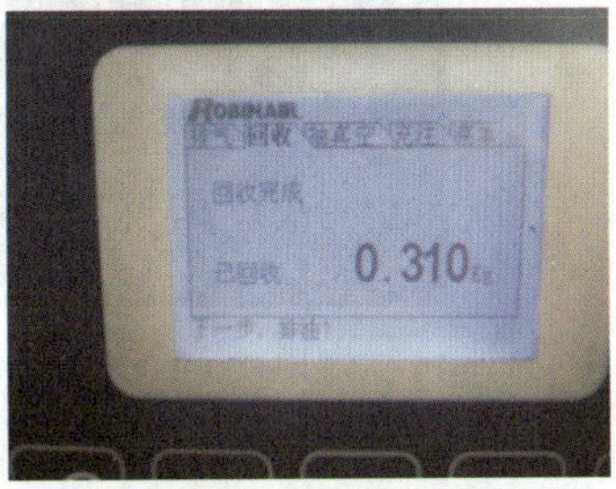

图 5-81　回收完毕界面

提示：在排出废冷冻机油前要记录制冷剂回收加注机（AC350C）和废油瓶的液面刻度，如图 5-82 所示。

⑦按下制冷剂回收加注机（AC350C）操作面板上的开始 / 确认键后，制冷剂回收加注机自动进行排废冷冻机油，排完废冷冻机油后自动进入抽真空提示界面，如图 5-83 所示。

⑧关闭制冷剂回收加注机（AC350C）操作面板高、低压阀门，如图 5-84 所示。

提示：等待一段时间，废油瓶内无气泡后，查看排油瓶废油液面并记录，计算出排出的冷冻机油量（废油），

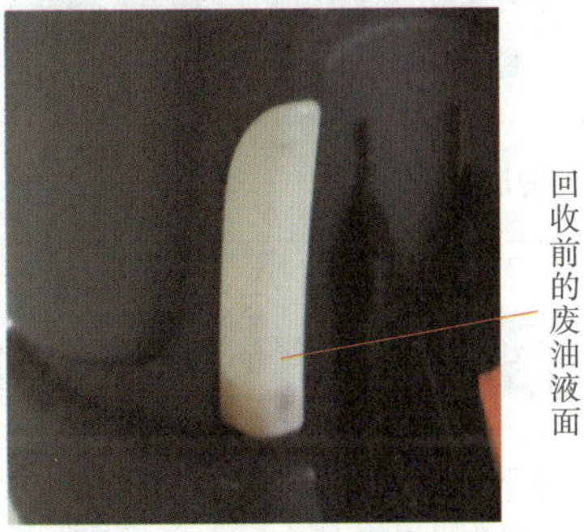

图 5-82　记录液面刻度

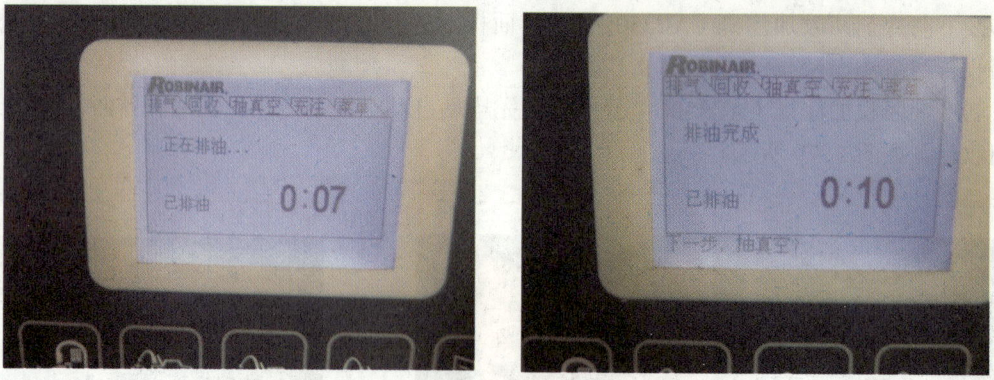

图 5-83 排废冷冻机油液面

冷冻机油回收量为回收后的液面减去回收前的液面。按制冷剂回收加注机（AC350C）操作面板上的退出键，直到屏幕上显示开机时的界面，记录此时工作罐回收制冷剂后的制冷剂净重。那么实际制冷剂回收量为工作罐回收制冷剂后的制冷剂净重减去工作罐回收制冷剂前的制冷剂净重。将数据记录在表 5-2 中。

图 5-84 关闭高、低压阀门

表 5-2 数据记录

名称		数值	回收量
制冷剂	回收前的罐重		
	回收后的罐重		
冷冻机油	回收前的液面		
	回收后的液面		

4. 汽车空调制冷剂的净化作业

①检测已回收到储罐中的制冷剂纯度。

提示：纯度低于 96%，进行净化作业；纯度高于 96%，不执行净化操作过程。

②制冷剂回收加注机（AC350C）进行制冷剂自循环来净化回收的制冷剂，直到纯度达到 96%

以上。

提示：一次制冷剂自循环如果没有达到 96% 以上纯度，可以多进行几次制冷剂自循环操作。

5. 汽车空调制冷剂加注操作

空调制冷剂的加注

（1）真空检漏

①按抽真空键，仪器进行抽真空，如图 5-85 所示。

②按数字键，设置抽真空时间，然后按确认键进行抽真空，如图 5-86 所示。

图 5-85 抽真空键

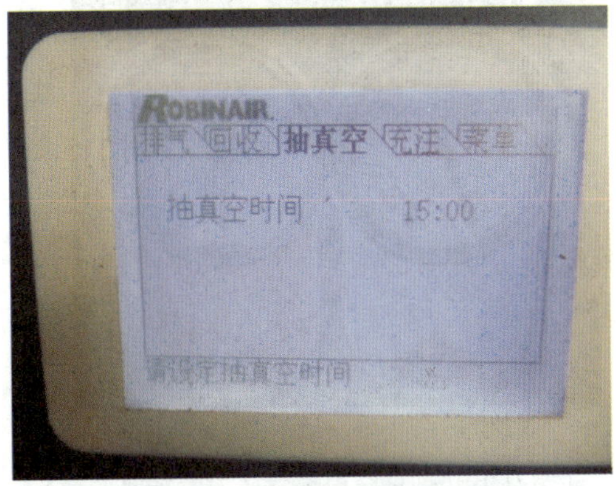

图 5-86 抽真空时间设定界面

③打开制冷剂回收加注机（AC350C）操作面板上的高、低压阀门，如图 5-87 所示。

④抽真空至系统真空度低于 -90kPa，关闭高、低压阀门，如图 5-88 所示。按取消键，停止抽真空。

提示：

①保持真空度至少 15min，检查压力表示值变化。

②如果压力未上升，进行微小泄露量检查。

③如压力有回升，刚继续抽真空，如累计抽真空时间超过 30min，压力仍回升，则可以判定制冷装置有泄漏，应检修制冷装置。

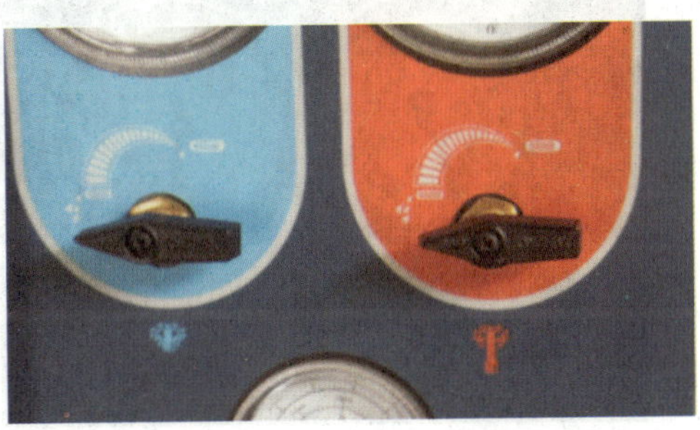
图 5-87 打开高、低压阀门

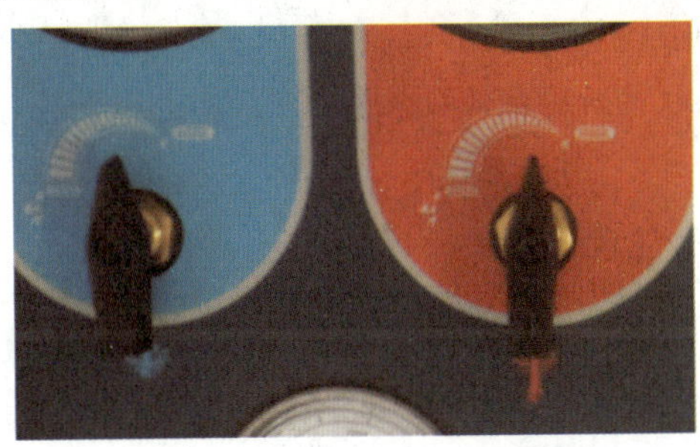
图 5-88 关闭高、低压阀门

（2）汽车空调系统抽真空

①抽真空前，检查压力表示值，制冷装置中的压力应低于 70kPa。如超过该压力，应重新进行回收操作，直到压力达到要求，如图 5-89 所示。保护仪器中的真空泵，不使其因压差太大而损坏。

系统抽真空

②按抽真空键。

③在达到要求的真空度时，应继续抽真空操作，持续时间应不少于 15min，以充分排除制冷装置中的水分。按数字键设定抽真空时间，如图 5-90 所示。按下制冷剂回收加注机（AC350C）操作面板上的高、低压阀门确认键。

图 5-89 抽真空前检查压力表示值

图 5-90 设定抽真空时间

④抽真空时间到后，仪器自动停止真空泵工作，并出现“保压”提示，如图 5-91 所示。

提示：因前面已对汽车空调系统进行了真空检漏，在确保不漏的情况下才进行抽真空，所以操作到这步后，直接按控制面板上的退出键跳过保压，进入冷冻机油界面。

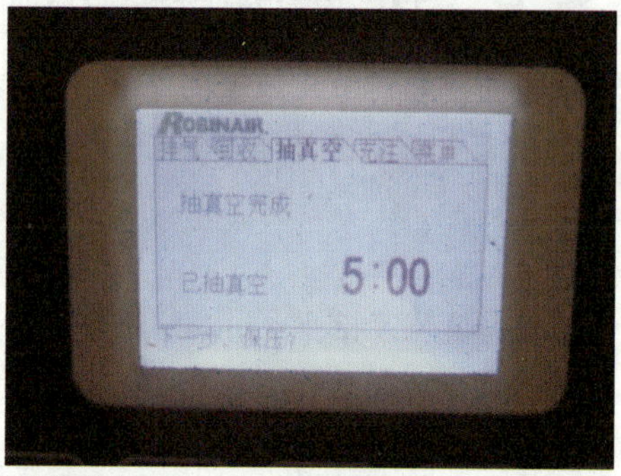

图 5-91 提示保压

（3）给空调制冷系统补充冷冻机油

①从制冷剂回收加注机（AC350C）拆下注油瓶，将适量的冷冻机油加入注油瓶内，加完冷冻机油后将注油瓶装复。

注意

冷冻机油尽量用小瓶，大瓶用后及时密闭，不应长时间将冷冻机油暴露在空气中，使冷冻机油被空气氧化。装复注油瓶时必须拧紧，防止空气进入。

图 5-92 阀门开关状态

②采用单管加注，关闭低压阀（防止冷冻机油进入压缩机），打开高压阀，如图 5-92 所示。

③根据界面提示，查看注油瓶的液面位置，如图 5-93 所示。

④在加注过程中，必须一直观察注油瓶的液面，达到补充量后及时按确认键暂停加注冷冻机油，确认加注量达到要求后，按取消键结束加注冷冻机油。

⑤加注冷冻机油结束，准备充注制冷剂。

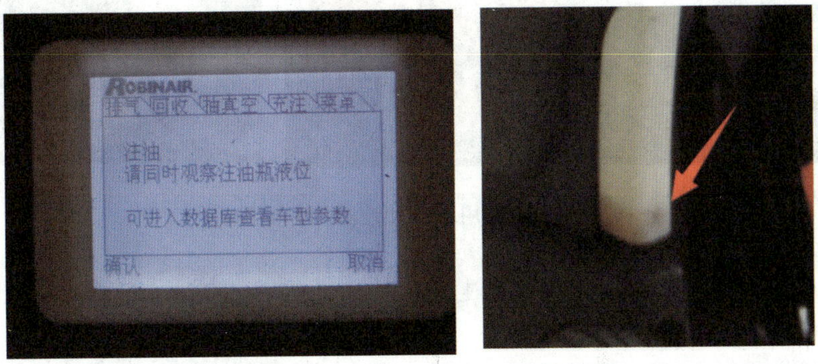

图 5-93　根据界面提示查看瓶液高度

（4）汽车空调制冷系统制冷剂加注

①查阅《车辆使用手册》，确认制冷装置中制冷剂的类型及加注量。也可以通过制冷剂回收加注机（AC350C）的数据库查阅车辆制冷剂的类型及加注量，如图 5-94 所示。

②检查工作罐中的制冷剂质量，当质量不足 3kg 时，应予以补充（工作罐内制冷剂达到加注量的 3 倍，即可满足加注要求）。

③进入制冷剂回收加注机（AC350C）制冷剂加注界面，并通过数字键输入要加注的制冷剂质量，如图 5-95 所示。

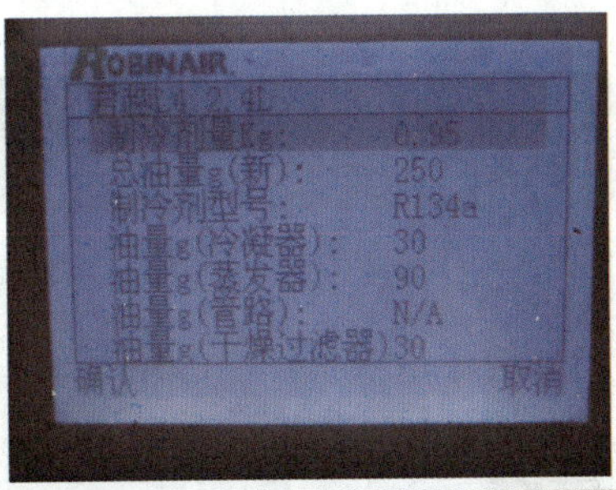

图 5-94　AC350C 数据库中的车辆空调参数

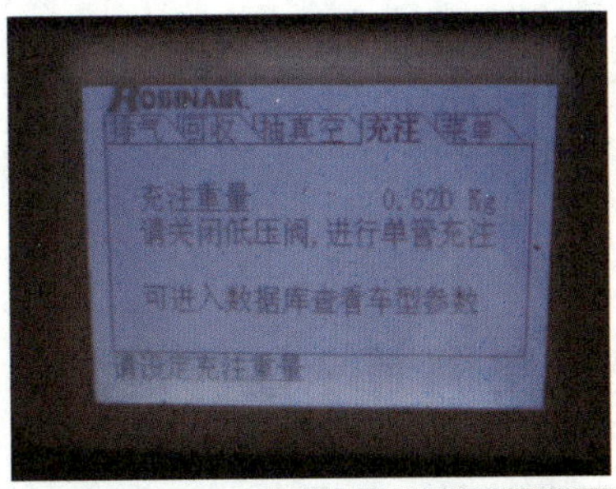

图 5-95　制冷剂加注量设置界面

充注制冷剂

注意

因制冷剂回收加注机（AC350C）采用单管加注，加注完成后，回收加注机的高压管路中会残留一定量的制冷剂（本回收加注机残留大概为 45 g），所以在回收加注机上实际设置的加注量应为标准加注量加上 45 g 。

④根据界面要求，采用单管加注，关闭压力阀（防止液态制冷剂进入压缩机），逆时针旋转低压快速接头（防止加注的制冷剂从低压检测口出来），打开高压阀，并按下制冷剂回收加注机（AC350C）操作面板上的确认键，如图 5-96 所示。

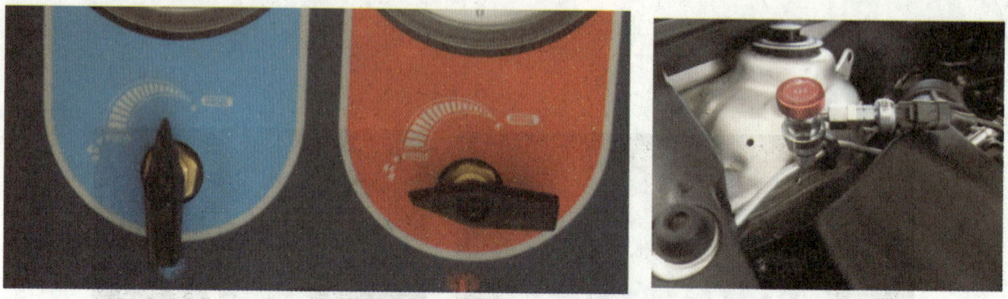

图 5-96 采用单管加注阀门开关情况

⑤加注结束，根据界面显示，高压快速接头逆时针旋转，将加注管与制冷系统断开，准备对管路进行清理，如图 5-97 所示。

图 5-97 加注结束显示界面及高、低压快速接头阀门关闭

⑥对管路清洁后，按确认键退出，如图 5-98 所示。关闭控制面板上的阀门并取下高、低压快速接头。

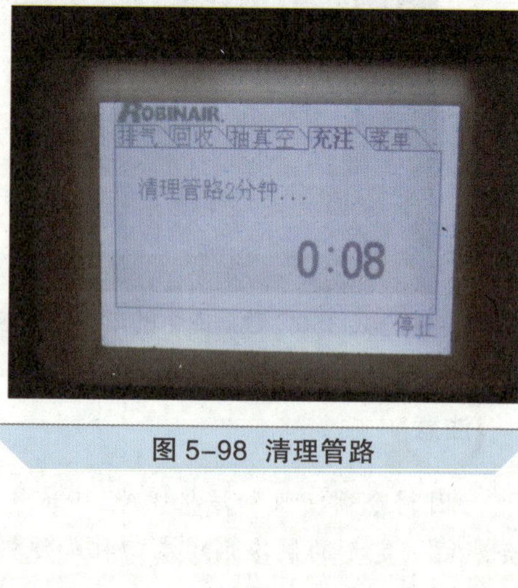

图 5-98 清理管路

六、汽车空调制冷性能检测

①将车停放在阴凉处，打开车窗、车门、发动机盖及所有空调出风口，并做好车辆的防护工作。

②起动发动机，转速稳定在 1 500~2 000 r/min。将空调控制面板设置为外循环，鼓风机风速调至最大，温度设置最低，风向设置为吹头，如图 5-99 所示。

注意

不能在刚加注制冷剂2 min内起动空调，以防液击。

③将压力表组连接到汽车空调制冷系统的高、低压加注口上，并用干湿温度计距离1.5 m外测环境温度及相对湿度，如图5-100所示。

图5-99　设置空调控制面板

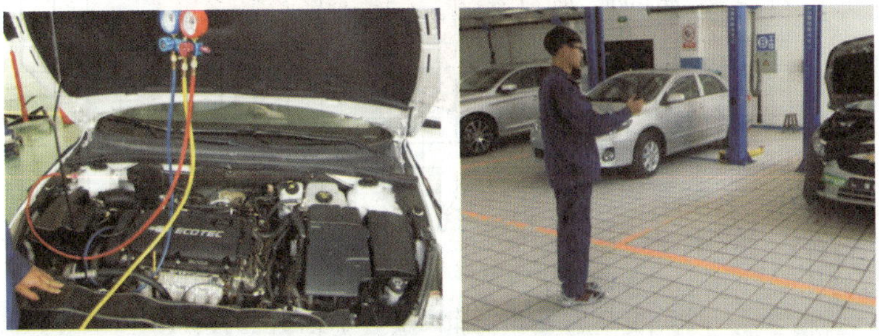

图5-100　测量空调系统压力和环境温度、相对湿度

④查看空调压力表组指示的压力，待压力稳定后，记录高、低压力值、环境温度及相对湿度。在图5-101中描绘相关点。

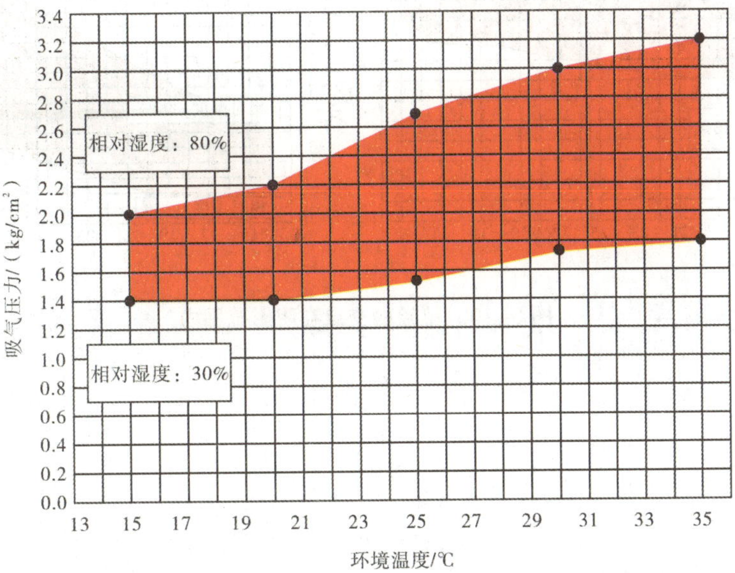

图5-101　吸气压力与环境温度的关系

⑤使用带热电偶的温度计，将热电偶插入汽车空调中央出风口内 5 cm 处测量出风口温度。

⑥当温度计数值稳定后，记录汽车空调中央出风口的温度，并根据环境温度的关系，在图 5-102 中描绘相关点。

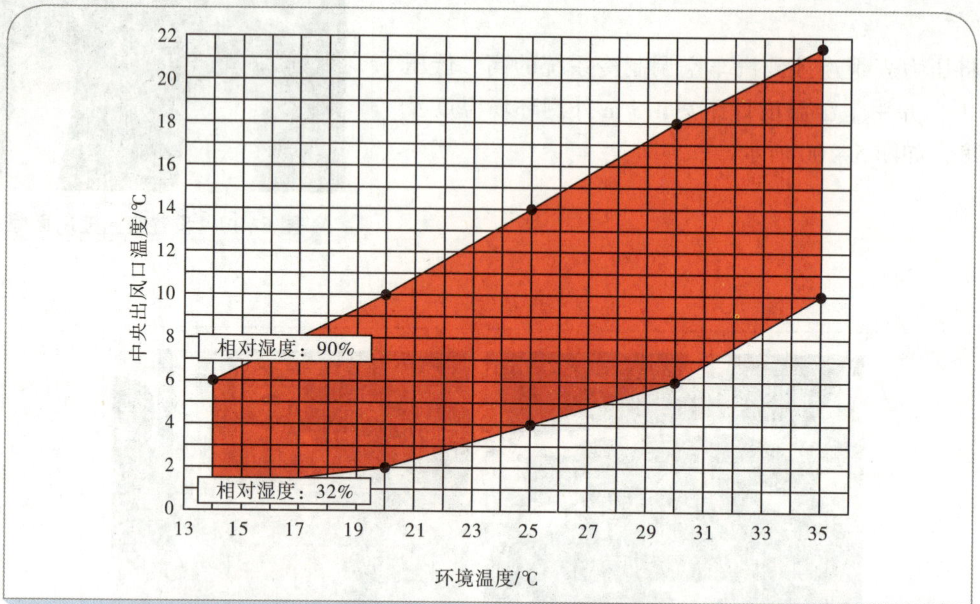

图 5-102 中央出风口温度与环境温度的关系

7. 检验结果判断，如果通过检测的参数在两个性能图上描绘的交点在阴影范围内，则说明汽车空调制冷剂性能合格，反之则不合格，如图 5-103 所示。

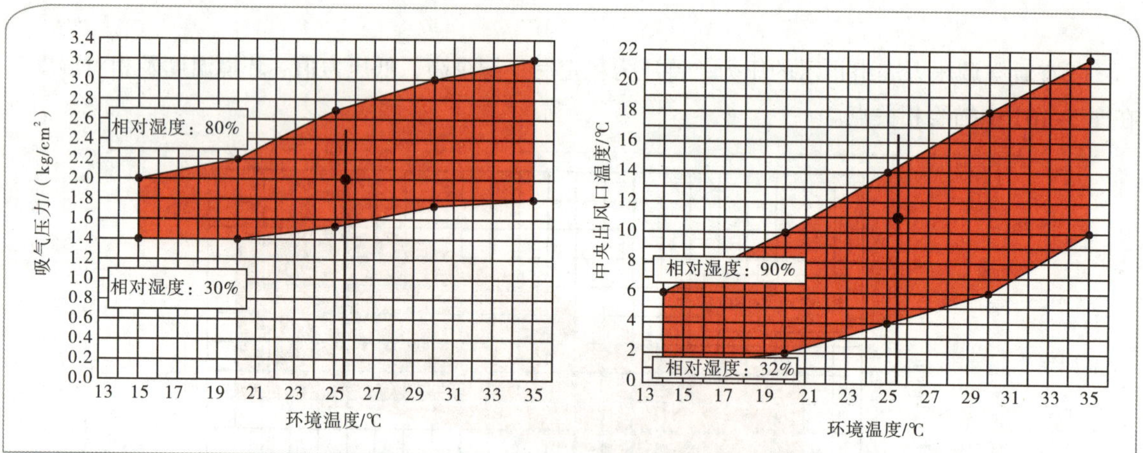

图 5-103 描绘的交点在阴影范围内

思考与练习

一、填空题

1. 电子检漏仪是根据 ________ 在一定的电场中极易 ________ 而产生 ________ 的原理制成的。

2. 制冷剂鉴别仪能鉴别 ________ 类型并直接清除制冷剂中有破坏性的 ________，可显示系统中制冷剂（R12、R134a、R22）和空气的准确 ________，面板上的压力表可 ________ 系统压力，探测到易燃物质会 ________，可通过打印机端口连接打印机并 ____________。

3. 歧管压力表由 1 个 ________、2 个 ________、2 个 ________、3 个 ________ 组成。

4. 空调制冷剂回收加注机能够完成车辆空调制冷剂的 ________、________、________ 和 ________，具有强大的功能。

二、选择题

1. 制冷剂的特点是（　　）。

A. 比空气轻　　　　B. 有剧毒

C. 常压下蒸发和凝固温度都很高　　　　D. 渗透能力强，极易泄漏

2. 向系统加压检漏时，应采用（　　）。

A. 制冷剂　　　　B. 压缩空气

C. 氧气　　　　D. 氮气

3. （　　）是制冷系统中低压和高压、低温和高温的分界线。

A. 储液干燥器　　　　B. 蒸发器

C. 压缩机　　　　D. 冷凝器

4. 膨胀阀系统中的储液干燥器安装于（　　）。

A. 膨胀阀入口和冷凝器出口　　　　B. 蒸发器出口和压缩机入口

C. 压缩机出口和冷凝器入口　　　　D. 膨胀阀出口和冷凝器入口

三、判断题

1. 制冷剂与火焰接触时会分解为有毒的气体，它能与冷冻机油和水互溶。（　　）

2. 在使用中，可以将两种不同的制冷剂交换使用。（　　）

四、问答题

1. 荧光检漏仪由哪几部分组成，其检漏操作步骤是怎样的？

2. 简述制冷剂鉴别仪的使用方法。

课题六

汽车空调故障诊断与排除

[学习任务]

1. 熟悉汽车空调的使用与保养方法。
2. 了解汽车空调故障诊断的方法。
3. 熟悉引起汽车空调各故障现象的可能原因。
4. 熟悉汽车空调歧管压力表读数所代表的意义。

[技能要求]

1. 能够根据故障现象大致判断故障原因。
2. 能够针对故障原因制订维修方案。
3. 学会通过歧管压力表检查制冷系统。

任务一 汽车空调的使用与保养

一、汽车空调的正确使用

正确使用汽车空调系统，可以节约能源，减少故障出现，并能保证汽车空调系统具有良好的技术状况和工作可靠性，发挥其最大效率，延长其使用寿命。

汽车空调使用

1. 注意事项

（1）确保系统中不混入水气、空气和脏物

如果空气、水气和脏物混入制冷系统，不仅会影响制冷效率，有时会使制冷设备损坏，其

影响见表 6-1。例如，压缩机的吸气管，如果接头没有锁紧，由于吸气管内是负压，其压力小于外界大气压，外界的空气就会进入系统，于是水气和脏物也会随之而入。此外，在充注制冷剂时如果操作不当，也可能使空气进入系统，空气中的氧气非常活跃，它会和冷冻润滑油作用发生反应，从而影响制冷系统的正常运行。

表 6-1 制冷系统中的异物及其影响

制冷系统中的异物	影响
水气	压缩机气门结冰；膨胀阀紧闭不开；变成盐酸和硝酸；腐蚀生锈
空气	造成高温高压；使制冷剂不稳定；使冷冻润滑油变质；使轴承易损坏
脏物	堵住滤网，变成酸性物；腐蚀零件
其他油类	形成蜡或渣，堵住滤网；润滑不好；使冷冻润滑油变质
金属屑	卡住或黏住所有的活动零件
酒精	腐蚀锌和铝；铜片起麻点；使制冷剂变质；影响制冷效果，冷气不冷

①不能让水气进入系统。水在0℃会结冰，如果压缩机气门结了冰，压缩机就不能正常工作；如果膨胀阀结了冰，膨胀阀则不能打开，失去作用。另外水和制冷剂起化学作用，会生成盐酸和硝酸等多种酸类。系统内水分越多，形成腐蚀性酸液的浓度越高，腐蚀性越强，会造成零件严重腐蚀、生锈。

此外，冷冻润滑油如果遇到水，会变质生成胶状物，导致压缩机的活塞、活塞环和轴承等主要零件损坏，破坏压缩机的正常工作。

②不能让空气进入系统。空气具有很大的弹性，如果空气存留在压缩机的管道中，压缩机就不能顺利泵动制冷剂，导致压缩机做无用功，造成压缩机过热等不良后果。同时，压缩机里的冷冻机油吸收了空气，空气中的氧和冷冻机油发生化学变化，形成胶状物质，以致冷冻润滑油变质，压缩机轴承磨损，影响压缩机寿命。

冷冻润滑油中如果渗入了空气，当冷冻润滑油跟制冷剂离开压缩机到蒸发器之后，由于空气有弹性，致使冷冻润滑油不能跟制冷剂一起回到压缩机。这样，冷冻润滑油只出不进，使压缩机里出现严重缺少冷冻润滑油的现象，损坏压缩机。

③不能让脏物进入系统。如果脏物进入了系统，容易使制冷剂和冷冻润滑油变质，腐蚀零件，而且容易引起堵塞。

（2）防止腐蚀

要防止制冷装置生锈及化学变化的侵蚀，这些现象会使气门、活塞、活塞环、轴承等受到腐蚀，若遇到了高温高压，腐蚀会加剧。

（3）防止高温高压

在正常的运转情况下，压缩机的温度是不会高的。如果冷凝器堵塞，压缩机的温度会越来越高。温度高使气体发生膨胀，产生高压，高温和高压两个因素互为因果，形成恶性循环。

此外，如果冷凝器由于某种原因通风不好，热量散不出去，也会增加压缩机的负荷，使压缩机温度升高。

高温会使制冷剂橡胶软管变脆，压缩机磨损加剧，使腐蚀机器的化学变化加速，机器容易损坏。同时，高温的气体压力变大，被高温引起变脆的软管很容易爆破，由于压缩机内部压力超过正常范围，压缩机的气门容易产生变形而影响密封。

（4）保护好控制系统

制冷系统中的风管、控制风向的阀门、电磁离合器等，每一个零部件的失灵，都会影响制冷装置的正常运转。所以控制系统的风管、开关等部件，都要保护好，才能使制冷装置正常工作。

2. 正确使用

（1）非独立式空调的正确使用

对于非独立式汽车空调，其操作使用是比较方便的，但是否正确使用，对机组的空调性能及寿命、发动机的工作稳定及功耗都有很大影响。为此，空调使用时应注意以下几点：

①汽车空调在换季初次使用时，最好对汽车空调系统进行杀菌除臭处理，这是因为汽车空调系统长期“休假”会滋生真菌和霉菌，它不但使空气发出难闻的霉臭味，而且对车厢内人员的健康有害。这项工作可以到修理厂进行，也可以自购杀菌除臭专用喷剂自行处理。

②夏日应避免直接在阳光下停车暴晒，尽可能把车停在树荫下，在长时间停车后车厢内温度很高的情况下，应先开窗及通风；用风扇将车内热空气赶出车厢，再开空调，开空调后车厢门窗应关闭，以降低热负荷。

③不使用空调的季节，应经常开动压缩机，避免压缩机轴封处因油干而泄漏，也避免转轴因油干而咬死。一般一个月应运转一、二次，每次10min左右。冬季气温过低时，可将保护开关电线短路，待保养运行完毕，再将电路恢复原样。

④长距离上坡行驶，应暂时关闭空调，以免散热器“开锅”。超车时，若本车空调无超速自动停转装置，则应关闭空调。

⑤使用汽车空调时，冷气温度不宜调得过低，一方面温度调得过低，会影响身体健康；另一方面易使蒸发器表面结霜，形成风阻，而造成压缩机液击现象。同时，若鼓风机开在低速挡，则冷气温度开关不宜调得过低。一般车厢内外温差在10℃以内为宜。

⑥在空调运行时，若听到空调装置有异常响声，如压缩机响、鼓风机响、管子爆裂等，应立即关闭空调，并及时请专业维修人员检修。

⑦定期清洗冷凝器和蒸发箱，这是因为由于外界空气环境等原因，冷凝器、蒸发箱表面易被灰尘等脏物附着，造成汽车空调系统的制冷效果下降。

⑧起动发动机时，空调开关应处于关闭位置，发动机熄火后，也应关闭空调，以免蓄电池电量耗竭。

（2）独立式空调的正确使用

对于独立式汽车空调，应严格按使用说明书的规定起动和运行空调，因这类空调通过遥控装置控制辅助发动机的起动和运行，起动方法要比非独立式空调复杂。

一般使用时的注意事项与非独立式大体相同，但由于辅助发动机有时有单独的油箱，因而还要经常注意检查油箱的储油情况，并要检查发动机冷却液的温度、油压情况。

二、汽车空调的维护与保养

汽车空调系统的维护

汽车空调系统的工作性能和使用寿命，很大程度上取决于维护与保养得好与不好。即使天气较冷不需要汽车空调，每两周也要使压缩机工作 5min，这样不仅可以防止轴封干枯，降低密封作用，也不易产生“冷焊”现象。因为在长期不运转的情况下，压缩机的轴封、衬垫之类的零件易变干、发硬和开裂，再投入运行时会使制冷剂泄漏。同时，压缩机的主要零件，如活塞与气缸、曲轴与轴承等，都需要润滑油进行润滑。若压缩机长期不运行，这些零件摩擦表面的润滑油会变干，或者润滑油会把零件黏在一起。这会使压缩机再起动的初始阶段出现润滑不足或没有润滑现象，容易损坏压缩机零部件。

汽车空调系统分日常维护与保养和定期保养。日常维护与保养一般由驾驶员或一般汽车维修人员进行，在维护时会发现许多没有注意到的故障，而这些故障的早期发现和及时处理，对延长汽车空调装置的使用寿命起着重要作用。定期保养由汽车空调保修工进行，汽车空调保修工除检查和调整驾驶员所担负的例行保养项目外，还应按汽车空调专门的维护周期及时进行作业项目。

1. 日常维护与保养

①检查和清洗汽车空调的冷凝器，要求散热片内清洁，片间无堵塞物。

②检查制冷系统制冷剂的量。在汽车空调机组正常工作时，用眼观察储液干燥器顶部的视液镜，若视液镜内没有气泡，仅在增加或降低发动机转速时出现少量的气泡，这说明制冷剂适量；若不论怎样调节发动机转速，始终看到有混浊状的气泡流动，则说明管路内制冷剂不足，应予以补充；若不论怎样调节发动机转速，始终看不到气泡，则说明制冷剂过量。

③检查传动带，压缩机与发动机之间的传动带应张紧。

④检查制冷系统软管外观是否正常，各接头处连接是否牢靠，接头处有无油污，有油污表明有微漏，应进行紧固。

⑤用手摸压缩机附近高、低压管有无温差，正常情况下低压管路呈低温状态，高压管路呈高温状态。

⑥用手摸冷凝器进口和出口处，正常情况下是前者比后者热。

⑦用手摸膨胀阀前后应有明显温差，正常情况是前热后凉。

2. 定期保养

为保证汽车空调无故障运行，需要定期对系统各主要零部件进行维护与保养，如压缩机、冷凝器、散热器、蒸发器、电气部件等。

①压缩机：在压缩机运转情况下，检查其是否有异常响声，如有，说明压缩机的轴承、阀片、活塞环或其他部件有可能损伤或冷冻润滑油过少；检查压缩机的高、低压端有无温差。

②冷凝器、蒸发器：检查两者的清洁状况、通道是否畅通，以保证其能通过最大的通气量。

③膨胀阀：检查其有无堵塞，感温包与蒸发器出口管路是否贴紧；膨胀阀能否根据温度的变化自动调节制冷剂的供给量。

④高、低压管：检查软管有无裂纹、鼓包、老化或破损现象，硬管是否有裂纹或渗漏现象，是否会碰到硬物或运动件，管道螺栓是否紧固。

⑤储液干燥器：检查易熔塞是否熔化，各接头处是否有油迹；正常工作时其表面应无露珠或挂霜现象；每年四、五月份维护期中视需要更换干燥剂或干燥过滤器总成。

⑥电气系统：检查电磁离合器无打滑现象，低温保护开关在规定的气温下如能正常起动压缩机则说明其有故障；检查电线连接是否可靠。

⑦高、低压开关：检查高、低压开关。高压开关在压力 2.2 MPa 时，应能自动接通声光报警电路并使电磁离合器断电。当压力小于 2 MPa 时，应能自动复位。低压开关在压力小于 0.2MPa 时，应能自动接通声光报警电路并使电磁离合器断电，当压力大于 0.2MPa 时应能自动复位。

⑧冷凝器和蒸发器风机：检查冷凝器和蒸发器风机工作时有无异常响声，叶片有无破损，螺栓、连接是否牢固，电动机轴承有无缺油现象。

任务二　汽车空调故障诊断程序

一、汽车空调故障诊断方法

汽车空调故障诊断是通过看（查看系统各设备各部位的温度）、测（利用压力表、温度计、万用表、检测仪检测有关参数）等手段来进行的。同时还应仔细向驾驶员询问故障情况，判断是操作不当，还是设备本身造成的故障。若属前者，则应向驾驶员详细介绍正确的操作方法；若属后者，就应按以下 4 个方面进行综合分析，找出故障所在，查出故障原因，然后再进行修理。

1. 问

“问”主要是维修人员向车主咨询使用时发现和听到的异常现象，通过向车主了解出现此故障发生的时间、在哪维修过、维修过哪些项目，这些对于维修人员来说，可避免在维修时走弯路，对判断故障的原因以及部位具有非常重要的参考价值。

2. 闻

“闻”是维修人员凭嗅觉快速地判断空调系统电控元件是否短路烧蚀，如压缩机继电器、放大器、控制面板、鼓风机电动机等。

3. 听

①起动发动机稳定 1500r/min 左右，接通 A/C 开关，听压缩机工作是否有异响。如果听到“咝咝”的尖叫声，则是传送带过松或磨损，应调整或更换。

②如果听到抖动声，一般是压缩机固定螺栓和托架紧固螺栓松动，应及时紧固。

③用听筒或试棒探听内部是否有敲击声，一般为制冷剂“液击”或奔油（冷冻机油过多）敲缸声，应及时检修。

④停止压缩机工作时，听到压缩机内部连续撞击声，则是内部运动部件严重磨损，应更换压缩机总成。

4. 观察

①观察冷凝器的表面是否有碎片、杂物、油泥，如果有则应清洗（注意不能用高压水冲洗，避免翅片变形）。

②观察冷凝器翅片有无变形，若有变形则应用尖嘴钳小心拨正。

③观察进风处的空调空气滤网，其过脏时，应清洗或更换。同时检查蒸发器表面是否有泥土，若有则用压缩空气吹（注意不能用水清洗）。

④观察压缩机高、低端，低压管应凝结水珠，但不应出现结霜。各连接接口处是否有油污，特别是压缩机的轴封、前后盖等地方。如有油污，说明制冷系统有泄漏，应及时检修。

⑤观察干燥瓶的视液镜，正常情况下视液镜中大体透明，否则应检修制冷系统。

5. 触摸

①当压缩机工作时，用手触摸压缩机的低、高压管路，两者的温度差应有一定的差距。通常低压端感觉冰凉，而高压端感觉微烫。

②用手触摸干燥瓶，压缩机工作时，正常情况下干燥瓶应是热的，如果表面出现水珠，说明干燥瓶破碎堵住制冷剂流通。若进口是热的，出口是冷的，说明内部堵塞，应更换。

③用手触摸膨胀阀进、出口处，进口处是热的，出口处是冰凉的，有水珠。若发现膨胀阀口出处有霜冻现象，则说明膨胀阀阀口堵塞，应清洗或更换。

6. 检查

（1）检查调整传送带的张力

根据安装结构和车型不同，其调整的方法和要求也不同。普遍检查传送带的张力是根据相关车型来检查传送带张紧力是否适宜，表面是否完好，与配对的传送带盘是否在同一个平面上。传送带过紧会使传送带过早磨损，并导致轴承损坏；传送带过松则使转速降低，制冷量过小，风速过低以及发电机的发电量不足等。

（2）检查电磁离合器

接通空调 A/C 开关，电磁离合器吸合，空调压缩机工作；断开空调 A/C 开关，电磁离合器断开，空调压缩机应该立即停止工作；在短时间内断开和接通几次，检查电磁离合器工作是否正常。如果不正常，可将蓄电池正极接电磁离合器直接连接，电磁离合器应很干脆地吸合，压缩机应工作，否则应检修空调电路是否有故障。

（3）检查压力开关

高、低压开关用于在制冷系统发生故障时，保护压缩机和制冷系统不受破坏。通常低压开关是闭合的，检查时，用万用表欧姆挡检测其值应为 0Ω；若为无穷大，则表明低压开关断开。这时用跨接线短接两端子，按下 A/C 开关，压缩机工作，说明低压开关损坏，应更换。高压开关通常是断开的，检查时用万用表测量两端子，其电阻应为无穷大。按下 A/C 开关，压缩机工作的情况下，用导线跨接两端子，冷凝器风扇应为高速运转状态，否则说明高压开关损坏，应更换。

（4）检查冷冻机油

通过压缩机的视油镜或油尺检查冷冻机油面。通常压缩机侧面有放油螺栓，可略拧松放油螺栓，有油流出为正好；若无油流出，则需要添加冷冻机油。冷冻机油的加注有两种方法：一种是直接加入法，另一种是真空吸入法。

（5）检查膨胀阀

检查膨胀阀感温包与蒸发器出口管路是否贴紧，隔热保护层是否包扎牢固。

（6）检查暖风系统

检查暖风系统的出风量及风向是否随功能键位于不同的位置而相应改变。

（7）检查鼓风机

检查鼓风机工作时是否有异响，是否有异物塞住叶片或碰到其他部件。从低速挡到高速挡分别调节调风键，每挡让鼓风机工作 5 min，检查其出风量是否有变化，否则应检修或更换。

（8）制冷温度的检查

按下 A/C 开关，温度键位于最冷位置，风速键位于最高位置，关闭车窗，让空调工作 5~8 min，用温度计从出风口处测量温度是否在规定的范围内，否则应检修制冷系统。

二、手动空调故障诊断程序

1. 制冷系统

制冷系统的故障现象及其诊断如表 6-2 所示。

表 6-2　制冷系统的故障现象及其诊断

故障现象		故障诊断
不能制冷	风量正常，压缩机不工作	①电磁离合器故障 ②压缩机传送带断裂或太松 ③压缩机故障
	风量正常，压缩机工作	①膨胀阀冰堵或脏堵 ②蒸发器泄漏 ③压缩机吸、排气阀损坏 ④制冷剂软管破损或松动 ⑤压缩机轴封损坏 ⑥储液器内过滤器堵塞

续表

<table>
<tr><th colspan="2">故障现象</th><th>故障诊断</th></tr>
<tr><td>不能制冷</td><td>鼓风机无风量</td><td>①熔丝烧断
②鼓风机电动机损坏
③鼓风机开关损坏
④配线松脱或断路
⑤鼓风机变阻器损坏</td></tr>
<tr><td colspan="2">只有低速时有冷气</td><td>①冷凝器是否堵塞
②压缩机传送带或离合器是否打滑
③压缩机内部零部件磨损太大</td></tr>
<tr><td colspan="2">只有高速时有冷气</td><td>①蒸发器是否堵塞
②蒸发器是否有大量结霜
③风道是否堵塞
④蒸发器壳体是否漏气
⑤鼓风机工作是否正常
⑥鼓风机电阻是否损坏</td></tr>
<tr><td colspan="2">断断续续有冷气</td><td>①电磁离合器是否打滑
②膨胀阀是否有冰堵或脏物堵塞
③电路接线接触是否不良</td></tr>
<tr><td rowspan="2">冷凝器排风扇和蒸发器送风扇不运转</td><td>熔丝烧断</td><td>①风扇扇叶脱落或损坏
②空气过滤网或空气进口堵死</td></tr>
<tr><td>熔丝良好</td><td>①电路接头不良
②电动机故障</td></tr>
<tr><td rowspan="2">冷凝器排风扇和蒸发器送风扇运转</td><td>无风</td><td>①风扇扇叶脱落或损坏
②空气过滤网或空气进口堵死</td></tr>
<tr><td>风量不足</td><td>①空气过滤网有堵塞
②蒸发器结霜</td></tr>
<tr><td rowspan="4">压力异常</td><td>高压侧压力过高</td><td>①制冷剂是否太多
②制冷系统是否有空气
③高压液管是否有堵塞
④膨胀阀开度是否过大
⑤冷凝器是否有堵塞
⑥制冷剂是否不足</td></tr>
<tr><td>高压侧压力过低</td><td>①系统中是否有脏物
②集储器 / 干燥器是否有堵塞
③膨胀阀是否有故障
④压缩机是否有故障</td></tr>
<tr><td>低压侧压力过高</td><td>①制冷剂是否太多
②制冷系统是否有空气
③膨胀阀开度是否太大
④感温包是否松脱
⑤压缩机是否有故障</td></tr>
<tr><td>低压侧压力过低</td><td>①制冷剂是否不足
②系统中是否有水分
③系统中是否有脏物
④膨胀阀是否有冰堵
⑤压缩机是否有故障</td></tr>
<tr><td>冷气系统噪声大</td><td>系统外部噪声</td><td>①传送带过松或过度磨损
②压缩机安装支架松动
③压缩机内部零部件损坏
④离合器打滑</td></tr>
</table>

续表

故障现象		故障诊断
冷气系统噪声大	系统外部噪声	⑤鼓风机轴承缺油
冷气系统噪声大	系统内部噪声	①鼓风机叶片断裂或与其他部件相碰 ②冷冻机油太少或无油 ③制冷剂过多，工作有噪声 ④制冷剂过少，膨胀阀发出噪声 ⑤系统内有水气，引起膨胀阀发出噪声 ⑥高压侧压力过高，引起压缩机振动
蒸发器吹出的冷气不够冷		①制冷剂是否符合要求 ②系统中是否有水分或空气 ③膨胀阀开度是否过大 ④膨胀阀是否有冰堵 ⑤系统中是否有脏物 ⑥感温包是否包扎好 ⑦集储器 / 干燥器是否堵塞 ⑧集储器 / 干燥器易熔塞是否熔化 ⑨系统压力是否正常 ⑩压缩机传动带是否有故障 ⑪ 热敏电阻是否有故障
冷凝器风扇不转动	熔丝烧断	①电路短路 ②短时过热，更换熔丝
冷凝器风扇不转动	熔丝良好	①电路接头不良 ②鼓风机电动机故障 ③鼓风机叶片脱落或变形
压缩机不能起动	电路系统	①空调开关是否正常 ②电路连接是否完好 ③熔丝是否熔断 ④接地线接触是否牢固
压缩机不能起动	系统制冷	①制冷剂量是否符合要求 ②热敏电阻是否损坏 ③系统压力是否太高 ④系统内是否有空气
压缩机不能起动	电磁离合器	①离合器接触面是否有污物 ②离合器间隙是否过大 ③离合器线路接触是否良好 ④离合器线圈电压是否符合要求
压缩机不能起动	压缩机	①压缩机传送带张力是否符合要求 ②压缩机轴承烧坏 ③压缩机内部卡死 ④压缩机是否缺油
压缩机有噪声		①检查压缩机传送带张力是否符合要求 ②压缩机支架螺栓是否松动 ③制冷系统是否有空气 ④压缩机内部零部件损坏 ⑤压缩机带轮、曲轴带轮是否在一个平面内运转
无风或风量不足	鼓风机运转正常	①鼓风机吸入口有障碍物 ②风管堵塞或脱开 ③蒸发器结霜
无风或风量不足	鼓风机异常（鼓风机本身故障）	①叶片紧固不牢 ②叶片与外壳相碰

续表

故障现象		故障诊断
无风或风量不足	鼓风机异常（鼓风机本身故障）	③叶片变形
	鼓风机异常 （送风系统零部件故障）	①接线端子脱落 ②鼓风机开关接触不良 ③电压低 ④鼓风机变速故障
风量正常	压缩机压力异常	①压缩机内部异常 ②传送带打滑 ③电磁离合器故障
	压缩机运转异常	
蒸发器不制冷		①制冷剂是否符合要求 ②蒸发器是否结霜 ③膨胀阀是否堵塞 ④制冷系统是否堵塞 ⑤制冷系统是否有空气 ⑥制冷系统压力是否正常 ⑦压缩机传送带是否打滑 ⑧电磁离合器工作是否正常

2. 暖风系统

暖风系统的故障现象及其诊断如表 6–2 所示。

表 6–2 暖风系统的故障现象及其诊断

故障现象	故障诊断
不供暖或供暖不足	①空调鼓风机损坏 ②加热器翅片变形 ③通风不畅 ④加热器漏风 ⑤发动机石蜡节温器失效 ⑥鼓风机继电器损坏 ⑦热水阀或真空电动机损坏 ⑧混合风门真空电动机损坏 ⑨加热器管子积垢堵塞 ⑩热风管道堵塞 ⑪ 冷却液不足 ⑫ 冷却水管受阻 ⑬ 加热器管子内部有空气
冷却液流失	①发动机缸盖松动 ②散热器软管破裂 ③散热器泄漏 ④散热器内部堵塞 ⑤加热器软管破裂 ⑥散热器盖故障 ⑦水泵轴封泄漏 ⑧加热器传热管泄漏 ⑨软管接头松动 ⑩节温器故障 ⑪ 密封垫泄漏
除霜热风不足	①调温风门调节不当 ②鼓风机变阻器损坏 ③发动机节温器损坏

空调调到除霜模式，
却发现根本不能除霜

续表

故障现象	故障诊断
加热器过热	①调温风门调节不当
加热器过热	②鼓风机变阻器损坏 ③发动机节温器损坏
鼓风机不转	①熔丝熔断或开关接触不良 ②鼓风机变阻器断路 ③鼓风机电动机烧坏
发动机过热	①散热器扁瘪 ②水泵损坏 ③风扇传动带松弛 ④散热器损坏 ⑤发动机正时不当 ⑥温度传感器故障 ⑦风扇叶片弯曲或破损 ⑧水箱外表面积灰 ⑨仪表板水温表故障 ⑩冷却液泄漏

三、自动空调故障诊断程序

自动空调的复杂在于其控制电路，它具有自我诊断系统和失效保护功能。所以在维修全自动空调时，首先，将客户所描述的原始资料登记入册；然后，从自我诊断系统获取第一手资料，例如，读取故障码，进行元件动作测试或读取数值，最后，根据所获得的相关信息，包括故障现象和故障码一一进行检查和维修。

空调自我诊断系统，故障代码的读取

1. 风量控制故障

风量控制故障现象及其诊断如表 6-3 所示。

表 6-3　风量控制故障及其诊断

故障现象	故障诊断
无进风控制	①进气门位置传感器电路 ②微机控制器 ③进气门伺服电动机电路
出风口气流无法控制	①功能选择键伺服电动机电路 ②空调微机控制器 ③冷气伺服电动机控制电路
鼓风机不运行	①点火电源电路 ②鼓风机电路 ③继电器控制电路 ④空调控制电源电路 ⑤传感器电路 ⑥微机控制器
风量不足	①点火电源电路 ②功率晶体管电路 ③继电器控制电路 ④供暖主继电器电路 ⑤鼓风机电动机电路 ⑥传感器电路 ⑦微机控制器

2. 温度控制故障

温度控制故障现象及其诊断如表 6–4

表 6–4 温度控制故障及其诊断

故障现象	故障诊断
无冷风送出	①制冷剂泄漏 ②车内温度传感器电路 ③压力开关电路 ④点火电源电路 ⑤传送带折断或张力不够 ⑥环境温度传感器电路 ⑦压缩机控制电路 ⑧空调器控制电源电路 ⑨用压力表组检查制冷系统 ⑩蒸发器温度传感器电路 ⑪ 压缩机传感器电路 ⑫ 鼓风机电动机电路 ⑬ 空气混合伺服电动机电路 ⑭ 微机控制器 ⑮ 空气混合风门位置传感器电路
无温度控制，只有冷气或暖气	①车内温度传感器电路 ②空气混合伺服电动机电路 ③环境温度传感器电路 ④微机控制器 ⑤空气混合风门位置传感器电路
无暖风送出	①热水阀故障空调控制电源电路 ②空气混合伺服电动机电路 ③环境温度传感器电路 ④冷却液温度传感器电路 ⑤车内温度传感器电路 ⑥环境温度传感器电路 ⑦点火电源电路 ⑧微机控制器 ⑨空气混合风门位置传感器电路 ⑩供暖继电器电路、鼓风机电动机电路

任务三　空调系统故障诊断技巧

系统故障检修的基本方法是，先从容易检查的部位着手，然后逐步向难于检查的地方进行，即先靠听和看进行检查，然后再使用检测设备进行检查。空调器不停机检查应按照安全程序小心进行。

可使用感官和检测设备进行检查的项目如表 6–5 和表 6–6 所示。

表 6–5 感官检查项目

症　状	检查点
声音反常	①压缩机运转状态 ②冷凝器风扇运转状态 ③鼓风机运转状态
气味异常	①管路与连接软管的连接状态 ②固定螺栓是否松动 ③部件间接触情况
制冷不足	底板垫物发霉

表 6–6 检测设备检查项目

症　状	检测设备	检查点
制冷不足	电路检测仪表	继电器、传感器、熔丝、导线、插接器断路或短路
	压力表组	①制冷剂量 ②压缩机的压缩状况 ③管路或膨胀阀堵塞
声音异常	声音测试设备	①部件松动 ②轴承状况

一、制冷不足的故障检修

制冷不足的症状如表 6–7 所示。

表 6–7 制冷不足的症状表

检测结果	现　象	故障原因	处　置
高压侧压力过高	压缩机停止运转后，压力很快降至约 196kPa，并继续逐渐下降	系统中有空气	抽空系统，然后再次充注
	当用水冷却冷凝器时，在观察窗看不到气泡	系统中制冷剂过量	按要求排放制冷剂
	冷凝器无气流通过或气流减小	冷凝器或散热片阻塞，冷凝器或散热器风扇工作不正常	清洗，检查电压及风扇转动情况
	连接冷凝器的管路过热	系统中制冷剂流动受阻	清理或更换受阻部件
高压侧压力过低	观察窗可看到气泡过多，冷凝器不热	系统中制冷剂不足	充注测漏
	压缩机停止运转后，高、低压很快平衡	压缩机排气、进气阀故障，压缩机密封故障	修理或更换压缩机
	膨胀阀出口无冻结，低压表指示真空	膨胀阀故障	修理或更换

续表

检测结果	现 象	故障原因	处 置
低压侧压力过低	观察孔气泡过多，冷凝器不热，膨胀阀无冻结，低压管路不冷，低压表指示真空	制冷剂不足、膨胀阀霜冻、膨胀阀失效	检漏，按要求充注，更换膨胀阀
	送风温度低，通风气流受阻	蒸发器冻结	在压缩机停机下转动风扇，然后检查温控器和毛细管
	膨胀阀冻结	膨胀阀阻塞	清洗或更换
	集液器 / 储液干燥器发凉（运行时应温热）	集液器 / 储液干燥器堵塞	更换
低压侧压力过高	低压软管和检查点比蒸发器周围冷	膨胀阀开启过大，膨胀阀松动	修理或更换
	用水冷却冷凝器时，吸入压力降低	系统中制冷剂过量	按需要排放制冷剂
	压缩机停机后，高、低压立即平衡	密封垫故障、高压阀故障，高压阀中有杂质黏附	更换压缩机
低压侧和高压侧压力过高	通过冷凝器的气流减少	冷凝器或散热片阻塞 冷凝器或散热器风扇工作不正常	清洗冷凝器和散热器，检查电压及风扇转动情况
	用水冷却冷凝器时，观察窗中无气泡	系统中制冷剂过量	按需要排放制冷剂
低压侧和高压侧压力过低	低压软管及金属接头比蒸发器冷	低压软管部件阻塞或扭结	修理或更换
	与储液干燥器周围相比，膨胀阀周围的温度过低	高压管路阻塞	修理或更换
制冷剂泄漏	压缩机离合器脏	压缩机轴泄漏	更换压缩机轴密封
	压缩机螺栓松动	螺栓周围泄漏	更换压缩机
	油浸湿了压缩机密封垫	密封垫泄漏	更换压缩机

使用压力表检修故障

①高压侧与低压侧压力表指示值比正常值低，通过观察窗可见气泡。图 6–1 所示为制冷剂充注不足时的压力表数值指示。

症状：没有制冷或制冷不足。制冷系统中见到的现象是，低压与高压两侧压力低，观察孔可见气泡。

诊断：制冷剂不足。

原因：制冷系统漏气，制冷剂没有定期补足。

措施：用检漏仪检漏，并进行修理；补足制冷剂。

②低压侧压力表指示负压，高压侧压力表指示比正常值低。图 6–2 所示为制冷剂不循环时的压力表数值指示。

症状：不制冷。制冷系统中见到的现象是，低压侧呈负压，高压侧呈低压或高压；集液器 / 储液干燥器前后管路存在温差，集液器 / 储液干燥器后管路出现冻结；膨胀阀出口管不冷。

诊断：制冷剂不循环。

原因：灰尘或污物阻塞膨胀阀或低压管路；灰尘或污物阻塞储液干燥器或高压管路；由于膨胀阀感温包漏气，针阀完全关闭。

措施：清除灰尘或污物，清除不掉时，更换有关部件和集液器 / 储液干燥器；如感温包漏气，更换膨胀阀。

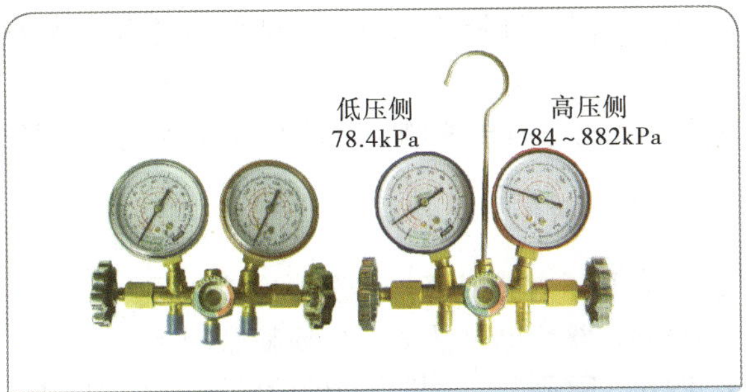

图 6-1　制冷剂充注不足时的压力表数值指示

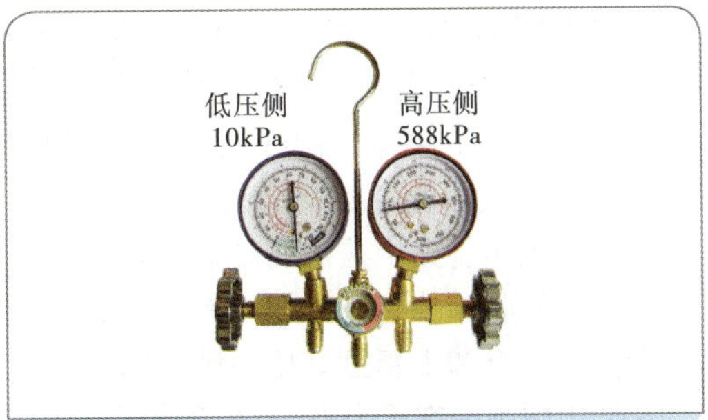

图 6-2　制冷剂不循环时的压力表数值指示

③在低压与高压两侧，压力表指示均比标准值高，冷凝器排出侧不热。图 6-3 所示为制冷剂充注过量时的压力表数值指示。

症状：空调器制冷效果差。制冷系统中见到的现象是，低压侧与高压侧指示均比正常值高；通常高压侧压力高时，冷凝器温度也高，但冷凝器排出侧不热；即使在用水浇冷凝器时，通过观察窗也看不到气泡。

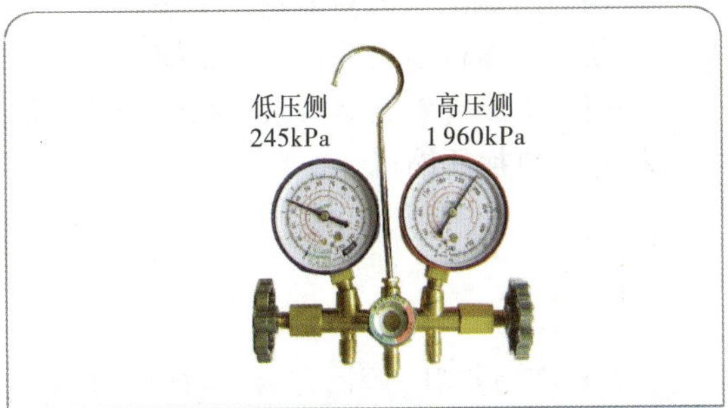

图 6-3　制冷剂充注过量时的压力表数值指示

诊断：制冷剂过量。

原因：冷剂充注过量。

措施：排出多余制冷剂，使剩下的制冷剂达到标准量。

④在低压与高压两侧，压力表指示均比正常值高，但在压缩机停止以后，高压侧压力骤降至 196kPa。图 6-4 所示为系统中混入空气时的压力表数值指示。

注意

压力表的指示值是在系统维修后，未抽好真空就充注制冷剂的情况下测量的。

症状：制冷效果差。制冷系统中见到的现象是，低压与高压两侧指示均比标准值压力高；在空调器停止并放置至少 10h 后，低压侧与高压侧之间平衡的压力呈高值；压缩机停机后，高压侧压力立即很快降至约 196kPa，表针一直在振动；压缩机运行的同时由于高压损失，此时压力降至约 98kPa，如图 6-5 所示。

诊断：制冷系统中混入空气。

原因：充注时抽真空不够；抽真空后，充气过程中有空气进入制冷系统。

措施：继续进行抽真空，如在抽真空后仍然出现上述症状，更换集液器 / 储液干燥器及压缩机润滑油，并清洗制冷系统。

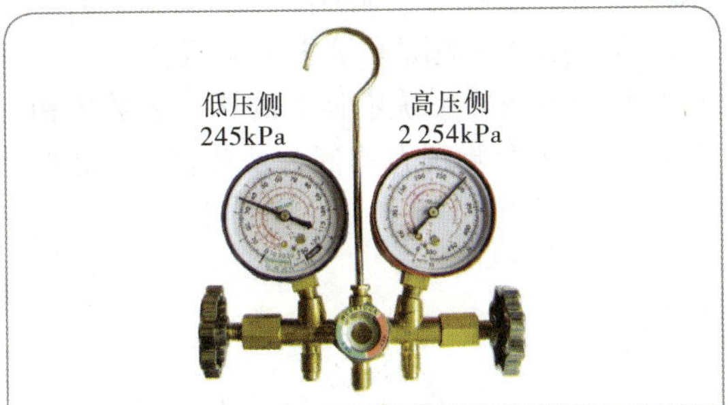

图 6-4　系统中混入空气时的压力表数值指示

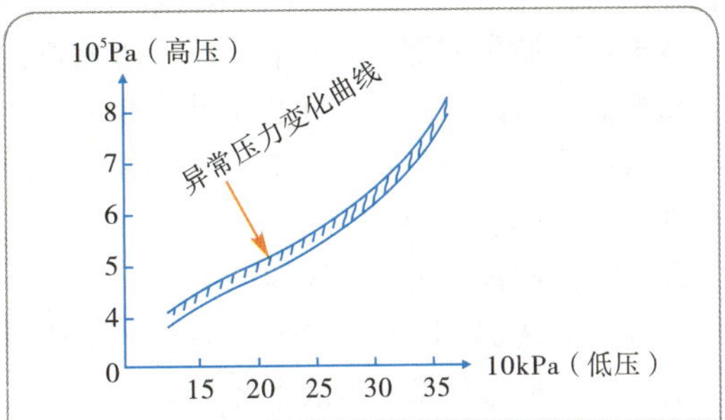

图 6-5　低压与高压之间的压力变化曲线图

⑤在低压侧与高压侧，压力表指示均比正常值高，低压侧管路形成霜冻或深度冷凝。图 6–6 所示为膨胀阀失效时的压力表数值指示。

症状：制冷效果差。制冷系统中见到的现象是，低压与高压两侧指示均比正常值高，低压侧管路出现霜冻或深度冷凝。

诊断：低压管路中液态制冷剂过量。

原因：膨胀阀故障或失效（针阀开启过宽），膨胀阀压力感温塞与蒸发器连接断开。

措施：检查和重新接好压力感温塞；若压力感温塞连接无断开故障，更换膨胀阀。

⑥低压侧制冷剂压力高，高压侧制冷剂压力低。图 6–7 所示为压缩机出故障时的压力表数值指示。

症状：无制冷。制冷循环中见到的现象是，低压侧压力高，高压侧压力低；空调器停止工作后，低压侧与高压侧的压力立即趋于平衡。

诊断：压缩机不能进行有效压缩。

原因：不能有效压缩的原因在于压缩机活塞或活塞环损坏或阀门损坏。

措施：更换压缩机。

注意

更换压缩机时，测量旧压缩机中的润滑油量，将新压缩机中的油取出，将与旧压缩机中油量相等的油放回新压缩机中，然后安装新压缩机。

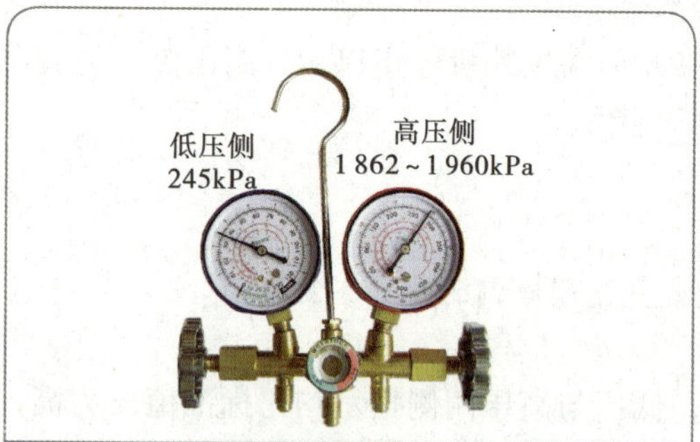

图 6–6 膨胀阀失效时的压力表数值指示

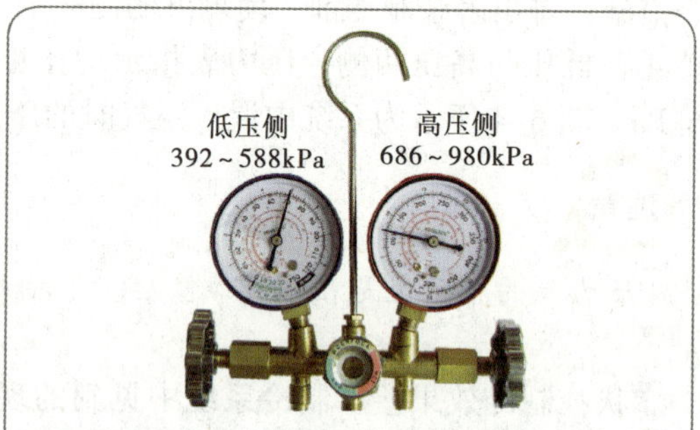

图 6–7 压缩机出故障时的压力表数值指示

⑦在低压与高压两侧，压力表指示值波动。图 6–8 所示为制冷系统中有湿气时的压力表数值指示。

症状：空调器有时制冷，有时不制冷。制冷系统中见到的现象是，低压侧有时呈负压指示，低压及高压两侧压力周期波动。

诊断：集液器 / 储液干燥器饱和。

原因：由于干燥器饱和，制冷剂中的湿气不能去除，使膨胀阀中的针阀冻结，从而引起堵塞，当制冷剂不再循环时，冰被周围热量解冻及再冻结成冰，这一过程反复循环。

措施：更换集液器 / 储液干燥器及压缩机润滑油，通过抽真空去除系统中的湿气。

⑧在低压与高压两侧，压力表指示值均低。图 6–9 所示为制冷系统不良时的压力表数值指示。

症状：冷气不足。制冷系统中见到的现象是，低压与高压两侧压力均低，从集液器 / 储液干燥器至制冷组件的管子有霜。

诊断：集液器 / 储液干燥器堵塞。

原因：集液器 / 储液干燥器中有脏物阻碍制冷剂流动。

措施：更换集液器 / 储液干燥器。

用压力表进行故障分析与排除，如表 6–8 所示。

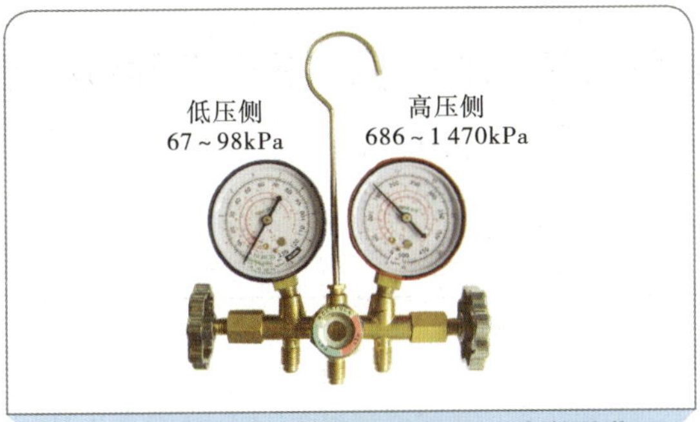

图 6-8　制冷系统中有湿气时的压力表数值指示

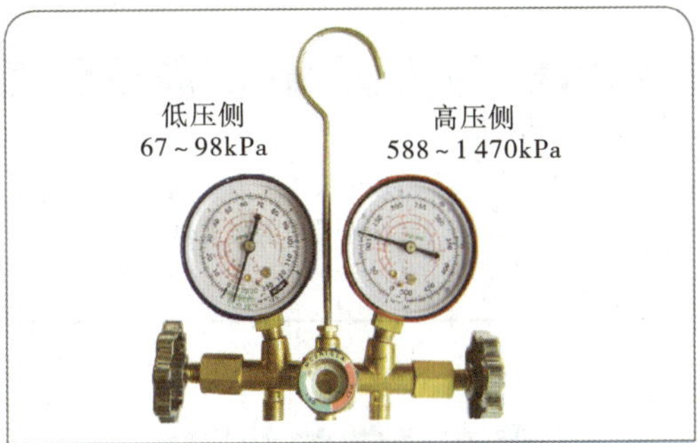

图 6-9　制冷系统不良指示

表 6-8　用压力表进行故障分析与排除

故障现象	状　况	可能的原因	诊　断	排除方法
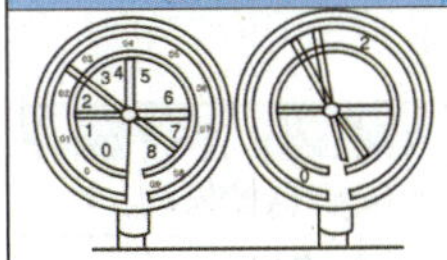 先制冷，然后不制冷	运行时低压侧压力时而真空，时而正常	进入制冷系统的水分在膨胀阀处冻结，使循环过程暂时停止，并在冻结融化后一段时间循环过程又恢复正常	①干燥瓶干燥剂处于饱和状态 ②制冷剂系统中的湿气在膨胀阀处冻结，从而阻止制冷剂循环	①更换干燥瓶 ②反复抽空，排出空气，以除去循环中的湿气 ③充入适量的新制冷剂
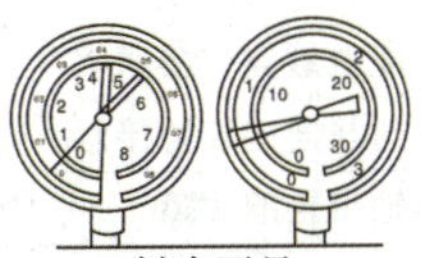 制冷不足	①高、低压两侧压力均偏低 ②在观察窗可连续看到气泡 ③制冷不足	制冷系统泄漏	①系统中制冷剂不足 ②制冷剂泄漏	①用检漏仪检漏并修理 ②抽真空重新充注制冷剂
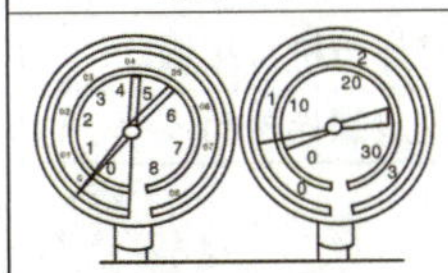 制冷不足	①高、低压两侧压力均偏低 ②集液器 / 储液干燥器至制冷装置之间的管路结霜	集液器 / 储液干燥器中的杂物阻碍制冷剂的流动	储液罐堵塞	①更换储液罐 ②抽真空重新充注制冷剂
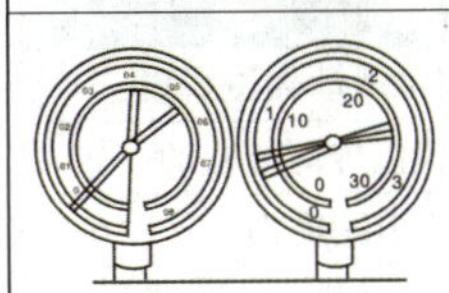 不制冷或有时断续制冷	①低、压侧出现真空示值，高压侧出现很低的压力示值 ②集液器 / 储液干燥器或膨胀阀的前后管结霜或见到露珠	①系统中的湿气或杂物阻碍制冷剂的流动 ②膨胀阀热敏管漏气妨碍制冷	制冷剂不循环	①检查热敏管膨胀阀和蒸发器压力调节器 ②清洗或更换膨胀阀，更换干燥瓶 ③抽真空加制冷剂
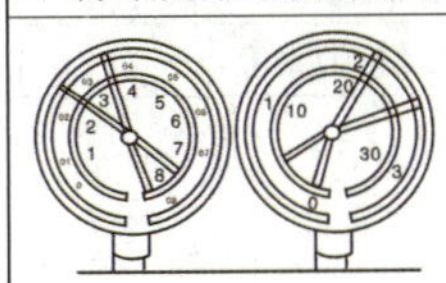 制冷不足	①高、低压侧压力均过高 ②即使降低发动机转速，在观察窗也见不到气泡	①系统中制冷剂过量 ②冷凝器散热不良（冷凝器散器片堵塞或风扇电动机故障）	①检查冷凝器散热 ②检查风扇电动机 ③检查制冷剂量是否过多	①清洗冷凝器 ②修理风扇或线路，或更换 ③放出多余制冷剂
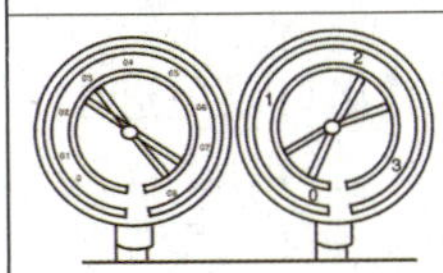 制冷不足	①高、低压侧压力均过高 ②高压表针来回摆动 ③观察窗中有气泡	空气进入系统	空气进入系统	①抽真空 ②重新加注制冷剂
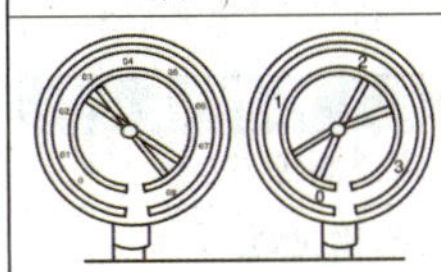 制冷不足	①高、低压侧压力均过高 ②低压端管路上出现大量露珠	膨胀阀有故障或热敏管安装不当	①低压管路制冷剂过多 ②膨胀阀打开过大	①检查安装热敏管 ②检查膨胀阀，如有故障予以更换

续表

故障现象	状 况	可能的原因	诊 断	排除方法
 不制冷	①低压侧压力太高 ②高压侧压力太低	压缩机漏气	①压缩机故障 ②压缩机气门漏气或断裂	修理、更换压缩机

二、声音异常的故障检修

①当空调不运行时，如表 6-9 所示。

②当空调运行时，如表 6-10 所示。

表 6-9 声音异常的故障检修（空调不运行时）

异常声音出现的时间	声 源	声音类型	原 因
行驶时	发动机振动	金属撞击声	压缩机安装螺栓松动
起动时	车身撞击声	“啪喀”声	软管撞击机身
	发动机室声	金属接触“嘶嘶”声	压盘与带轮间隙不当
	轴承声	敲击金属声	张紧轮或电磁离合器磨损
	金属接触声	金属“毕剥”声	轴承密封与连接装置接触
	怠速或突然加速声	“毕剥”声	曲轴带轮键故障
	来自蒸发器的声音	振动声	毛细管安装不当
		尖锐接触噪声	绝缘体与机身接触
		“毕剥”声	安装螺栓松动

表 6-10 声音异常的故障检修（空调运行时）

异常声音出现的时间	声 源	声音类型	原 因
行驶时	来自压缩机的声音	金属“毕剥”声	压缩机滑动部位磨损
	压缩机起动时有声音	波动声	压缩机传动带松动
	鼓风机起动时有声音	金属接触刮擦声	电刷磨损
		金属“毕剥”声	鼓风机电动机中金属磨损
			鼓风机电动机间隙大
		“嘶嘶”声	缝隙漏气

三、气味异常的故障检修

在蒸发器黏附的尼古丁或腐败物散发气味时，卸下蒸发器，盖好制冷剂的进、出口以免进水，用约 40℃的温水清洗蒸发器。气味异常的故障检修如表 6-11 所示。

表 6-11 气味异常的故障检修

气味出现时间	味 源	气味类型	原 因
空调安装后	鼓风机起动时发出气味	辛辣味	绝缘材料粘合剂挥发
空调用了一段时间之后		陈腐味	蒸发器黏附物腐烂
		香烟味	香烟中尼古丁黏附在蒸发器上

四、维修实例

案例

（1）故障现象

现有一辆行驶里程约 6.2 万 km，搭载 2GR-FE 发动机的雷克萨斯轿车。用户反映：该车空调系统间歇性不制冷。

（2）故障原因

系统内有空气。

（3）故障诊断与排除

起动发动机，接通 A/C 开关，空调压缩机工作一会儿后便停止工作。用故障检测仪检测，无故障码存储；查看空调系统数据流，发现蒸发器表面温度为 19.65℃，发动机冷却液温度为 89.50℃，空调压力约为 3.0 MPa；持续观察空调系统数据流，发现当空调压力降低至 2.4 MPa 时，空调压缩机又自动开始工作，由此推断空调压缩机停止工作是因为空调压力过高。由于空调系统中无故障码，且空调压力数据可以变化，暂时排除空调压力传感器及其线路故障的可能，推断可能的故障原因为加注的制冷剂过多、冷凝器脏污、空调管路中有空气。

用水冲洗冷凝器，发现空调压力升高还是很快；回收制冷剂，制冷剂回收量约为 600 g，说明制冷剂加注量并未过多；重新抽真空并加注制冷剂后试车，空调系统制冷正常，且空调压力一直在 1.5 MPa 左右。故障排除。

思考与练习

一、填空题

1. 起动发动机稳定在 ________r/min 左右，接通 A/C 开关，听压缩工作是否有 ________。如果听到有“________”的尖叫声，则是传动带 ________ 或 ________，应 ________ 或 ________。

2. 通过压缩机的 ________ 或 ________ 检查冷冻机油面。通常压缩机侧面有 ____________，可略 ____________，有油流出为正好；若无油流出，则需要 ________ 冷冻机油；冷冻机油的加注有两种方法：一种是 ______________ 法，另一种是 ________________ 法。

3. 当 ________ 工作时，用手触摸 ________ 的低、高压管路，两者的温度应有一定的 ________。通常低压端感觉 ____________，而高压端感觉 ________。

二、选择题

1. 制冷系统如制冷剂加注过多，则（ ）。

A. 制冷量不变　　B. 制冷量下降

C. 系统压力下降　　D. 视液镜看到有气泡

2. 制冷系统如制冷剂加注不足，则（ ）。

A. 视液镜看到有浑浊气泡

B. 视液镜看到有连续不断、缓慢的气泡流动

C. 视液镜看到有连续不断快速的气泡流动

D. 以上均不正确

3. 制冷系统如出现“冰堵”现象，用压力表观察系统压力，则（ ）。

A. 高压侧压力偏高，低压侧压力偏低

B. 高、低压侧压力都偏低

C. 高压侧压力偏高，低压侧压力为真空值

D. 高、低压侧压力都偏高

4. 制冷系统如混入空气，则（ ）。

A. 系统压力过高，且高压表针来回摆动

B. 制冷量不变

C. 视液镜看到有浑浊气泡

D. 以上均不正确

三、判断题

1. 若经过蒸发器的风量不够，一般会使制冷效果变差，不会引起蒸发器冻结。（ ）

2. 若冷凝器通风不良，散热效果差，空调制冷量将下降，严重时会引起管路爆裂。（ ）

3. 当观察到储液干燥器上的视液镜有气泡时，说明制冷剂足够。（ ）

4. 通过蒸发器表面的风量过少可以导致蒸发器表面结霜。（ ）

5. 混合气调节风门用于控制混合气的出风模式。（ ）

四、问答题

1. 常用的制冷系统故障诊断方法有哪些？

2. 空调系统制冷不足应从哪些方面着手诊断？

参 考 文 献

[1] 陈社会. 汽车空调构造与维修（第二版）[M]. 北京：中国劳动社会保障出版社，2014.
[2] 人社部教材办公室. 汽车空调 [M]. 北京：中国劳动社会保障出版社，2016.
[3] 陈健健. 汽车空调维修理实一体化教材 [M]. 北京：机械工业出版社，2016.
[4] 梁永浩，王玉凤. 汽车空调构造与维修 [M]. 武汉：华中科技大学出版社. 2017.
[5] 张蕾. 汽车空调 [M]. 北京：机械工业出版社，2015.
[6] 王金华. 汽车空调检修 [M]. 北京：高等教育出版社. 2015.
[7] 姜继文. 汽车空调结构与检修 [M]. 合肥：中国科学技术大学出版社. 2015.
[8] 孙边伟，李俊玲，刘世明. 汽车空调维修技术 [M]. 北京：北京理工大学出版社. 2015
[9] 龚文资，陈振斌. 汽车空调 [M]. 北京：化学工业出版社. 2016.
[10] 吴友生，王健. 汽车空调与系统 [M]. 北京：机械工业出版社，2016.
[11] 孟范辉. 汽车空调系统检修 [M]. 北京：北京理工大学出版社，2016.
[12] 王爱国. 汽车空调 [M]. 武汉：华中科技大学出版社，2017.
[13] 张世良，邱立华. 汽车空调 [M]. 西安：西安交通大学出版社，2014.
[14] 凌永成. 汽车空调技术 [M]. 北京：机械工业出版社，2014.